农业农村实用技术丛书

U0348356

农作物

生产管理关键技术问答

◎ 吕建秋　田兴国　主编

中国农业科学技术出版社

图书在版编目（CIP）数据

农作物生产管理关键技术问答 / 吕建秋，田兴国主编 . —北京：
中国农业科学技术出版社，2019.11
　ISBN 978-7-5116-4333-9

　Ⅰ . ①农… Ⅱ . ①吕… ②田… Ⅲ . ①作物—栽培技术—问题解答
Ⅳ . ①S31-44

　中国版本图书馆 CIP 数据核字（2019）第 165830 号

责任编辑	崔改泵　李　华
责任校对	贾海霞

出 版 者	中国农业科学技术出版社
	北京市中关村南大街12号　　邮编：100081
电　　话	（010）82109708（编辑室）　（010）82109702（发行部）
	（010）82109709（读者服务部）
传　　真	（010）82106650
网　　址	http://www.castp.cn
经 销 者	各地新华书店
印 刷 者	北京富泰印刷有限责任公司
开　　本	710mm×1 000mm　1/16
印　　张	18.75
字　　数	368千字
版　　次	2019年11月第1版　　2019年11月第1次印刷
定　　价	88.90元

《农作物生产管理关键技术问答》

编 委 会

主　编： 吕建秋　　田兴国

副主编： 刘厚诚　　郭和蓉

编　委： 王　磊　　漆海霞　　宫　捷　　冯发强

刘　浩　　程　尧　　陈善闻　　符云飞

廖俊文　　黄兴革　　仲　恺　　马启彬

陈田娟　　李晓红　　吴　忧　　曾　奕

李　钊　　魏　雪　　李　倩　　李艳平

闫国琦　　耿世磊　　黄　君　　戚镇科

姚　缀　　车大庆　　周绍章　　胡安阳

王泳欣　　李翠芬　　向　诚　　徐英杰

叶茂林　　谢创杰　　郑曼妮　　王时玉

卢瑞琴

前　言

　　农作物生产是"三农"工作中重要和核心问题之一，农作物的高效、安全生产关系到种植者的经济效益和食品安全。农作物的生产受产地自然条件、环境、栽培技术等多方面的影响，选择适宜的地点和环境进行农作物生产是优质高产的前提条件，科学的栽培技术和病虫害防治技术是优质高产的保证。

　　《农作物生产管理关键技术问答》以通俗的文字、直观的图片、丰富的说明，较为科学、权威、系统地介绍了与农作物生产相关知识，内容主要包括农作物品种选择、育苗、肥水管理、栽培管理、病虫害防治等生产管理技术，并以问答的形式对主要问题和知识点进行了阐述，希望能为广大种植者提供有效的指导。

　　本书参考的文献内容较多，在此一并向原作者表示诚挚的谢意！由于编者写作和表达各有特点，因而本书写作风格各异。在统稿过程中，本书保留了每位作者的个性。限于编者的水平，书中难免存在不当之处，恳请同行和读者批评指正。

编　者
2019年10月

目　　录

1. 蔬菜制种有哪些特点?

蔬菜作物具有与大田作物不同的特点,这些特点是由蔬菜作物本身的特性和蔬菜产业特点所决定的。这些特点主要有以下几个方面。

(1)蔬菜作物种类品种繁多、品种更新换代快。现今我国栽培的蔬菜种类共有200余种。其中各地普遍栽培、且有较大面积的有近50个种类,在各种类中还有许多的品种。另外,由于品种一般具有较强的地区性和时间性,不仅各地的蔬菜品种相当丰富,而且品种的更新换代也很快。所以,在蔬菜制种上必须注意到品种更新换代快这一特点,不能盲目地每年繁殖同一品种,否则容易造成种子积压。制种者必须了解蔬菜生产上蔬菜品种的更新情况,及时调整品种结构。

(2)蔬菜作物的授粉方式多种多样。蔬菜作物的繁殖方式有有性繁殖和无性繁殖之分;属于有性繁殖的蔬菜作物根据其授粉方式又可分为自花授粉、常异花授粉和异花授粉3种。自花授粉蔬菜在繁殖过程中种性较易得到保持;而常异花授粉蔬菜,特别是异花授粉蔬菜由于其在较大程度上是进行异花授粉,故在种性的保持上较上述种类困难。但不管是哪种繁殖方式,在制种过程中都应注意品种保纯,保持其固有的特征特性,防止发生退化。然而,也正由于蔬菜作物的种类、品种繁多,不少蔬菜作物容易产生天然杂交,在制种上隔离显得十分必要,从而形成蔬菜制种的一个明显特点。一些无性繁殖的蔬菜作物,特别是草莓、马铃薯等容易因病毒感染而发生品种退化,所以,在这类蔬菜品种种子(苗)生产上需要进行脱毒、并进行脱毒种苗的繁殖。繁殖系数高低不一,繁殖系数是单位面积的制种量与单位面积的用种量的比值。蔬菜作物的繁殖系数因种类和品种而异,其中十字花科蔬菜(如白菜、甘蓝、萝卜等)、茄果类蔬菜(如番茄、茄子等)较高,通常在300~500;瓜类蔬菜(如黄瓜、西瓜等)中等,一般为100左右;豆类蔬菜(菜豆、豇豆等)较低,通常只有20~50;一些无性繁殖的蔬菜作物,其繁殖系数也非常低,如马铃薯只有20左右,草莓则更低。繁殖系数较低的种类,在制种上应尽量提高其繁殖系数,以降低种子的生产成本;同时,繁殖系数低的蔬菜在制种时应配备足够的原种,否则会因原种数量不足而影响制种量。

(3)种子质量要求较高、价格昂贵。与粮食作物相比,蔬菜作物的单位面积产出(指经济效益)要高得多,因此,蔬菜生产者为获得较好的经济效益对蔬菜种子的质量(包括品种质量和种子的播种品质)要求也很高。与此同时,蔬菜种子的价格也比一般的农作物要高得多,如我国人工杂交生产的花椰菜杂交种种子价格高达2 000元/kg,一些进口的杂交萝卜品种种子价格也在3 000元/kg以上,一些从荷兰等国进口的番茄种子销售价格在0.3元/粒左右。如此高的种子价格，一旦种子质量出现问题，后果是不堪设想的。

（4）蔬菜种子的总需求量少。蔬菜作物与粮食作物相比的另一个特点是单一蔬菜作物品种的栽培面积一般均较少，因此，除少数几个品种有相对较大的需种量外，对种子的总需求量也较少。

蔬菜制种棚

★昵图网，网址链接：http://www.nipic.com/detail/huitu/20130327/074425907201.html

（编撰人：刘厚诚；审核人：刘厚诚）

2. 蔬菜制种需要达到怎样的目的?

蔬菜制种的目的主要是迅速、保质保量地生产优良蔬菜品种的种子，以满足蔬菜生产的需要。但是，实际上，蔬菜制种还有以下几个重要的目的。

（1）保持品种的优良种性、防止品种退化。每个蔬菜品种，在繁殖和使用过程中都不可避免地发生混杂退化现象，但制种技术的高低、措施的落实情况对品种特征特性的保持有重要影响。所以，在蔬菜制种过程中，要求采取必要的技术措施保持优良品种的优良种性。

（2）恢复退化品种的特征特性。在生物界，变异是绝对的，不变异是相对的，因此，每个品种均会发生退化，只是退化的程度以及退化的进程存在差异。蔬菜制种过程中，一个较为重要的任务就是要采取一定的措施，恢复原品种的优良种性。

（3）提高繁殖系数、降低种子生产成本。繁殖系数的大小和种子生产成本的高低直接影响到制种者的经济效益，所以，提高繁殖系数和降低种子生产成本是制种过程中一个需要考虑的因素。

春耕蔬菜制种

★东方网，网址链接：http://mini.eastday.com/mobile/180314190847211.html

（编撰人：刘厚诚；审核人：刘厚诚）

3. 蔬菜制种栽培技术与菜用栽培技术有何区别？

蔬菜制种经历了从播种开始到种子采收结束这样一个过程，这是一个完整的生命周期，因而以采收种子为目的的栽培技术与一般的蔬菜栽培技术存在着较大的差异，而这种差异的程度因作物种类而异。概括起来，主要有以下几个方面。

（1）栽培目的不同。蔬菜制种栽培技术目的是获得优质的种子，而菜用栽培技术的目的是获得产品器官，有的为营养器官（叶簇、叶球、鳞茎、肉质根、肉质茎等），有的为生殖器官（花球组织、花、幼果、老熟果、种子等）。

（2）植株的生长期不同。蔬菜制种栽培技术需让植株经历抽薹、开花、结实直至种子采收，而菜用栽培技术需让植株从播种到产品器官充分形成。如多数萝卜品种在菜用栽培上常在年内即可采收肉质根，若要采收种子，则要到第二年的5—6月。对于果菜类，尽管菜用栽培和制种栽培的产品器官均为生殖器官，但产品器官的生长期仍相差很大，茄果类蔬菜中的茄子、青椒，瓜类蔬菜中的黄瓜、葫芦、丝瓜等以及豆类蔬菜一般均食用嫩果（嫩种子），这些嫩果生长到老熟阶段尚需要一定的时间。

（3）栽培地区及栽培季节不同。一方面，由于菜用栽培与制种栽培在生长期上的不同，加之各个生育阶段对环境条件有不同的要求，使适合某种蔬菜进行鲜菜生产的地区不一定适合该作物的种子生产。如长江中下游地区适合菜豆、毛豆（大豆）、豇豆等蔬菜的生产，而且许多品种可春、秋两季栽培，但这些地区进行这类蔬菜制种并不适宜，特别是春季制种时种子产量更低、质量更差。某些冬性很强（不易抽薹）的甘蓝品种可在广东平原地区栽培，但不能在那里制种。

另一方面，即使是同一地区同一季节，制种栽培的播种期通常与菜用栽培不尽相同。如春甘蓝原种种子生产的播种期与一般的菜用栽培基本相同（以便进行严格选择），但其生产用种的生产，其播种期应该提前。

（4）栽培措施不同。制种栽培的栽培措施（播种期、栽培密度、施肥、病虫害防治等）与菜用栽培也存在较大的差异。

对于食用营养器官的蔬菜来说，由于种子是在营养器官形成后发育的，故制种对食用器官的形成、生长的影响不大；但由于制种栽培的生长期较长，一些在菜用栽培上所没有的病虫害在制种上（生殖生长期）将大量发生，如十字花科菌核病等是这类蔬菜制种上的一大主要病害；小菜蛾是茎瘤芥（榨菜）制种中为害最严重的害虫，但在茎瘤芥栽培上几乎没有小菜蛾为害。

对于食用生殖器官的蔬菜来说，种子与食用器官几乎同时形成，因而制种对食用器官的生长发育有较大的影响，其中对于以嫩果供食用的蔬菜作物的影响更大。如黄瓜、葫芦、茄子、菜豆等食用的是嫩瓜、嫩果、嫩荚。这类蔬菜进行制种时，由于种果的存在，使较多的养分运向种果，从而抑制了植株的生长和其他果实的正常生长发育，所以，黄瓜、瓠瓜、茄子等蔬菜作物其制种时单株结果数远少于菜用栽培的结果数。另外，由于制种栽培的生长期较长，在种子的形成、发育、成熟过程中，容易受不良气候条件的影响，所以，有的蔬菜制种需要采取保护设施（如采用大棚等），而在菜用栽培上所采用的保护设施主要是为了提高温度（春季）或避虫等，促进植株生长，以达到早熟、提高经济效益的目的。根据这种情况，制种栽培与菜用栽培的技术措施有较大的差异。此外，菜用栽培不用采取以防止天然杂交为目的的隔离措施，而在制种上，对于异花授粉作物及常异花授粉作物进行隔离是非常必要的，即使是严格的自花授粉蔬菜，为了避免发生种子混杂，不同品种间也有一定的隔离要求。

（编撰人：刘厚诚；审核人：刘厚诚）

4. 目前在蔬菜制种上存在哪些主要问题？

（1）种子产量低而不稳。种子产量的高低不仅影响到种子生产者的切身利益，而且还影响到种子的供应。在蔬菜生产上常常可以看到种子供不应求的现象。引起种子产量低而不稳的原因是多方面的，其中气候条件、制种技术是两个最为主要的因素。

（2）种子质量问题时有发生。衡量种子质量优劣的指标主要是种子纯度、发芽率、净度和饱满度等。但是，目前生产的蔬菜种子有相当一部分不能达到国标规定的良种标准，主要是纯度低、发芽率低。而这两个指标恰好是最为重要的。由于种子质量低劣，不仅种子生产者自己蒙受损失，而且种子经营单位、蔬菜生产者也受到较大的损失。所以，近年来，有关蔬菜种子的质量纠纷呈上升趋势。

（3）品种管理混乱。于2000年12月开始实施的《中华人民共和国种子法》规定了水稻、小麦、玉米、棉花、大豆为我国主要农作物，农业部将油菜和马铃薯也列为我国的主要农作物，另外，各省、自治区、直辖市也分别规定了各辖地的1~2种主要农作物，这些主要农作物品种的推广需要经过国家级或省级别审定，主要农作物品种种子的生产，必须具有生产许可证，但多数蔬菜作物并没有列入主要农作物范畴，品种推广不需要通过审定或认定，这样，在蔬菜生产和蔬菜种子生产上不可避免地存在品种混乱现象。

（4）蔬菜种子生产的专业化水平不高。各种蔬菜作物的生长发育要求有相应的环境条件，为获得高产优质的蔬菜种子，种子必须实行区域化生产；而且蔬菜种子生产的技术要求相对较高，需要进行专业化生产。但目前蔬菜种子的专业化生产水平尚低，种子生产者对种子生产技术及种子质量控制技术掌握程度不高，这也是经常发生种子质量纠纷的重要因素之一。

（编撰人：刘厚诚；审核人：刘厚诚）

5. 为控制种子纯度，在制种过程中应遵循怎样的程序？

纯度是最重要的种子质量指标，也是种子分级的依据，在蔬菜制种上，最容易发生、影响最大的问题就是种子纯度问题。为了保证种子纯度，在蔬菜种子生产中需要遵循一定的程序，即首先进行原原种种子生产，再进行原种种子生产，最后进行生产用种生产，从而形成一个重复繁殖路线。

（1）原原种种子的生产。原原种是由育种者提供，经过试验鉴定有推广价值的新品种或提纯复壮的种子，也称育种者的原种，它具有最高的品种纯度和最好的种子品质。原原种的生产过程对所及群体均有提纯及选择的作用，一般应在绝对隔离（防生物学混杂）的条件下生产，其他环境条件应该以能够使品种主要特征特性充分表现为原则。原原种的种子数量较少，需要通过原种、良种繁育程序进行扩大繁殖。

（2）原种种子的生产。原种是用原原种繁殖得到的种子，这一过程完全保持群体的遗传特性，在一定程度上对群体也有提纯作用。原种的生产规模较原原种为大，但较生产用种为小，同时规模的大小与其繁殖系数有关。原种只用于生产用种种子的生产。

（3）生产用种种子的生产。利用原种所生产的种子即是生产用种。在生产用种的生产过程中一般不包含任何积极的提纯过程，但须进行去杂去劣。生产用种的标准略低于原种，但仍然要符合规定的质量标准。在制种上，生产用种与原原种和原种有所不同，例如，为了鉴定品种的抗病性及地区适应性，原原种和原种的生产一般在主栽区、城市郊区等病害比较严重的地区繁殖，有时还要进行人工接种鉴定，但繁殖生产用种则一般在病害较轻或无病区进行，以获得高产优质的种子。生产用种用于一般的蔬菜生产，不能再留种。需要特别提醒的是：在种子生产基地不得进行病虫害接种鉴定。《种子法》第48条第2款及第67条规定，在种子生产基地进行病虫害接种试验的，由县级以上农业、林业行政主管部门责令停止试验，并处于五万元以下罚款。

（编撰人：刘厚诚；审核人：刘厚诚）

6. 蔬菜种子如何脱粒和清选？

种子的脱粒是指将种子与其母体相分离的过程，而种子的清选则是指将饱满种子与杂质及瘦、秕种子分离。通常种子脱粒与清选是同时或连续进行的，通过脱粒和清选可以保证在播种时种子具有较高的清洁度、粒大饱满、整齐一致，并可正确地计算用种量，还可减少种子贮藏期间的病虫为害。蔬菜种子脱粒的方法主要有滚压锤打法、干脱法、发酵法、酸（碱）解法等，清选方法主要有筛选法、风扬法和水洗等。

（1）筛选法。豆类蔬菜的荚果、十字花科蔬菜的角果、百合科蔬菜蒴果、伞形花科蔬菜的离果、菊科蔬菜的瘦果通常采用这种方法。即对已晾干的植株或各类花序、果实通过滚压、敲打的方法使种子脱粒，然后筛去杂物。这种筛选法常与风扬法相结合，即在脱粒过筛后进行风扬，分离杂质，在无风的天气可使用排风扇或电扇。

（2）干脱法。某些作物的肉质果老熟后不腐烂而成干果，这类蔬菜可直接剖果脱粒。如辣椒、丝瓜及某些葫芦品种。

（3）发酵法。一些蔬菜作物种子与果实中的果肉或胎座组织及种子周围的胶状物粘连，不去除这些胶状物会影响种子发芽。这类作物的种子脱粒可采用发酵的方法，即将果实捣碎盛放于非金属容器中（不可加水），在20～30℃的气温下发酵1～2d，当上层被有一层白色霉状物时即可捣烂在水中漂洗，达到清选的目的。如番茄、黄瓜、瓠瓜、甜瓜等多用此法。

（4）酸（碱）解法。番茄、黄瓜等作物的种子尽管可采用发酵法达到种子脱粒的目的，但由于这类作物的种果采收期常遇到持续阴雨天气（梅雨季），极易造成种子不能及时干燥而降低种子质量。采用酸（碱）解法可在较短的时间（30min左右）即可使种子与果肉分离，从而可利用短时间（间歇性）的晴朗天气及时将种子晒干。目前常用的方法是用工业盐酸脱粒，即每100kg捣碎的番茄慢慢加入1kg工业盐酸，并不断搅拌，约20min后即可达到脱粒的目的。

（5）水洗法。这是根据种子和夹杂物比重的不同来分离清选种子的方法。百合科蔬菜（采用锤打法脱粒）及葫芦科的西瓜、冬瓜等（剖瓜取种）可直接利用流水漂洗，将秕粒及杂质漂去，留下饱满种子。漂洗后及时将种子晾干，对百合科蔬菜种子来说及时干燥更为重要。茄子、辣椒种子目前一般也采用这种水洗法，即将果实捣碎，然后加水搅拌，捞出上浮的果皮、果肉等杂质，种子沉淀于容器的底部，取出种子晾干即可。

（编撰人：刘厚诚；审核人：刘厚诚）

7. 目前我国对种子生产有哪些法律法规？

选用优良品种是发展蔬菜生产的一条重要措施。而作为优良的蔬菜种子，其品种本身应该优良，而且种子须具备纯净一致、饱满完整、健全无病虫、生活力强等基本条件。要获得大量优质种子，必须在较高的农业生产条件下采用先进的农业技术措施，建立起一整套科学的田间管理制度，保证蔬菜作物的正常生长发育。同时在整个生产过程中，还应做到每个技术环节（包括播种、田间管理、收获、脱粒、翻晒、清选、运输、贮藏及种子处理等）都符合规定的要求，要随时随地防止发生差错，尽量避免环境及人为的不良影响。为了确保品种和种子质量安全，保护广大农民的利益，我国先后颁布了一系列法律法规，其中目前实行的主要法律法规有：《中华人民共和国种子法》，2000年7月8日颁布、2000年12月1日起实施、2004年8月28日第十届全国人大常委会11次会议修订；1997年10月10日颁布的《全国农作物品种审定委员会章程》和《全国农作物品种审定办法》；1997年3月颁布的《中华人民共和国植物新品种保护条例》；国家标准（GB/T 3543.1-7—1995）《农作物种子检验规程》；1996年和1999年分别颁布的豆类（GB 4404.2—1996）；瓜类（GB 16715.1—1996）和瓜菜作物种子（GB 16715.2-5—1999）质量标准等。

（编撰人：刘厚诚；审核人：刘厚诚）

8. 申领种子生产许可证应具备哪些条件？如何申请种子生产许可证？

（1）办证依据。依据《中华人民共和国种子法》第二十一条规定的条件，农业部2011年第3号部长令《农作物种子生产经营许可管理办法》第七条所列条件。

（2）办证条件。

①注册资本不少于500万元。

②生产的品种通过品种审定；生产具有植物新品种权的种子，还应当征得品种权人的书面同意。

③具有完好的净度分析台、电子秤、置床设备、电泳仪、电泳槽、样品粉碎机、烘箱、生物显微镜、电冰箱各1台（套）以上，电子天平（感量百分之一、千分之一和万分之一）1套以上，扦样器、分样器、发芽箱各2台（套）以上。

④检验室100m²以上；仓库500m²以上，晒场1 000m²以上或者相应的种子干燥设施设备。

⑤经省级以上农业行政主管部门考核合格的种子检验人员（涵盖田间检验、扦样和室内检验）、种子生产技术人员、贮藏技术人员各3名以上。

⑥生产地点无检疫性有害生物；符合种子生产规程要求的隔离和生产条件。

⑦法律法规规章规定的其他条件。

（3）需提交的材料。

①种子生产许可证申请表。

②专门机构出具的验资报告或者申请之日前1年内的年度会计报表及审计报告和资产评估报告等注册资本和固定资产证明材料；种子检验等设备清单和购置发票复印件；在生产地所在省（自治区、直辖市）的种子检验室、仓库的产权证明复印件；在生产地所在省（自治区、直辖市）的晒场的产权证明（或租赁协议）复印件，或者种子干燥设施设备的产权证明复印件；计量检定机构出具的涉及计量的检验设备检定证书复印件；相关设施设备的情况说明及实景照片。

③种子生产、贮藏、检验技术人员资质证明和劳动合同复印件。

④种子生产地点检疫证明；种子生产安全隔离和生产条件说明。

⑤品种审定证书复印件；生产具有植物新品种权的种子，提交品种权人的书面同意证明。

⑥种子生产许可证申请者已取得相应作物的种子经营许可证的，免于提交第2项规定的材料和种子贮藏、检验技术人员资质证明及劳动合同复印件，但应当提交种子经营许可证复印件。

⑦法律法规规章规定的其他材料。

（4）审核与审批。

①材料受理。种子生产所在地县级以上农业行政主管部门受理申请人报送的《主要农作物种子生产许可证申请表》及其相关材料。提交申请时限：小麦、油菜（秋播作物）为每年8月1日至10月31日；大豆、棉花、西瓜、花生、马铃薯（春、夏播作物）为每年4月1日至6月30日。

②审核和审批。生产所在地县级以上农业行政主管部门对申请材料进行审核，对办证条件进行现场考察，提出审批方案，呈报领导审批。

③打印证件。审批机关到省种子管理站打印证件，由审批机关盖章发放。其中，常规农作物原种种子生产许可证申请审批程序按两杂种子生产许可证办理。生产所在地为非主要农作物，在其他省（自治区、直辖市）为主要农作物，生产者申请办理种子生产许可证的，生产所在地农业行政主管部门应当受理并依法核发。

（编撰人：刘厚诚；审核人：刘厚诚）

9. 什么是品种权？它有什么特点？

品种保护是新品种保护审批机关对经过人工培育的或者对发现并加以开发的野生植物新品种，依据授权条件，按照规定程序进行审查，决定该品种能否被授予品种权。品种保护的目的，是保护植物新品种权，鼓励培育和使用植物新品种，促进农林生产的发展。品种权是由国家植物新品种保护审批机关依照法律、法规的规定，赋予品种权人对其新品种的经济权利和精神权利的总称。经济权利是指完成新品种的培育人（包括单位和个人）依法对其品种享有的独占权，以及自己实施或者许可他人生产、销售、使用并获得报酬的权利等；精神权利是指培育人享有该品种完成者这一身份的权利以及因完成该品种而获得相应的奖励和荣誉的权利，它与完成新品种的培育人的人身不可分离，是人身关系在法律上的反映。品种权具有以下法律特点。

（1）无形性这是品种权的首要特点。品种权作为智力劳动成果，人们是看不见摸不着的，同时又不会因为使用而消耗。它是借助种子、种苗等有形资产作为载体进行"物化"。

（2）专有性又称垄断性或排他性。《中华人民共和国植物新品种保护条例》规定，完成育种的单位或者个人对其授权品种，享有排他的独占权。任何单位或者个人未经品种权所有人（以下称品种权人）许可，不得为商业目的生产或者销售该授权品种的繁殖材料，不得为商业目的将该授权品种的繁殖材料，重复使用于生产另一品种的繁殖材料。但利用授权品种进行育种及其他科研活动或农民自繁自用授权品种的繁殖材料可以不经品种权人许可。

（3）地域性这是指依据某一特定国家的法律产生或者取得的品种权，只在该国法律效力所及的范围内有效，在除此外的其他国家和地区则不会自动受到同样的保护。如果认为该品种有望打入国际市场，还应当及时到国外相应国家去申请品种保护。

（4）时间性这是指品种权的专有性是有时间限制的，超过了这一期限，则该项品种权就进入公用领域，人人可用。品种权的这一期限是由取得该项品种权所依据的法律规定的。对品种权给予一定的时间限制，既维护了品种权人的应得利益，又不损害社会公众的根本利益，有利于科技成果的推广应用和普及，造福社会。目前，国际植物新品种保护联盟（UPOV）及各成员国都对品种权设置了保护期限，一般为15～20年。我国将品种权的保护期限规定为"自授权之日起，藤本植物、林木、果树和观赏树木为20年，其他植物为15年"。

（编撰人：刘厚诚；审核人：刘厚诚）

10. 目前我国对蔬菜种子质量有什么规定？执行的是什么标准？

我国在20世纪80年代颁布实施农作物种子质量标准，如蔬菜作物种子质量标准GB 807—1987，当时的种子质量标准存在一些不完善的地方，如GB 8079—1987中没有确定杂交种种子的质量分级标准。随着形势的发展，原有的标准已不再适应生产的需要，故我国于1996年和1999年分别颁布了豆类（GB 4404.2—1996）、瓜类（GB 16715.1—1996）和瓜菜作物种子（GB 16715.2-5—1999）质量标准以及粮食和经济作物种子质量标准。其中瓜类和豆类种子质量标准于1997年6月1日起实行，其他瓜菜种子质量标准于2000年2月1日起实行。

种子质量标准中，将纯度、发芽率、净度和水分作为种子分级的依据。以品种纯度指标为划分种子质量级别的依据：纯度达不到原种指标降为一级良种，达不到一级良种降为二级良种，达不到二级良种即为不合格种。另外，净度、发芽率、水分其中一项达不到指标即为不合格种。种子质量鉴定，包括扦样和净度分析、发芽试验、真实性和品种纯度鉴定、水分测定分别按GB/T 3543.2—1955、GB/T 3543.3—1995、GB/T 3543.4—1995、GB/T 3543.5—1995、GB/T 3543.6—1995执行。但目前将纯度、净度、发芽率的测定值与标准值进行比较判定时，暂不执行GB/T 3543.1-6—1995中与规定值比较所用的允许误差。

（编撰人：刘厚诚；审核人：刘厚诚）

11. 如何进行蔬菜种子的质量鉴定？

种子检验是贯彻种子法，种子分级和定价，种子标准化，保证种子质量，防止病虫害传播蔓延，利于农业机械化，杜绝使用不合格种子，避免劣种给农业生产带来威胁，保护国家和农民的利益，促进和确保农业和其他种植业的发展，繁荣商品生产，增加经济效益的重要环节。种子检验的最终目的是要根据检验结果评定该批种子的种用价值。全国各地各单位必须执行一致的操作程序、科学和标准的检验方法，以便取得在允许误差范围内的可靠结果，便于比较种子质量的优劣，决定种子的用途。种子采收、脱粒、清选、干燥后，制种者应该进行种子质量鉴定，种子收购者也将与制种者一起，对种子进行取样。一般每一批种子取样两份，制种者与种子收购者各执一份。种子收购者将对种子质量进行鉴定。种子质量鉴定的方法，具体内容可查阅GB/T 3543—1995。

（编撰人：刘厚诚；审核人：刘厚诚）

12. 如何防治蔬菜蚜虫？

为害蔬菜的蚜虫主要有为害十字花科蔬菜的桃蚜、萝卜蚜和甘蓝蚜，为害瓜类蔬菜的瓜蚜（又称棉蚜），为害豆类蔬菜的大豆蚜、豆蚜和豌豆蚜等。而菜蚜是桃蚜、萝卜蚜和甘蓝蚜的总称，菜蚜不仅直接刺吸蔬菜汁液，传播蔬菜病毒病，且其排泄的蜜露还可诱发煤污病的发生。

菜蚜防治要掌握好防治适期和防治指标，及时喷药压低基数。

（1）农业防治。蔬菜收获后，及时清理田园，并做好妥善处理。

（2）物理防治。根据蚜虫对不同颜色的喜好性，在田间可悬挂银灰色塑料膜条，或覆盖银灰色地膜，以驱避蚜虫，或者使用添加蚜虫性信息素的黄板，黄板底部超出植株顶端5～10cm。

（3）保护利用天敌。在使用药剂时，优选对天敌较安全的药剂。

（4）化学防治。用高效、低毒、低残留的药剂，并多种农药轮换交替使用，以延缓蚜虫抗药性的产生。将8mL螺虫乙酯和噻虫啉以1∶1的比例复配而成的22%悬浮剂溶于6kg水中后泼浇灌根，半个月后施用一次，之后隔1个月再施用一次。也可使用10%吡虫啉可湿性粉剂1 000倍液、10%高效氯氰菊酯乳油2 000倍液、2.5%三氟氯氰菊酯2 500倍液或50%抗蚜威可湿性粉剂2 000倍液、25%噻虫嗪水分散剂6 000倍液等喷雾，兼防蓟马和螨类。

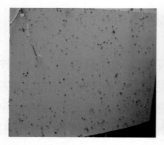

黄板诱杀蚜虫　　　　　　　　覆盖银色地膜驱避蚜虫

★知网，网址链接：http://kns.cnki.net/KCMS/detail/detail.aspx？dbcode=CMFD&dbname=CMFD2012&filename=1011402610.nh&uid=WEEvREcwSlJHSldRa1Fhb09jSnZpZ08vZWlLdHVmLzBtcUhJbXpnam45az0=$9A4hF_YAuvQ5obgVAqNKPCYcEjKensW4ggI8Fm4gTkoUKaID8j8gFw!!&v=MDI3NTNDamtVci9KVkYyNkg3ZTRITmZOOcjVFYlBJUjhlWDFMdXhZUzdEaDFEFUM3FUcldNMUZyQ1VSTEtmWk9kbUY=

★冶金网，网址链接：http://yejin.huangye88.com/xinxi/22034948.html

（编撰人：王磊；审核人：王磊）

13. 如何防治茶黄螨？

茶黄螨又称侧多食跗线螨、茶半跗线螨、白蜘蛛等。以成螨和若螨集中在嫩尖、花、幼果等较幼嫩部位刺吸为害。使叶片呈现油浸状。植株受害较重时，叶片边缘向下卷曲，叶片背面变灰褐色或黄褐色，嫩茎、嫩枝、嫩花、蕾变为黄褐色、木质化。生产要将其为害症状与病毒病或生理病害区分开。

（1）农业防治。蔬菜收获后，及时清理田园，清除残枝落叶，集中烧毁。为害严重的地区，可选择种植抗性品种。

（2）生物防治。适时释放天敌，例如钝绥螨。

（3）化学防治。做到早发现及时防治。可选用生物制剂如0.3%印楝素乳油800～1 000倍液、99%机油（矿物油）乳剂200～300倍液等喷雾防治。也可选用20%双甲脒乳油1 500倍液、1.8%阿维菌素乳油2 000～3 000倍液、10%虫螨腈悬浮剂2 000倍液、24%螺螨酯悬浮剂4 000倍液等喷雾防治。施药时应注意多喷植株上部的嫩叶背面、嫩茎、花器和嫩果上。兼防蓟马和蚜虫。

茶黄螨为害辣椒果实　　　　茶黄螨为害导致番茄叶片卷曲

★Forestryimages，网址链接：http://www.forestryimages.org

（编撰人：王磊；审核人：王磊）

14. 如何防治棕榈蓟马？

棕榈蓟马又称节瓜蓟马、瓜蓟马、棕黄蓟马。主要为害节瓜、苦瓜、茄子等，也可为害豆科和十字花科蔬菜。以成虫和若虫，有趋嫩绿的习性，在寄主蔬菜的嫩梢、嫩叶、花和果等处为害。在叶片背面为害，造成叶片受害后皱缩，背面形成失绿斑块，后呈棕黄色枯斑。为害幼瓜造成瓜皮硬化、变褐或开裂，为害成瓜造成瓜皮粗糙，有黄褐色斑纹或长满锈斑。棕榈蓟马还可以传播病毒病。

（1）农业防治。蔬菜收获后，及时清理田园，清除残枝落叶、杂草，集中烧毁，消灭越冬虫源。培育无虫苗，控制虫源基数。同时做好肥水管理，实行健身栽培。

（2）物理防治。露地蔬菜田采用薄膜覆盖，减少出土为害的成虫数。大棚通风口、门窗增设防虫网。也可悬挂蓝色黏虫板进行诱杀，蓝板间距4.5m，两端蓝板距离菜椒行端0.5m，下缘距离植株顶端5～10cm。

（3）化学防治。防治药剂可使用10%虫螨腈2 000倍液和15%哒螨灵2 500倍液或99%烟碱2 700g/hm^2、98%苦参碱2 700g/hm^2、3 000IU/mg苏云金杆菌9 000g/hm^2。日光温室棕榈蓟马防治的关键期是4月中旬，关键位置为日光温室西部、北部菜椒，喷药时间以早上或傍晚为宜。

瓜蓟马为害茄子果实　　瓜蓟马为害茄子叶片　　瓜蓟马为害豇豆

★佛罗里达大学昆虫与线虫系，网址链接：http://entnemdept.ufl.edu/creatures/veg/melon_thrips.htm

（编撰人：王磊；审核人：王磊）

15. 如何防治红蜘蛛？

红蜘蛛是为害蔬菜作物的重要害虫，在南方主要为害的为朱砂叶螨和二斑叶螨。以成螨若螨和幼螨集中于植物叶背为害，吸取汁液并结成丝网，影响蔬菜的正常生长。蔬菜在被害初期叶面出现零星褪绿斑点，随着为害的加重，叶片上布满白色小点，进而出现黄斑、红斑、黄白斑，光合作用被抑制，造成大量叶片枯黄、脱落，严重影响植株生长，甚至整株枯死。

（1）农业防治。蔬菜收获后，及时清理田园，清除残枝落叶、杂草，集中烧毁，消灭越冬虫源。培育无虫苗，控制虫源基数。同时做好肥水管理。

（2）生物防治。保护利用田间的天敌。适时释放胡瓜钝绥螨等捕食螨，在田间按照益害比1：15释放智利小植绥螨，对蔬菜叶螨的防治效果极显著。

（3）化学防治。可选用生物制剂如0.3%印楝素乳油800～1 000倍液、99%机油（矿物油）乳剂200～300倍液等喷雾防治。也可选用20%双甲脒乳油1 500倍液、1.8%阿维菌素乳油2 000～3 000倍液、10%虫螨腈悬浮剂2 000倍液、24%螺螨酯悬浮剂4 000倍液等喷雾防治。施药时应注意多喷植株上部的嫩叶背面、嫩茎、花器和嫩果上。各种药剂交替使用，避免朱砂叶螨产生抗药性，提高防效。

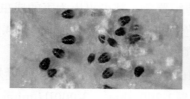 
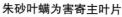

朱砂叶螨为害寄主叶片　　朱砂叶螨为害叶片

★Visuals unlimited，网址链接：https://visualsunlimited.photoshelter.com/image/I000048IANkpg6lQ

（编撰人：王磊；审核人：王磊）

16. 如何防治美洲斑潜蝇?

美洲斑潜蝇以幼虫潜入叶片内取食叶肉为害，形成不规则的白色蛇形蛀道，虫道都在上表皮，不沿叶脉呈不规则线状伸展，终端突然变宽。雌虫在叶片上刺孔产卵和取食汁液，形成不规则的白点。影响了寄主叶片的光合作用，使植株生长发育缓慢，叶片脱落，幼苗期为害严重可造成死苗。斑潜蝇取食和产卵造成的伤口还易使病原微生物侵入，引起多种病害的发生和蔓延。

（1）农业防治。蔬菜收获后，及时清理田园，清除残枝落叶、杂草，集中烧毁，消灭虫源。合理布局，瓜、豆类受害重的作物不要连片种植，可与其他受害轻的作物进行套种或间种。

（2）物理防治。在瓜豆类生长的前中期利用黄板诱杀成虫。每亩①放置60块黄板。

（3）生物防治。保护利用田间的天敌。

（4）化学防治。防治适期为成虫高峰期至1龄幼虫最为适宜。菊酯类农药、阿维菌素、西维因、灭蝇胺等。当每叶片有幼虫5头时，虫道长度2cm以下，幼虫2龄前，使用药剂防治。使用1.8%阿维菌素乳油1 000倍液喷雾。可以以阿维菌素为主要成分与其他农药如高效氯氰菊酯、啶虫脒、杀虫单等农药复配可以达到较好的效果。

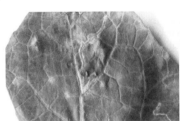 

美洲斑潜蝇为害及蛹（曾玲 摄）　美洲斑潜蝇为害（曾玲 摄）

（编撰人：王磊；审核人：王磊）

17. 如何防治小菜蛾?

小菜蛾又称吊丝虫，其寄主植物以十字花科蔬菜为主。以幼虫取食为害叶片，造成孔洞和缺刻。幼虫4龄。幼虫喜欢集中在心叶和花上为害。1龄幼虫潜

---

① 1亩≈667m²，全书同。

叶。2龄以上幼虫在叶背面啃食下表皮和叶肉，仅上表皮，俗称"开天窗"。4龄暴食，占总食量的80%。严重时，叶片被吃成网状仅留叶脉。

（1）农业防治。将十字花科蔬菜中的早、中、晚熟品种，生长期长、短不同的品种与其他蔬菜轮流种植。与豆科、茄科等非十字花科蔬菜间隔种植。收获后及时清除和集中处理残株、落叶和杂草，田块立即耕翻。

（2）物理防治。灯光诱杀，安装黑光灯诱杀成虫，每10亩地安装1盏灯。结合预测预报使用性诱剂诱杀雄虫。

（3）生物防治。保护利用田间的天敌。

（4）化学防治。防治适期为幼虫初期（1龄和2龄之间）。根据防治指标决定是否用药。防治指标：甘蓝上前期50头/百株，后期100~120头/百株。选用高效、低毒、低残留的农药。轮换用药，避免抗性产生。Bt制剂、巴丹、绿宝、菜蛾敌、超霸、威霸、印楝素等。

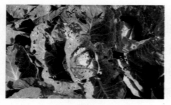  

小菜蛾为害甘蓝后症状　　　　　小菜蛾蛹　　　　小菜蛾幼虫为害寄主植物

★ Insectimages，网址链接：https://www.insectimages.org/browse/detail.cfm？imgnum=1327109
https://www.insectimages.org/browse/detail.cfm？imgnum=1326140
https://www.insectimages.org/browse/detail.cfm？imgnum=5368084

（编撰人：王磊；审核人：王磊）

18. 如何防治豆荚螟、豆野螟？

豆荚螟以幼虫在豆荚内取食，荚内堆满虫粪，严重时全荚豆粒被吃空，变褐色以致腐烂。幼虫可转荚为害。

豆野螟又称豇豆螟、豇豆蛀野螟、豆荚野螟，以幼虫蛀食豆类作物的果荚和种子，蛀食早期果荚造成落荚，蛀食后期果荚则造成种子被食，蛀孔外堆有腐烂状的绿色粪便。此外，幼虫还能吐丝缀卷几张叶片在内蚕食叶肉，以及蛀食花瓣和嫩茎，造成落花、枯梢，严重影响产量和品质。

（1）农业防治。定期清理田间落花落荚及枯叶，消灭越冬寄主源。豆叶过密时，适当疏掉叶片，使之通风透光，减轻为害。种植豆荚毛少或无毛的抗豆荚螟的品种。

（2）物理防治。在大面积连片种植豆类蔬菜的地方，于5—10月用黑光灯诱杀成虫。

（3）化学防治。豇豆花期是最易受害的生育期，也是防治的关键时期。掌握2龄幼虫盛期和百花虫数10头左右进行喷药。重点防治期在始花期和盛花期。从始花期开始喷药，每隔5~7d喷花、蕾一次。推荐使用药剂为菊酯类、定虫隆、阿维菌素、多杀菌素、Bt制剂等。可用25%灭幼脲悬浮剂2 500~3 000倍液或苏云金杆菌1 200倍液，或5%抑太保乳油1 500倍液、1.5%甲维盐水分散粒2 000倍液、2.5%功夫乳油3 000倍液、1.8%阿维菌素乳油4 000倍液叶面喷施。

豆荚螟为害　　　　　　　　豆野螟为害

★大众网，网址链接：http://paper.dzwww.com/ncdz/content/20150813/ArticelNC05004MT.htm
★Insectimages，网址链接：https://www.insectimages.org/browse/detail.cfm？imgnum=5429802

（编撰人：王磊；审核人：王磊）

19. 如何防治韭蛆？

韭蛆为韭菜迟眼蕈蚊的幼虫，可为害7科30多种蔬菜、瓜果类和食用菌，尤其喜食韭菜。韭蛆具有钻蛀性和腐食性，可营腐生生活，常聚集在韭菜鳞茎、根部及假茎处为害，蛀食韭菜内部组织，由外及内，然后随着寄主的腐烂进入髓部，为害鳞茎，甚至钻蛀到白色嫩茎中为害，轻者植株叶片变黄，萎蔫下垂，难以萌发新芽，重者上部叶片基部断落，整株萎蔫死亡，严重影响产量和品质。

（1）农业防治。合理施肥，健身栽培。春季解冻韭菜萌发前，对韭菜进行晒根。同时定期清理田间。同时尽可能将韭菜与其他蔬菜进行轮作，减少生产中虫源的积累。轮作年限在3年以上。

（2）物理防治。覆盖防虫网防治韭蛆成虫飞入产卵。根据韭蛆成虫的趋黄性、趋化性和趋光性，可在成虫发生盛期将黄板悬挂于韭菜上方45~65cm对其进行诱杀，以每亩放置60块；也可用糖醋酒液诱杀，用糖3份、醋3份、酒1份、水10份，每亩放2～3盆，每5～7d换1次；还可使用诱虫灯诱杀成虫。

（3）化学防治。目前防治韭蛆的常用化学药剂为毒死蜱和辛硫磷。灭蝇胺、灭幼脲、印楝素、烟碱和苦参碱等也可用于韭蛆防治。臭氧水防治法，覆膜条件下，浇灌浓度为10～15mg/L的O_3水对韭蛆的防治效果非常显著，甚至高达100%。

韭蛆为害 　　　　　　韭菜被为害后长势稀疏

★百度贴吧，网址链接：https://tieba.baidu.com/p/4355247572? red_tag=3517265090

（编撰人：王磊；审核人：王磊）

20. 如何防治斜纹夜蛾?

以幼虫为害植物叶部，也为害茎、花和果实。初龄幼虫群集为害，高龄后才分散。在大发生时能将全田作物吃光，在苗期常导致毁种。为害甘蓝和白菜时，常蛀入心叶，把内部吃空，造成腐烂和污染，失去食用价值。幼虫5～6龄。

（1）农业防治。及时清除和销毁田边杂草上的虫卵和低龄幼虫。翻土晒田与灌水相结合，减少在土中的蛹和幼虫。人工采卵块或捕捉低龄幼虫。

（2）物理防治。可利用黑光灯诱杀成虫。也可使用糖醋酒液诱杀成虫，糖：醋：酒：水=3：4：1：2。也可使用性诱剂诱杀。

斜纹夜蛾初孵幼虫 　　　　　　斜纹夜蛾幼虫

★Ediblearoids，网址链接：http://www.ediblearoids.org/Portals/0/TaroPest/LucidKey/TaroPest/Media/Html/Arthropods/Slitura/Slitura6.htm

（3）化学防治。化学防治宜在幼虫3龄之前，且注意轮换使用药剂。阿维菌素、灭幼脲、高效氯氟氰菊酯、乙基多杀菌素、溴氰虫酰胺、甲氨基阿维菌素苯甲酸盐。毒死蜱与氯虫苯甲酰胺或甲氨基阿维菌素苯甲酸盐以4：1配比防治斜纹夜蛾增效作用最强。

（编撰人：王磊；审核人：王磊）

21. 如何防治甜菜夜蛾？

甜菜夜蛾可为害十字花科蔬菜和豆科蔬菜。幼虫为害植物叶部，形成缺刻；也为害茎、花和果实。初龄幼虫在叶背群集为害，使叶片仅剩一层表皮和叶脉，呈窗纱状。高龄将叶片吃成孔洞或缺刻。3龄以上的幼虫还可钻蛀青椒、番茄等果实，造成落花落果。

（1）农业防治。及时摘除卵块和初孵幼虫的纱网状叶片。

（2）物理防治。可利用黑光灯诱杀成虫。也可使用糖醋酒液诱杀成虫，糖：醋：酒：水=3：4：1：2。也可使用性诱剂诱杀。

（3）化学防治。化学防治宜在幼虫3龄之前，且注意轮换使用药剂。阿维菌素、灭幼脲、高效氯氟氰菊酯、乙基多杀菌素、溴氰虫酰胺、甲氨基阿维菌素苯甲酸盐。

甜菜夜蛾幼虫

★ Insect Image，网址链接：https://www.insectimages.org/browse/detail.cfm？imgnum=5474572
★ Southwest moth，网址链接：http://southwestmoths.org/Spodoptera_exigua.html

（编撰人：王磊；审核人：王磊）

22. 茄子各生长发育期对温度条件的要求有何特点？

茄子喜温，耐热性较强，耐寒性较弱，但高温多雨季节易发生烂果。不同生长发育阶段，对温度的要求也有不同。

（1）种子发芽期。以30℃左右为宜，最低温度不能低于11℃，最高温度不要超过40℃。30℃条件下，种子发芽需要6～8d，发芽率较高；20℃条件下，发芽延长至20多天，且发芽率低；恒温条件下，茄子种子常发育不良。目前，多进行变温处理，即一昼夜中，20℃处理8h（夜间），30℃处理16h（白天），经过变温处理后的种子发芽快，出芽齐而壮。

（2）幼苗期。最适生长温度22～30℃（日温27～30℃，夜温18～20℃），最高32～33℃，最低15～16℃。气温低于10℃，会引起幼苗新陈代谢紊乱，导致植株缓慢或停止生长；气温低于7～8℃，茎叶就会受害；在-2～-1℃时，幼苗就会被冻死。茄子苗期的温度管理十分重要，这一阶段，不仅要考虑幼苗的营养生长，还要考虑花芽的分化，为开花坐果、丰产优质打好基础。

（3）开花坐果期。这一阶段的温度控制是获得高产的关键。一般来说，白天温度应控制在25～30℃，夜间温度18～20℃，地温以17～20℃为宜。白天气温降至20℃以下或超过35℃，都会造成授粉受精和果实发育不良；夜间温度低于15℃，则植株生长缓慢，易落花，低于13℃则植株生长停止。白天温度过高，花器官生长障碍，花芽发育及受精期易受高温危害，果实膨大期紫色茄子遇30℃以上高温着色不良。

茄子开花坐果期

（编撰人：刘厚诚；审核人：刘厚诚）

23. 茄子各生长发育期对水分条件的要求有何特点？

茄子叶片大，结果较多，需水量较大，每株茄子从育苗到结束生长消耗水为100～200kg。水分不足时，结果少，果面粗糙，品质差。但水分过多或降雨造成排水不良，会引起烂根。通常情况下，土壤田间最大持水量以70%～80%为宜，空气相对湿度70%～80%。不同生育阶段对水分的要求有所不同。

（1）幼苗发育初期。要求床土湿度，空气比较干燥。这个阶段，如果温度和光照条件良好，苗床水分充足，则幼苗生长健壮，花芽分化数量多，质量好。所以，育苗时，常选择保水能力强的壤土做床土，浇足底水后可减少播种后的浇水次数，既保持了苗床有稳定的温度和湿度，又降低了空气湿度，利于培育壮苗和花芽分化。

（2）开花坐果期。应以控水为主，只要不旱，就没必要浇水。主要是避免营养生长过旺，保持营养生长与生殖生长的平衡。

（3）结果期。这一阶段，随着茄子迅速生长，需水量逐渐增大，至收获前后需水量最大，需尽量满足茄子对水分的需求。但要防止土壤过湿，否则易出现沤烂根现象。

（编撰人：刘厚诚；审核人：刘厚诚）

24. 茄子对光照的要求有何特点？

茄子喜光，生长期对日照长度要求较高。长日照条件下生长旺盛，尤其在苗期。光照时间长，花芽分化快，开花早。光照弱，光合作用降低，产量下降，色素形成不好，紫色品种着色不良。阳光中270nm波长的光对果实着色有利，实际上200～380nm的紫外光区对紫色茄子着色都有或多或少的影响。但紫外光过强时，茄子色素形成受抑制，也会影响茄果着色，华北地区的麦收前后是这一现象的高发时期，应注意调节播期避开，或采取改善田间小气候措施加以预防。幼苗时期光照不足，植株生长细弱，开花期延迟，长柱花减少，短柱花增多，坐果率低。

（编撰人：刘厚诚；审核人：刘厚诚）

25. 茄子生长对土壤及肥料的要求有何特点？

茄子对土壤要求不严，所以能在全国各地广泛栽培。但以富含有机质，土层疏松肥沃，排水良好的沙质壤土为最好，适于在微酸至微碱（pH值6.8～7.3）土壤种植。茄子是耐肥的蔬菜，对氮肥要求高，同时对磷、钾肥需要也较高。特别在幼苗期，如磷、钾肥供应充足，有促进根系发达、基叶粗壮、提高花芽分化作用。可用磷、钾肥作基肥施用。开花结果期，需大量氮肥和钾肥，此时及时追肥,以充分供给果实发育膨大需要,否则影响经济产量的形成。以茄子单株全生育周期吸收氮素和磷、钾、钙、镁营养元素的氧化物计重,氮素16.7g、五氧化二磷8.5g、氧化钾39.3g、氧化钙10.1g、氧化镁4.8g,经济产量高的品种,实际需求还要大于这个结果。

(编撰人:刘厚诚;审核人:刘厚诚)

26. 茄子无土育苗的常用基质有哪些?各有什么特点?

目前用于无土育苗的基质材料,除了草炭、蛭石、珍珠岩外,还有沙砾、碎石、炉渣、炭化砻糠、腐熟秸秆、处理过的甘蔗渣、酒糟、锯末及生产食用菌的废弃培养料等均可作为基质材料。

草炭是育苗常用的基质之一,含有丰富的有机质,约37%,其全氮量在1.5%以上,并且含有较高的大量元素和微量元素,其质地疏松,保水保肥能力强,但透气性差,偏酸性,一般不要单独使用。

炉渣是锅炉烧煤后的残渣,来源广泛,质地疏松,孔隙度大,具有保水、通气、速效钾含量高的优点,但偏碱性,使用前要过筛、水洗,用直径0.5~3.0mm的炉渣作为育苗床土的原料。

炭化砻糠是将稻壳在铁锅中焙烤炭化而成,其质地疏散,保水透气性能良好,速效钾含量高达6 000mm/kg以上,配制育苗床上时亦可选用,其体积比例不宜超过25%。

蛭石是建筑上常用的绝热材料,其质地很轻,每立方米约为80kg,呈中性或碱性反应,具有较高的阳离子交换量,保水保肥能力较强。使用新蛭石时,不必消毒。蛭石的缺点是长期使用时,结构会破碎,孔隙度小,影响通气和排水。

珍珠岩容重小且无缓冲作用,孔隙度可达97%。珍珠岩较易破碎,使用中粉尘污染较大,应先用水喷湿。

(编撰人:刘厚诚;审核人:刘厚诚)

27. 茄子无土育苗常用的混合基质配方有哪些?

目前,在我国无土育苗一般是与穴盘育苗相配套使用,采用的育苗方式一般都是基质育苗。基质的选用应该把握适用性和经济性两个基本原则。

理想的无土栽培基质,其容重应该在0.5g/cm³左右,总孔隙度在60%左右,大小孔隙比在1：（1.5～4）；稳定性强，酸碱度近中性，无毒性物质。符合以上条件时，均可作为茄子无土栽培基质使用。

常用的混合基质原料有：草炭、椰糠、木屑、炭化稻壳、蛭石、珍珠岩、岩棉等。具体选用应就地取材，降低生产成本，提高经济效益。我国各地在采用塑料钵、穴盘或者平盘育苗时，普遍采用的基质种类一般为蛭石、草炭和有机肥混合物。所用有机肥一般为经过腐熟、过筛的牛粪，三者的配合比例一般为体积1：1：1，为了保证基质中营养物质的供应量，一般在每立方米基质混合物中还需加入烘干鸡粪4～5kg、硫酸钾和磷酸二铵各100g。有的地方利用食用菌废弃培养料作为基质，只要在每立方米的废弃培养料中掺入烘干鸡粪5kg、硫酸钾和磷酸二铵各150g即可。如果利用腐熟、沤制秸秆等材料配制基质，则要根据秸秆的腐熟程度合理掌握。

（编撰人：刘厚诚；审核人：刘厚诚）

28. 茄子无土育苗时可以采用哪些容器？

（1）平盘。为长方形硬塑料盘，黑色或浅灰色。目前各地使用的平盘育苗盘的规格一般长×宽×高为60cm×30cm×5cm，盘的底部布满小眼，以备漏水、透气，装入基质抹平即可供育苗和分苗用。

（2）穴盘。为长方形软质塑料盘，盘内纵横压制出许多具有隔板的孔穴，每一孔穴的底部又都设有排水孔。我国各地普遍使用的穴盘规格一般为54cm×28cm×6cm，根据每一穴盘内所含孔穴的数目不同，分别有50孔、72孔、128孔等多种形式。每盘内所含有孔穴数目越多，则单孔营养面积越小。其中，适宜茄子育苗用的穴盘为50孔和72孔穴盘。

（3）塑料钵。利用软质塑料压膜而成，形似圆锥体，多为蓝色和黑色半透明。底部中央有一直径1cm左右的小孔，便于育苗时透气透水。塑料钵的规格有多种，适于茄子育苗用的塑料钵规格一般为上口径8～10cm、底径6～8cm、钵高8～10cm。

（编撰人：刘厚诚；审核人：刘厚诚）

29. 无公害茄子产品标准有哪些规定？

无公害茄子的质量标准包括感官要求和卫生标准两个方面。

感官要求包括果实的成熟度、果形、新鲜度、果面的清洁度、果实的完好度等。无公害茄子的品种要统一，即同一生产基地的茄子最好为同一品种，至少同一批次的茄子为同一品种，保证有较高的整齐度，符合无公害茄子的规格要求。采收要及时，当果实已充分发育，而种子未完全形成时为采收适期。果形应具有相同品种的固有形状，只允许有轻微的不规则，但不影响果实的外观；果实新鲜，有光泽，无腐烂、异味、灼伤、冻伤、机械伤及病虫害，硬实不萎蔫，果面清洁，无污染物及其他外来物。其中腐烂和病虫害为主要缺陷。

卫生标准主要是看其有害物质含量是否符合国家卫生标准。鉴于高残留农药、亚硝酸盐、重金属等对人体健康的危害，国家对无公害茄子中有关农药的最大允许残留量和亚硝酸盐及重金属等有害物质的最高允许含量都作出了明确的规定，并且剧毒和高毒农药不得检出，出口产品按进口国的要求检测。

此外，无公害茄子必须通过质量认证。生产者取得证书后，应在包装上标明无公害产品的标志、产品名称、商标、生产单位及其详细地址、产地、规格、净含量和包装日期等，包装上的字迹应清晰、完整、准确。

（编撰人：刘厚诚；审核人：刘厚诚）

30. 无公害茄子产品包装和运输有哪些要求？

用于包装的容器应大小一致；整洁、干燥、牢固、透气、美观；无污染，无异味；内部无尖突物，外部无钉刺；无虫蛀、腐朽、霉变现象。纸箱无受潮、离层现象；塑料箱应符合国标GB/T 8863中的有关规定。特别是重复利用的包装容器，要注意清洗容器上的污垢，防止大肠杆菌的繁殖。

包装分运输包装和销售包装两种。用于茄子运输包装的主要有竹筐、纸箱、木箱、塑料箱等。包装材料应耐水、耐高温、耐低温，并具有一定的机械强度，在搬运中不至于变形和损坏。销售包装尽可能使用一次性材料，且无毒、卫生，能够再次利用。

产品应按等级、规格分别包装。每批茄子的包装规格、单位净含量应一致。每个包装上均应标明产品名称、产品的标准编号、经认可的无公害蔬菜标志、生产单位名称、详细地址、产地、等级、规格、净含量和包装日期等，标志上的字迹应清晰、完整、准确。

茄子产品在运输过程中，一方面需要保持产品所处的适宜环境；另一方面还要注意使果实不发生机械伤害，以防病害的侵入。因此，必须选择合适的运输系统，以维持茄子生产和采后处理过程中所形成的品质和安全性。运输系统主要包括包装材料、包装方式、运输工具和运输环境。

运输工具应清洁、卫生、无污染。每次使用时，必须预先对运输工具的装货空间进行清扫和熏蒸消毒。但是防止消毒剂残留造成茄子的污染。为防止和减少运输过程中货物的颠簸、撞击、挤压、倾倒，货箱内要有支撑，以稳定装载。堆码得不宜过高，并留有适当空间，以便通风散热。运输时，应做到轻装、轻卸，严防机械损伤。

短途运输时，严防日晒、雨淋；长途运输时，在装运之前宜将温度预冷到9~12℃。运输过程中温度保持在10~14℃。在冬季运输或在寒冷地区运输可用保温车或保温集装箱，在夏季运输时用冷藏车或冷藏集装箱。没有冷藏设备，运输距离不宜过长。运输过程中货箱内的空气相对湿度应维持在90%~95%。注意及时排出货箱内因果实呼吸释放的热量，要采取相应的通风措施。

（编撰人：刘厚诚；审核人：刘厚诚）

31. 如何申报无公害茄子产品认证？

申报无公害农产品标志的程序是：申报人向县农业行政主管部门提交申请书→省农业农村厅产地认定→产品认证→农业农村部颁发证书。

凡按照国家已颁布的有关农业行业标准进行无公害产品生产并获得无公害农产品产地认定有效证书的单位（公司、事业单位）和个人均可申请产品认证。

申请产品认证的单位和个人，可以通过县（区）、市（地）、省级农业行政主管部门逐级上报，或直接向农业农村部农产品质量安全中心申请产品认证。但为方便于认证资格审查，加强产品认证与产地认定的衔接，原则上应由县级农业行政主管部门归口单位统一组织、申报和提出推荐意见。

申报产品须在农业农村部、国家认证认可监督委员会发布的《实施无公害农产品认证的产品目录》内。

申报产品要集中连片，有一定生产规模。

产品合格者，农业农村部颁发证书。

（编撰人：刘厚诚；审核人：刘厚诚）

32. 如何申报绿色茄子产品认证？

申报绿色食品标志的基本程序是：申请人向省绿色食品办公室提交申请书→

产地环境检测→产品质量检测→中国绿色食品发展中心颁布证书。

申请企业向省级绿色食品办公室提交正式书面申请，并填写《绿色食品标志使用申请书》《企业生产情况调查表》。

省级绿色食品办公室将依据企业的申请，派人到申请的企业进行实地考察，如考察合格，省级绿色食品办公室将委托定点的环境监测机构对申报产品或原料基地的环境（大气、土壤和水）进行监测和评价。

省级绿色食品办公室的标志管理人员将结合考察情况及环境监测和评价的结果对申报材料进行初审，并将初审合格的材料上报中国绿色食品发展中心。

中国绿色食品发展中心对上述申报材料进行审核，并将审核结果通知申报企业和省级绿色食品办公室。合格者，由省级绿色食品办公室对申报的产品进行抽样，并送往定点的食品监测机构依据绿色食品标准进行检测。不合格者，当年不再受理其申请。

中国绿色食品发展中心对检测合格产品的检测报告及全部材料进行终审。终审合格的申请企业与中国绿色食品发展中心签订绿色食品标志使用合同。不合格者，当年不再受理其申请。

中国绿色食品发展中心对上述合格的产品进行编号，并颁发绿色食品标志使用证书。

申请企业对环境监测结果或产品检测结果有异议，可向中国绿色食品发展中心提出检测仲裁申请，中国绿色食品发展中心委托两家或两家以上的定点监测机构对其重新检测，并依据有关规定作出裁决。

（编撰人：刘厚诚；审核人：刘厚诚）

33. 如何申报有机茄子产品认证？

申请者向国家中绿华夏有机食品认证中心提出正式申请，填写申请表和交纳申请费。国家中绿华夏有机食品认证中心核定费用预算并制定初步的检查计划。

申请者交纳申请费等相关费用，与国家中绿华夏有机认证中心签订认证检查合同，填写有关情况调查表并准备相关材料。

国家中绿华夏有机食品认证中心对材料进行初审并对申请者进行综合审查。

国家中绿华夏有机食品认证中心在确定申请者已经缴纳颁证所需的各项费用后，派出经认证中心认可的检查员，依据《有机食品认证技术准则》，对申请者的产地、生产、加工、仓储、运输、贸易等进行实地检查评估，必要时需对土壤、产品取样检测。

检查员完成检查后，编写产地、加工厂、贸易检查报告。

国家中绿华夏有机食品认证中心根据申请者提供的调查表、相关材料和检查员的检查报告进行审查评估，编制颁证评估表，提出评估意见提交办证委员会审议。

颁证委员会对申请者的基本情况调查表、检查员的检查报告和认证中心评估意见材料进行全面审查，作出是否颁发有机食品证书的决定。

根据颁证委员会的决议，向符合条件的申请者颁发证书。获证申请者在领取证书前，需对检查员报告进行核实盖章，获有条件颁证申请者要按认证中心提出的意见进行改进，作出书面承诺。

（编撰人：刘厚诚；审核人：刘厚诚）

34. 茄子简易贮藏的方法有哪些？

茄子在贮藏中极易腐烂变质，适宜贮藏的温度为10~12℃，相对湿度85%~90%，温度如果低于7℃会出现冷害，茄子表面呈现褐色凹陷有水浸状。贮藏方法如下。

（1）化学贮藏法。用苯甲酸洗果后，单果包装，温度控制在10~12℃，可贮藏30d。

（2）塑料袋贮藏法。用长40cm、宽20cm的聚乙烯塑料袋，两侧打5个直径为5mm的小孔，每袋里装4~5个茄子扎口贮藏，可贮藏30d。

（3）沟藏、窖藏法。选择地势高、排水好的地方挖贮藏沟，深1.2m，宽1m，长3m，顶部先盖6~7cm厚的秸秆，再盖10cm干土，一端留出入口，也可用于窖藏。码放方式采用最底层茄子的果柄向下并插入土中，第二层以上茄子的果柄向上，茄子间要留空隙，以免扎伤，造成烂果。码放不宜超过4层，堆上盖牛皮纸被，最后用秸秆封好进口。要经常入贮藏沟内或窖内检查温度、湿度，发现腐烂果实要及时清除。

（编撰人：刘厚诚；审核人：刘厚诚）

35. 茄子常见的病害有哪些？

猝倒病、立枯病、褐纹病、黄萎病、果腐病、灰霉病、叶霉病和绵疫病、病毒病、黑斑病、白粉病、炭疽病，以及根腐病、菌核病、早疫病、赤星病、软腐病。苗期常发生的主要病害为猝倒病和立枯病，连作地块容易发生黄萎病，保护地内容易发生灰霉病。

（编撰人：刘厚诚；审核人：刘厚诚）

36. 茄子猝倒病的症状特征是什么？如何防治？

（1）症状。幼苗出土后染病，在茎基部出现浅黄绿色至黄褐色水浸状病斑，很快发展至绕茎一周。病部组织腐烂干枯而凹陷，病斑自下而上继续扩展，子叶或幼叶尚未凋萎，幼苗即倒伏于地，出现猝倒现象，然后萎蔫失水，呈线状干枯。发病初期，苗床上只有少数幼苗发病，几天后，以此为中心逐渐向外蔓延扩展。最后引起成片幼苗猝倒。在病情基数较高的地块，常常幼苗在出土前或刚露出胚芽即受侵染，呈水渍状腐烂，引起烂种、烂芽。湿度大时，病苗表面及附近地表会长出白色棉絮状菌丝。

（2）病原菌及发病规律。猝倒病主要是由霉菌侵染所引起的真菌性病害。病菌以卵孢子或以菌丝的形式在植株病残体和土壤中越冬，也可以种子传播。低温、高湿及光照不足有利于发病。最适宜的发病温度为15～16℃。

（3）防治方法。

①选择避风向阳、排水良好的育苗场所。

②使用腐熟的农家肥和多年未种过茄果类蔬菜的田园土配制育苗土。旧苗床应进行苗床处理，常用50%多菌灵可湿性粉剂每平方米8～10g，加细干土5kg，混合均匀。取1/3药土作垫层，播种后将其余2/3药土作为盖土层，为避免药害，应保持适当的土壤湿度，也可以每平方米用40%的甲醛50mL，加水2～4kg均匀喷洒在床土上，然后将塑料薄膜封闭，4～5d以后除去塑料薄膜，将床土翻动晾晒15d后播种。

③加强苗床管理工作。浸种催芽后播种，以缩短种子在土壤中的时间；苗床土壤温度要求保持在16℃以上，气温保持在20～30℃；出齐苗后注意适时通风，若苗床过湿，可施一些草木灰降低湿度，发现病株及时拔除，集中烧毁，防止病害蔓延。

④药剂防治。发病初期可以采用药剂喷洒的方法，常用的药剂有75%百菌清可湿性粉剂800倍液，或50%多菌灵可湿性粉剂600倍液，或25%甲霜灵800倍液，或40%疫霉灵200倍液，或70%代森锰锌500倍液。一般每7d喷洒一次，连续进行2次。

（编撰人：刘厚诚；审核人：刘厚诚）

37. 茄子立枯病的症状特征是什么？如何防治？

（1）症状。刚出土的幼苗和中后期的幼苗均可受害，受害幼苗茎基部产生暗褐色病斑，长圆形至椭圆形，明显凹陷，病斑横向扩展绕茎一周后病部出现缢缩，根部逐渐收缩干枯。发病初期病苗晴天中午萎蔫，晚上至翌晨恢复正常，以后不再恢复正常，并继续失水直至立枯而死。当病斑继续扩大时，幼苗茎基部收缩干枯，植株死亡。潮湿时病部出现淡褐色蛛丝状霉层。

（2）病原菌及发病规律。立枯病是一种土传真菌性病害。病原是立枯丝核菌，以菌丝体或菌核在土壤里或落于土中的病株残体越冬，腐生性较强，一般可以在土壤中腐生2～3年。病菌通过雨水、灌溉水、粪肥、农具进行传播和蔓延。条件适宜时直接侵入幼苗体内，发生病害。病菌生长受到抑制。高温、高湿环境有利于病菌生长繁殖。一般苗床温度较高、湿度过大、通风不良、播种过密、幼苗徒长、阴雨天气等环境条件，均易引起立枯病的发生和蔓延。

（3）防治方法。

①加强苗期管理。使用腐熟的农家肥和多年未种过蔬菜的大田土配制育苗土；苗床注意通风、排湿，控制夜温过高，注意播种密度，防止幼苗徒长；增施磷、钾肥，促进幼苗健壮生长，提高抗病力。

②药剂防治。发病初期，用5%井冈霉素水剂500～800倍液，一般每7d喷洒一次，连续喷施2～3次。当苗床发现立枯病和猝倒病同时发生时，可以喷洒72%普力可水剂800倍液加50%福美双可湿性粉剂800倍液。喷药时注意喷洒茎基部及周围地面，7～8d喷一次，连喷7～8次。

（编撰人：刘厚诚；审核人：刘厚诚）

38. 茄子猝倒病和立枯病的症状有何区别？

猝倒病和立枯病都是茄子幼苗期常见的病害，猝倒病多发生于育苗的前期，而立枯病多发生于育苗的中后期。猝倒病在低温、高湿的环境下易于发生，而立枯病在高温、高湿的环境下易于发生。猝倒病病苗在子叶或幼叶尚未凋萎时幼苗即倒伏于地，出现猝倒现象，然后萎蔫失水，呈线状干枯。而立枯病病苗，枯死后立而不倒，这是与猝倒病不同的重要特征。另外，立枯病病部菌丝不明显，而猝倒病幼苗倒地后，病部菌丝茂密成层。

（编撰人：刘厚诚；审核人：刘厚诚）

39. 茄子褐纹病的症状特征是什么？如何防治？

（1）症状。茄子褐纹病整个生育期均可发生。主要为害茄子叶片、茎基和果实。发病部褐色或黑褐色，稍凹陷、收缩，扩大至绕茎一周，产生立枯状，病部生有许多小黑点，以别于立枯病。成株期染病，多从叶片自下而上发病，病斑近圆形或不规则形，初期苍白色水渍状，后期病部扩大连片，常干裂、穿孔或脱落。茎部多在基部受害，开始出现水浸状梭形病斑，而后边缘褐色，中央灰白色凹陷，扩大为干腐溃疡状，其上生有许多隆起的小黑点，后期皮层脱落，木质部外露，容易折断。果实受害后，初为水浸状浅褐色病斑，凹陷、圆形或近圆形，渐变为黄褐色，病部发软，病斑扩大到整个果实时，常有明显轮纹，其上密生黑色小粒点（分生孢子器），病斑在扩展过程中常留下明显的同心轮纹。严重时病斑连片，引起果实腐烂脱落或残留在枝干上缩成僵果。

（2）病原菌及发病规律。茄子褐纹病的病原属于真菌中的半知菌，主要以菌丝体或分生孢子器在土壤中或病株残体上越冬，能存活2年多。如种子带菌，易造成幼苗发病。病株上产生的孢子，通过风、雨、灌溉水等传播而引起茄子的茎、叶、果实发病。病菌生长最适宜的温度为28～30℃，高温、高湿条件是茄子褐纹病发生的重要条件。

（3）防治方法。

①农业防治。选择抗病品种，从无病株上采种；播种前用55℃热水恒温浸种15min；实行2～3年以上轮作；加强田间管理，合理密植，平衡施肥，提高植株抗病性。

②药剂防治。播种时，用50%多菌灵可湿性粉剂10g拌细干土2kg配成药土，下铺1/3，上盖2/3；发病初期，可用75%百菌清600倍液，或以70%代森锰锌500倍液，或以64%杀毒矾500倍液，或50%甲霜铜可湿性粉剂500倍液，或58%甲霜灵锰锌可湿性粉剂400倍液等药剂间隔10d喷雾。也可用45%的百菌清烟剂与喷雾交替使用。

（编撰人：刘厚诚；审核人：刘厚诚）

40. 茄子黄萎病的症状特征是什么？如何防治？

（1）症状。茄子黄萎病又称凋萎病、半边疯、黑心病等。主要为害茄子成株，一般发病是在门茄坐果以后。病害一般从下而上或从一边向全株发展。初期

叶片边缘及叶脉间变黄，以后发展到半叶或整个叶片变黄。早期病叶晴天高温时呈萎蔫状，早晚或阴雨天可恢复，后期病叶由黄变褐并干枯，叶缘上卷，严重时叶片变褐脱落，只剩光秆。茄子黄萎病为全株性病害，剖开植株的叶、茎、分枝及叶柄可以看到维管束变褐色或呈黑色，并可挤出灰白色黏液。

（2）病原菌及发病规律。茄子黄萎病为真菌性病害。病菌以菌丝、厚垣孢子或微菌核在土壤中的病残体上越冬，在土中可以存活6~8年。翌年遇到适宜条件，病菌由根部伤口或幼根表皮及根毛侵入，并在皮层细胞间扩展，进而侵入维管束，在导管内大量繁殖，随植株体内液流向地上部的茎、枝、叶、果实扩展，引起发病。病菌在田间靠风、雨、灌溉水及农事操作传播；病菌生长的适宜温度为19~23℃，温湿度是控制黄萎病发生的主要条件，温暖高湿条件下发病重，此外，定植过早、移栽根部带土少、伤根、埋土过深、常年连种感病品种、施用未腐熟农家肥、偏施氮肥等也常引起该病的大发生。

（3）防治方法。

①农业防治。选择抗病品种；播种前用55℃热水恒温浸种15min；使用腐熟的农家肥和多年未种过蔬菜的大田土配制育苗土；最好以野生茄子作砧木，采用嫁接育苗；与非茄科作物实行4年以上轮作；增施有机肥，合理密植与灌水，提高植株的抗病性。

②药剂防治。定植前用50%多菌灵可湿性粉剂或40%多福粉，或多地混剂（50%多菌灵可湿性粉剂与20%地茂散按2∶1混合），或70%敌克松原粉，或50%甲基托布津可湿性粉剂或40%棉隆，每亩22kg，或50%多菌灵可湿性粉剂1kg，再与30kg细干土混匀，均匀撒于地面，结合整地混入土中，再行定植，防病效果较好。发病初期进行药剂灌根，可用50% DT可湿性粉剂350倍液，或50%多菌灵可湿性粉剂500倍液或50%甲基托布津可湿性粉剂800倍液，5%菌毒清300倍液，或70%敌克松500倍液，或10%双效灵水剂200倍液等，每株灌药液300~500mL，7d左右灌一次，连灌2~3次。为增强防治效果，也可以在发现零星病株进行灌根的同时，用上述药液做全面喷淋。

（编撰人：刘厚诚；审核人：刘厚诚）

41. 茄子果腐病的症状特征是什么？如何防治？

（1）症状。茄子果腐病主要为害果实，果实染病初期产生水浸状褐色斑，然后迅速扩展到整个果实，导致果实、果柄变褐色、软化、腐烂、湿度大时病部表面产生灰白色霉层，而后出现黑色毛状霉，似大头针状，病果多脱落，个别干缩果挂在植株上。

（2）病原菌及发病规律。病原为链格孢属半知菌亚门真菌。主要致病菌为黑根霉，病菌寄生性弱，分布十分广泛，可在多汁蔬菜的残体上以菌丝体营腐生生活，翌年春季条件适宜时，产生孢子囊，孢子借风雨传播，病菌则从伤口或生活力衰弱部位，或遭受冷害部位侵染。气温23～28℃、相对湿度高于80%易发病，雨水多、田间湿度大、整枝不及时、株间密闭、果实伤口多易发病。

（3）防治方法。

①农业防治。加强肥水管理；适当密植，及时整枝或摘除下部病叶、老叶，保持通风透光；防止发生日烧果，及时采收；高畦或高垄栽培，防止大水漫灌，雨后及时排水；保护地栽培注意及时通风，采用膜下暗灌，降低空气湿度。

②药剂防治。发病初期喷洒30%碱式硫酸铜悬浮剂400～500倍液，或50%琥胶肥酸酮可湿性粉剂500倍液，或27%铜高尚悬浮剂600倍液，或50%混杀悬浮剂500倍液，或50%甲基硫菌灵·硫黄悬浮剂800倍液，或56%靠山水分散微颗粒剂700～800倍液，或47%加瑞农可湿性粉剂800倍液，7d喷药一次，连喷2～3d。

（编撰人：刘厚诚；审核人：刘厚诚）

42. 茄子灰霉病的症状特征是什么？如何防治？

（1）症状。茄子灰霉病在苗期和成株期均可发生。幼苗染病，子叶先端枯死，其后病菌在幼茎上扩展，使幼茎缢缩变细，常自病部折断枯死。成株期发病，多始于凋萎的花瓣，在花瓣上生成灰色霉斑，再侵入幼果，使幼果腐烂，果实染病后果蒂周围局部产生水浸状褐色病斑，逐步凹陷腐烂脱落，表面产生不规则轮纹状灰色霉状物。叶片染病，由叶尖向内呈"V"字形病斑，初呈水浸状，边缘不明显，后呈浅褐色至黄褐色，湿度大时，病斑上密生灰色霉层。

（2）病原菌及发病规律。茄子灰霉病是一种真菌性病害。病菌以分生孢子在病残体上或以菌核在地表或土壤里越冬，成为下一年的初侵染源。初发病部产生大量分生孢子，借助气流传播进行再侵染，使病害扩展蔓延。因病菌很容易从花器侵染，而造成果实受害严重。低温、高湿是茄子灰霉病发生的重要条件，7～20℃均可发病，分生孢子及菌核形成的适宜温度为15～20℃。

（3）防治方法。

①农业防治。加强保温措施，棚室内采用多层覆盖，以缩小棚室内外或日夜温差；采用地膜覆盖，膜下暗灌，以减低适度；控制灌水，灌水最好选择在晴天

上午进行；合理密植，以利通风透光；发现病叶、病茎、病枝、病果要及时摘除并集中销毁。

②药剂防治。定植前用50%速可灵可湿性粉剂1 500倍液或50%多菌灵可湿性粉剂500倍液喷洒茄苗预防灰霉病；茄子开花时结合蘸花在2,4-D中加入0.1%浓度的50%速可灵可湿性粉剂，或50%扑海因可湿性粉剂，防止病菌从花器侵染。发病初期可选用40%施加乐悬浮剂800倍液，或50%农利灵可湿性粉剂1 000倍液，或40%多硫悬浮剂500倍液，或36%甲基托布津可湿性粉剂500倍液，或25%多菌灵可湿性粉剂400倍液，或75%百菌清可湿性粉剂600倍液等喷药防治。7d1次，连喷2～3次，尤其注意在露地栽培时雨后应立即喷药。

（编撰人：刘厚诚；审核人：刘厚诚）

43. 茄子叶霉病的症状特征是什么？如何防治？

（1）症状。茄子叶霉病主要为害茄子的叶片和果实。叶片染病，出现边缘不明显的褪绿斑点，病斑背面长出灰绿色霉层，导致叶片过早脱落。果实染病，病部呈黑色，革质，多从果柄蔓延下来，果实呈白色斑块，成熟果实的病斑为黄色，下陷，后期逐渐变为黑色，最后果实成为僵果。

（2）病原菌及发病规律。茄子叶霉病的病原为褐孢霉，属半知菌亚门真菌。病菌主要以菌丝体或分生孢子随病残体遗留在土壤中越冬，翌年气候适宜时，染病组织上产生分生孢子，借助风雨传播。定植过密，株间密闭，田间白粉虱为害等易诱发此病。

（3）防治方法。

①农业防治。收获后彻底清除病残体，并烧毁或深埋；合理密植，注意排水降湿。

②药剂防治。发病初期喷洒50%甲基硫菌灵·硫黄悬浮剂800倍液，或10%世高2 000倍液，或47%加瑞农可湿性粉剂800～1 000倍液，或40%防霉宝2号水溶性粉剂1 000倍液，7d喷洒一次，连喷2～3d。

（编撰人：刘厚诚；审核人：刘厚诚）

44. 茄子绵疫病的症状特征是什么？如何防治？

（1）症状。茄子绵疫病俗称掉蛋、烂茄和水烂，是茄子生育期较普遍的病害。主要为害果实、茎、叶、花器等，特别是近地面处果实受害最重。苗期被害，在近地面处的嫩茎上出现水渍状缢缩，引起植株倒伏死亡。成株期主要为害果实，发病初期，果实表面产生水浸状圆形斑点，稍凹陷，边缘不明显，黄褐色至深状霉层，病果易蒂落并很快腐烂。叶片发病后，初呈水浸状不规则病斑，边缘不明显，有轮纹，后变褐色或紫褐色，潮湿时病斑表面长出稀疏的白霉。茎部受害，呈暗绿色水渍状缢缩，后变褐色，其下部枝叶逐渐萎蔫干枯，湿度大时病部长出白霉。花器受侵染后呈褐色腐烂。

（2）病原菌及发病规律。茄子绵疫病是由边霉菌引起的真菌性病害。病菌主要以卵孢子随病残体在土壤中越冬，来年卵孢子借雨水灌溉水溅到茄子植株下部的果实、茎叶上，萌发长出芽管，芽管与表皮组织接触后产生附着器，从底部生出侵入丝，穿透寄主表皮侵入，在病斑上产生孢子囊，萌发后形成游动孢子，借风雨传播形成再侵染。病原菌发育适宜温度为28～30℃，菌丝发育适宜湿度要求95%以上，湿度85%左右有利于孢子囊的形成。因此，高温高湿是茄子绵疫病发生的重要条件。

（3）防治方法。

①农业防治。选择抗病品种，与非茄科作物实行5年以上轮作，加强田间管理，及时整枝、打老叶，摘除病叶、病果，加强通风，控制田间湿度，覆盖地膜。防止土壤中的病菌随雨水或灌溉水反溅到果实上。

②药剂防治。发病初期，可用75%百菌清可湿性粉剂500倍液，或以40%乙膦铝300倍液，或以58%甲霜灵锰锌可湿性粉剂500倍液，或以50%安克·锰锌可湿性粉剂500倍液，或72%普力克水剂800倍液，72%克露可湿性粉剂800倍液，或52.5%抑快净水分散粒剂2 000倍液等喷雾。一般每隔7d左右喷一次，连喷2～3次。

（编撰人：刘厚诚；审核人：刘厚诚）

45. 茄子病毒病的症状特征是什么？如何防治？

（1）发病症状。茄子病毒病可由多种病毒致病，引起的发病特征也有所不同。主要分为以下3种类型。

①花叶型。叶片产生黄绿相间的斑驳，老叶形成圆形或不规则形暗绿条纹，心叶稍黄。

②轮点坏死斑型。植株上部叶片产生局部紫褐色坏死斑点，有时形成轮纹点状坏死，叶面不平，发皱。

③大轮点型。叶片由产生的轮纹病斑、轮纹内黄色小点组成，有时斑点也发

生坏死。

（2）病原菌及发病规律。茄子病毒病由烟草花叶病毒和黄瓜花叶病毒侵染致病。另外还由蚕豆萎蔫病毒和马铃薯X病毒混合侵染所致。花叶型病毒病系黄瓜花叶病毒和烟草花叶病毒引起；轮点坏死斑型病毒病系由蚕豆萎蔫病毒引起；大轮点型病毒病由马铃薯X病毒引起。茄子病毒病靠蚜虫和接触传毒。高温干燥适宜于病毒和蚜虫的繁殖和活动，特别是晴朗无风天有利于蚜虫飞迁，从而传播病毒。栽培地耕作不细、杂草丛生或近野生草地，病毒可顺利越冬，成为来年发病源。一些农业操作如整枝、打尖等，手触病株汁液都能把病毒传给健株，扩大发病，加重为害。

（3）防治方法。

①农业防治。清除杂草，结合中耕培土铲除杂草，栽培地周围的杂草也要铲除，以减少病毒越冬场所；在农事操作时，工具和手若接触到病株，应在10%磷酸三钠液内浸蘸一下，以避免汁液传毒；高温季节灌水降温调节湿度。保护地栽培条件下，在高温季节可搭设遮阳网以降低气温并注意在蚜虫发生时期及时搭设防虫网以阻挡蚜虫的为害。

②药剂防治。发病初期选用20%病毒A 500倍液，或1.5%植病灵乳剂1 000倍液，或10%病毒必克可湿性粉剂1 000倍液等药剂交替使用，8～10d喷施一次，连喷2～3次。

（编撰人：刘厚诚；审核人：刘厚诚）

46. 茄子黑斑病的症状特征是什么？如何防治？

（1）症状。茄子黑斑病主要为害茄子叶片，有时果实也会受害。在茄子中下部老叶上形成圆形或不规则形病斑，病斑多在两叶脉间，上布满黑色霉层。发病重时，叶片早枯。

（2）病原菌及发病规律。茄子黑斑病的病原为茄链格孢菌，属半知菌亚门真菌。病菌主要以菌丝体随病残体在土壤中越冬。高温高湿的环境条件下有利于病害的发生。

（3）防治方法。

①农业防治。选择抗病品种，播种前用55℃热水恒温浸种15min，加强田间管理，及时整枝、打老叶，摘除病叶、老叶，加强通风。收获后彻底清除病残体，并烧毁或深埋。

②药剂防治。发病初期用3%农抗120水剂150～200倍液喷雾，隔5～7d再喷一次，连续喷3～4次，可兼治茄子早疫病。

（编撰人：刘厚诚；审核人：刘厚诚）

47. 茄子白粉病的症状特征是什么？如何防治？

（1）症状。茄子白粉病从苗期至收获期均可发生，主要为害叶片，叶柄、茎次之，果最轻。发病初期叶面或叶背产生白色近圆形的小粉斑，环境适宜时，逐渐扩大成边缘不明显的连片白粉斑，上面布满白色粉末状的霉，病叶枯黄发脆，但不易脱落。有时（秋季多见）病斑上出现散生或成堆的小黑点。叶柄与嫩茎上的症状与叶片相似，但白粉较少。病害逐渐由植株下部往上发展。白粉后期可变成灰白色或红褐色，严重时植株枯死。

（2）病原菌及发病规律。白粉病的病原为单丝壳白粉菌，属子囊菌亚门真菌。在低温干燥地区病原真菌以闭囊壳随病残体在土壤中越冬，在保护地或较温暖的地区以菌丝体在植株上越冬。病菌产生分生孢子借气流或雨水传播，在高温高湿或干旱环境下易发生，发病适温20～25℃，相对湿度25%～85%，但是以高温条件下发病重。

（3）防治方法。

①农业防治。与非茄果类作物进行3年以上轮作；收获后彻底清除病残体，并烧毁或深埋；定植前每100m²空间用硫黄粉200～250g，锯末500g掺匀，密闭熏一夜；定植后注意通风透光，降低棚内湿度，及时供应肥水。

②药剂防治。发病初期喷洒27%高脂膜乳剂50～100倍液，或2%农抗120水剂，或2%武夷霉素水剂200倍液，或75%百菌清可湿性粉剂600倍液，或20%抗霉菌素200倍液，或12.5%速保利2 000倍液；白粉病对硫特别敏感，可选用40%多硫胶悬剂800倍液，或40%硫酸胶悬剂500倍液，或25%三唑酮可湿性粉剂2 000倍液，或20%三唑酮乳油1 500倍液，或12.5%腈菌唑乳油5 000倍液，每7～10d喷一次，连喷2～3次。

（编撰人：刘厚诚；审核人：刘厚诚）

48. 茄子炭疽病的症状特征是什么？如何防治？

（1）症状。茄子炭疽病各地均有发生，但一般发生不严重。仅零星果实受害造成一定损失。主要为害果实，以近成熟和成熟果实发病严重。果实发病，初期在果实表面产生近圆形、椭圆形和不规则形、黑褐色、稍凹陷的病斑。病斑不断扩大及半个果实。后期病部表面密生黑色小点，潮湿时其上溢出朱红色黏物质。病部皮下的果肉微呈褐色，干腐状，严重时整个果实腐烂。

（2）病原菌及发病规律。病原菌为辣椒刺盘孢，属半知菌亚门真菌。病菌以菌丝体和分生孢子盘随病残体在土壤中越冬，也可以分生孢子附着在种子表面过冬。翌年由越冬分生孢子盘产生分生孢子，借雨水溅射传播至植株下部果实上引起发病，播种的带菌种子萌发时就可侵染幼苗，使其发病。果实发病后，病部产生大量分生孢子，借风、雨、昆虫及摘果时人为传播，进行反复再侵染。温暖高湿环境下易于发病，病害多在7—8月发生和流行。植株密闭、采摘不及时、地势低洼、雨后地面积水、氮肥过多时发病严重。

（3）防治方法。

①农业防治。使用无病种子，播种前用55℃热水恒温浸种15min或52℃热水浸种30min。发病地与非茄科类蔬菜进行2～3年轮作；培养无病壮苗，适时定植，合理密植，加强田间肥水管理。

②药剂防治。发病初期及时采用药剂防治，可用50%多菌灵可湿性粉剂500倍液，或甲基托布津可湿性粉剂600～800倍液，或炭疽霜可湿性粉剂800倍液等药剂喷雾防治。

（编撰人：刘厚诚；审核人：刘厚诚）

49. 茄子疫霉根腐病的症状特征是什么？如何防治？

（1）症状。茄子疫霉根腐病在部分地区发生，受害植株顶部茎叶萎蔫，进而全株萎蔫，拔除病株可见根系的细根腐烂，仅残留变褐的粗根，不发生新根。剖开植株的根、茎可以看到有的病株维管束从地面数厘米至数十厘米的一段变为褐色。发病后期，病株多枯萎而死亡。

（2）病原菌及发病规律。茄子疫霉根腐病的病原为寄生疫霉和辣椒疫霉，均属鞭毛菌亚门真菌。病菌以菌丝体和孢子随病残体在土壤中越冬。病菌在田间主要借雨水、灌溉水传播。病菌发育温度范围为5～30℃，适温20～25℃。要求高湿度，特别是土壤水分高是病害发生和发展的决定因素。

（3）防治方法。

①农业防治。育苗前培养土彻底消毒、温汤浸种，培养无病壮苗；定植前，

平整土地，做好排灌系统，高畦栽培。重病地与非茄科类、瓜类蔬菜进行3年轮作；加强田间管理，施用充分腐熟的有机肥，合理浇水，防止大水漫灌，并注意雨后及时排水；初见发病植株及时拔除烧毁。

②药剂防治。防病初期及时进行药剂防治，用40%乙膦铝200倍液，或72.2%普力克600倍液，或50%甲霜铜500倍液，或60%百菌清500倍液喷雾，尤其要喷施植株茎基部和地面，同时用药剂灌根效果好。

（编撰人：刘厚诚；审核人：刘厚诚）

50. 茄子菌核病的症状特征是什么？如何防治？

（1）症状。茄子菌核病在茄子整个生育期均可发病。苗期发病从茎基部开始呈浅褐色水渍状病斑，后变褐色，湿度大时长出白色棉絮状菌丝，软腐，但无臭味，干燥时呈灰白色，后期菌丝集结成菌核，病部缢缩，茄苗枯死。成株期多发病始于茎基部或侧枝处，产生水渍状褐色病斑，并逐渐变为灰白色，稍凹陷。湿度大时，病部长出白絮状菌丝，皮层腐烂，表皮和髓部长出黑色小菌核。严重受害的皮层呈麻状破裂，致使上部枝叶枯死。叶片病斑初为浅褐色水渍状，后变为褐色圆形，湿度大时长出白色菌丝，干燥后病部易破裂。花及花蕾受害后出现水浸状腐烂，严重时脱落。果实受害主要由果柄发病蔓延后所致，并逐渐扩展到整个果实，病部长出白色菌丝体，后形成菌核。

（2）病原菌及发病规律。菌核病病原菌属于真菌，主要以菌核在土壤中越冬。翌年春天菌核从土壤中散发出子囊孢子，借助气流、雨水和灌溉水传播，由寄主的自然口或伤口处侵入。茄子菌核病是一种低温高湿病害，在温度16~20℃，湿度95%以上的环境条件下最适宜病菌繁殖。

（3）防治方法。

①农业防治。茄子拉秧后，及时清除病残体并且深翻土壤；注意与葱蒜类等实行轮作倒茬；增施有机肥，提倡垄作并覆盖地膜定植，以改善土壤生态环境；注意通风、防寒保温，使棚室茄子栽培环境有利于茄子的生长发育，而不利于菌核病的蔓延；发现病株及时拔除，并带出栽培地深埋或烧毁。

②药剂防治。可用50%速克灵可湿性粉剂1 500倍液，或50%扑海因可湿性粉剂1 000~1 500倍液，或40%菌核净可湿性粉剂1 000倍液，或60%防霉宝超微粉600倍液喷雾。

（编撰人：刘厚诚；审核人：刘厚诚）

51. 茄子早疫病的症状特征是什么？如何防治？

（1）症状。茄子早疫病主要危为害叶片。整个生育期均可发病，发病初期产生褪绿小斑点，后扩展为圆形或近圆形病斑，中间灰白色，边缘褐色，具同心轮纹，直径2~10mm，湿度大时，病部长出微细的黑色霉状物，后期病斑中部脆裂，发病严重时病叶脱落。

（2）病原菌及发病规律。茄子早疫病是一种真菌性病害，病菌以菌丝体在病残体内或潜伏在种子皮下越冬，在田间借风雨传播，从气孔或直接穿透表皮侵入进行再侵染，该病对温度适应范围广，湿度是发病的主要条件，一般温暖高湿发病重。

（3）防治方法。

①农业防治。前茬结束后，及时清除病残体并与非茄科作物实行5年以上轮作；种子用55℃热水恒温烫种15min后，再浸种催芽；加强田间管理，合理密植，及时摘除老叶、病叶，保持田间良好的通风性，采取地膜覆盖栽培，降低地面湿度。

②药剂防治。发病初期，用75%百菌清可湿性粉剂600倍液，或70%代森锰锌可湿性粉剂500倍液，或58%甲霜灵锰锌可湿性粉剂600倍液，或64%杀毒矾可湿性粉剂500倍液，或50%克菌丹可湿性粉剂450倍液，或40%灭菌丹可湿性粉剂400倍液，隔7d喷一次，连续喷2~3次。

（编撰人：刘厚诚；审核人：刘厚诚）

52. 茄子赤星病的症状特征是什么？如何防治？

（1）症状。茄子赤星病主要为害叶片，发病初期叶片褪绿，产生白色至褐色小斑点，后扩展成直径3~8mm、中心暗褐色的圆形斑，其上丛生许多黑色小点，即病菌的分生孢子器。

（2）病原菌及发病规律。茄子赤星病的病原菌属于半知菌亚门真菌。病菌以菌丝体和分生孢子的形式随病残体留在土壤中越冬，第二年春季条件适宜时产生分生孢子，借风雨传播蔓延，引起初侵染和再侵染。温暖潮湿、连阴雨天气多的年份或地区易发病。

（3）防治方法。

①农业防治。前茬结束后，及时清除病残体并与非茄科作物实行2~3年

轮作；种子用55℃热水恒温烫种15min后，再浸种催芽；培育壮苗，加强田间管理。

②药剂防治。发病初期，用75%百菌清600倍液，或40%甲霜铜可湿性粉剂600~700倍液，或58%甲霜灵锰锌600倍液，或64%杀毒矾500倍液，或50%苯菌灵可湿性粉剂1 000倍液，或27%铜高尚悬浮液600倍液，每隔7d喷一次，连续喷2~3次。

（编撰人：刘厚诚；审核人：刘厚诚）

53. 茄子软腐病的症状特征是什么？如何防治？

（1）症状。茄子软腐病主要为害果实。病果初生水浸状斑，然后果肉腐烂，有恶臭味，失水后干缩，挂在茎上。

（2）病原菌及发病规律。茄子软腐病属细菌性病害。病菌随病残体在土壤中越冬，借助灌溉水、雨水及气流传播。病菌由伤口侵入后，分泌果胶酶溶解中胶层，导致细胞解离，细胞内水分外溢，而引起病部组织腐烂。病菌能够生长的温度范围较大，2~40℃均能活动和为害，最适温度25~30℃，发病需95%以上相对湿度，雨水、露水对病菌传播、侵入具有重要作用。

（3）防治方法。

①农业防治。高畦（垄）栽培，覆盖地膜。雨后及时排水。及时整枝、打杈。农事操作要精细，减少机械伤口。及时防治棉铃虫、烟青虫等蛀果害虫。

②药剂防治。发病初期及时用药防治。可喷72%农用硫酸链霉素4 000倍液，或50%速克灵可湿性粉剂1 000倍液，或77%可杀得粉剂500倍液，或25%络氨铜水剂500倍液。

（编撰人：刘厚诚；审核人：刘厚诚）

54. 茄子霜霉病的症状特征是什么？如何防治？

（1）症状。茄子霜霉病主要为害叶片。病斑最初似水渍状，后转黄褐色，受叶脉限制而呈角状斑，潮湿时斑面出现稀疏的白色霜状霉（病原菌孢囊梗及孢子囊），为本病病症。天气干燥时病症一般不表现。

（2）病原菌及发病规律。属真菌性病害，病原为鞭毛菌亚门的叉梗霜霉属。病菌以菌丝体和卵孢子在活体寄主上潜伏越冬（北方菜区），在温暖的南方，尤其是华南地区，病菌以无性态孢子囊及孢子囊形成的游动孢子在寄主作物间依靠风雨辗转传播为害，无明显越冬期。日暖夜凉、多雨高湿天气有利于病害发生。

（3）防治方法。化学防治可采用72%霜脲·锰锌可湿性粉剂即"霜疫清"600～700倍液喷施，或72.2%的普力克水剂600～800倍液喷施2～3次，或70%百德福可湿性粉剂500～600倍液喷施，或25%甲霜灵可湿性粉剂600倍液，或58%瑞毒霉锰锌可湿性粉剂1 000倍液。每隔7d喷一次，连续喷3～4次。

（编撰人：刘厚诚；审核人：刘厚诚）

55. 茄子枯萎病的症状特征是什么？如何防治？

（1）症状。主要为害成株根茎部。发病初期仅植株下部叶片变黄，叶上小脉呈现明脉，随着病情的发展，叶片由下而上变黄枯萎，一、二层分枝的叶片症状尤为明显。通常枯萎病程进展缓慢，从开始发病至全株枯死一般需要20～30d，剖检病株维管束呈褐色，潮湿时患部表面长出金黄白色粉霉。

（2）病原菌及发病规律。茄子枯萎病属真菌性病害，病原为半知菌亚门的尖孢镰孢菌茄子专化型。病菌均以菌丝体或厚垣孢子随病残体在土壤中或黏附在种子上越冬，可营腐生生活。病菌借助水流、灌溉水或雨水溅射而传播，从伤口或幼根侵入，在维管束内繁殖蔓延，堵塞导管，分泌有毒物质镰刀菌，致寄主输导机能受阻，造成叶片变黄乃至枯萎。连作地、土壤低洼潮湿、土温高（28℃）、氧气不足，根系活力降低或中耕伤根多，或施用未经充分腐熟的土杂肥等，皆易诱发病害。

（3）防治方法。

①农业防治。与非茄科作物实行3年以上轮作，或用赤茄、托鲁巴母为砧木进行嫁接栽培。使用无病种子，或种子用55℃温水浸种15min，消灭种子附带的病菌；无病土育苗，培养无病壮苗；定植时注意防治地下害虫，定植后浇水和中耕要避免伤根。适时、精细定植，适当控制灌水，加强中耕，促进根部伤口愈合。做好肥、水管理，保持植株健壮生长，提高抗病力。

②药剂防治。发病初期可用绿亨1号3 000倍液，或用50%多菌灵可湿性粉剂500倍液，或50%琥胶肥酸铜可湿性粉剂350倍液，或混合氨基酸铜·锌·锰·镁（15%庄乐园水剂）200～400倍液，或10%双效灵水剂300倍液，或5%菌毒清300倍液灌根，或用50%多菌灵可湿性粉剂500倍液+可杀得2000 1 000倍液+云大120

1 500倍液灌根，每株0.2kg，7~10d灌根一次，连续灌根3~4次。

（编撰人：刘厚诚；审核人：刘厚诚）

56. 茄子青枯病的症状特征是什么？如何防治？

（1）症状。茄子青枯病主要为害叶片和茎枝，初期个别枝条的叶片或一张叶片的局部呈现萎垂，后逐渐扩展到整株枝条上。病叶初呈淡绿色，后变褐焦枯，脱落或残留在枝条上。病株茎部有明显的症状，将茎部皮层剥开，木质部呈褐色。这种变色从根颈部起一直可以延伸到上面枝条的木质部。枝条里面的髓部大多数腐烂空心。用手挤压病茎的横切面，也有乳白色的黏液渗出。

（2）病原菌及发病规律。茄子青枯病属细菌性病害，病原为青枯假单细胞，可随根、茎等残余组织遗留在土壤中越冬及长期潜伏，随雨水、灌溉水及土壤传播，主要从根部伤口侵入。高温、高湿有利于病害发生，土壤呈弱酸性时易发生本病。此外，长期连作、地下水位高的田块发生较重。

（3）防治方法。

①农业防治。与禾本科或十字花科作物进行4年以上的轮作；土壤消毒及调节土壤酸度，即每亩施用消石灰100~150kg，与土壤混匀后，再栽植茄苗；从无病植株上采种，并采用温汤浸种法进行种子消毒；利用托鲁巴姆作砧木进行嫁接栽培；青枯病发病初期及时拔除病株；并在穴内撒石灰消毒，防止病菌扩散。

②药剂防治。发病初期用77%可杀得可湿性微粒粉剂500倍液，或用72%农用链霉素4 000倍液或用克菌康800~1 000倍液，或14%络氨铜水剂300倍液，或50%琥胶肥酸酮（DT）可湿性粉剂500倍液灌根，每株灌药液200~300mL，隔7d灌一次，连灌2~3d。

（编撰人：刘厚诚；审核人：刘厚诚）

57. 茄子常见的害虫有哪些？

根结线虫、地老虎、蛴螬、白粉虱、二十八星瓢虫、茄黄斑螟、蝼蛄、红蜘蛛和蚜虫、截形叶螨、网目拟地甲、茶黄螨、棉铃虫，以及黏虫、美洲斑潜蝇、大造桥虫、钩金针虫、蜗牛。

（编撰人：刘厚诚；审核人：刘厚诚）

58. 茄子根结线虫为害的症状特征是什么？如何防治？

（1）症状。

①地上部症状。轻病株症状不明显，病情较重的地上部营养不良，植株矮小，叶片变小、变黄，呈点片缺肥状，不结实或结实不良，但病株很少提前枯死，遇干旱则中午萎蔫，早晚恢复，或提前枯死。

②地下部症状。地下部的侧根和须根受害重。根上形成大量大小不等的瘤状根结。根结多生于根的中间，初为白色，后为褐色，表面粗糙，有时龟裂。

（2）发病规律。南方根结线虫主要以卵、卵囊或2龄幼虫随病残体在土壤中越冬，而北方根结线虫主要以卵随病残体或粪肥在土壤中越冬，冬季两种线虫都可在保护地内继续为害。翌年春天条件适宜时，越冬卵孵化成1龄幼虫，蜕皮后孵出2龄幼虫，2龄幼虫和越冬的2龄幼虫具有侵染能力，侵入后，引起周围细胞分裂加快形成肿瘤，使根形成虫瘿即根结。

幼虫发育到4龄以后即可交尾产卵，卵可于根结中孵化发育，也有大量的卵被排出体外进入土壤，卵孵化后进行再侵染，从而使寄主根系布满根结，为害越来越重。根结线虫主要分布在5～30cm深的土层中。病苗调运可使线虫远距离传播。田间主要通过病土、病苗、灌水和农事操作传播。土温20～30℃，土壤相对湿度40%～70%有利于线虫的繁殖和生长发育。土壤温度超过40℃和低于5℃，根结线虫侵染活动都很少，55℃以上经过10min幼虫即可死亡。线虫喜地势高燥、土质疏松、盐分低及沙质疏松土壤，连作地块发病重。

（3）防治方法。采取以农业防治为主，药剂防治为辅的综合防治措施。

①农业防治。选用无病土壤育苗：施用腐熟的无病原线虫的有机底肥，挑选健壮且无病苗定植，这些操作可以起到较好的防治作用。彻底清除棚室病根残体：收获后及时清除病株、病根残体，注意将病根晒干后集中烧毁。深翻土壤：将表土翻至20cm以下深度，可把大量活动在土壤表层的根结线虫翻到底层下，减轻病害的发生。轮作：重病田内与禾本科作物进行2～3年轮作；也可与抗线虫蔬菜如石刁柏和耐线虫的蔬菜如葱、蒜、韭菜等轮作，它们对茄子线虫有较强的抗性，种植这些植物，可有效地防止或减轻线虫病的发生，降低土壤中的线虫量，从而减轻对后茬植物的为害。利用高温杀灭线虫：棚室可在休闲季节利用夏季高温，在盛夏挖沟起垄，沟内灌满水，然后覆盖地膜密闭棚室2周，使30cm内土层温度达54℃，保持40min以上，则线虫即死。

②药剂防治。土壤处理：可在播种或定植前15d，选用10%力满库、50%益

舒宁、3%米乐尔等颗粒剂，拌均匀，撒施后再耕翻入土，每亩用药量3~5kg。也可采用条施或沟施，如在定植行中间开沟，每亩施入上述药剂2~3.5kg，然后覆土踏实，形成药带。如果利用穴施法，则每亩用上述药剂1~2kg，施药后应注意拌土，以防止植株根部与药剂直接接触。药剂灌根：定植后，在棚室内植株局部受害，可用50%辛硫磷乳油1 500倍液，或80%敌敌畏乳油1 000倍液，或90%敌百虫晶体800倍液灌根，每株灌药液0.25~0.5kg，以熏杀土壤中的根结线虫。

（编撰人：刘厚诚；审核人：刘厚诚）

59. 红蜘蛛如何为害茄子？如何防治？

（1）为害特征。红蜘蛛又名朱砂叶螨、棉红蜘蛛，俗称火蜘蛛、火龙、砂龙等，棚室蔬菜中以豆类、瓜类、茄果类等受害较重。初期下部叶片正面出现零星的褪绿斑点，继而叶片严重失绿，变成灰白色，遍布白色小点，并从下部叶片向上部叶片蔓延，这是成、若螨在叶背部吸食汁液所致。翻看叶背可见密生红色"小点"，仔细观察，"小红点"有移动现象，这就是造成为害的红蜘蛛。受害严重的叶片，在叶背形成一层"网膜"，是红蜘蛛吐丝结成的蛛丝网。受害植株往往早衰或提早落叶，过皮粗糙，呈灰白色，品质变劣并严重减产。

（2）生活习性。一年可发生12~15代，以成雌螨在枯秆、枯叶、杂草根部、土缝或树皮内越冬，翌春从越冬场所恢复活动，气温10℃以上时开始繁殖、为害，开始点、片发生，后随繁殖量的增加向四周扩散至全田。高温干旱有利于红蜘蛛发生，生长发育和繁殖的最适温度为29~31℃，相对湿度为35%~55%，管理粗放，植株含氮量高，螨增殖快，为害重。

（3）防治方法。

①农业防治。晚秋及时清除田间杂草和枯枝落叶，耕整土地，消灭越冬虫源。天气干旱时增加灌水，可抑制螨类繁殖。增施磷、钾肥，使植株健壮生长，提高抗螨能力。

②药剂防治。发现红蜘蛛点、片发生，及时用25%的保护地杀虫烟剂每亩600g熏杀，或用10%浏阳霉素1 500倍液，或1.8%齐螨素3 000倍液喷雾，隔5~7d一次，连续喷2~3次。

（编撰人：刘厚诚；审核人：刘厚诚）

60. 网目拟地甲如何为害茄子？如何防治？

（1）形态及为害特征。网目拟地甲的雌成虫体长7.2～8.6mm，雄成虫体长6.4～8.7mm，黑色中略带褐色，一般鞘翅上都附有泥土。幼虫虫体截面为椭圆形，头部较扁。以成虫和幼虫为害茄子幼苗，取食嫩茎和嫩根，影响出苗。幼虫还能钻入根茎取食，造成幼苗枯萎。

（2）发生规律。华北地区每年发生1代，以成虫在土层内、土缝、洞穴内越冬。翌年3月下旬成虫大量出土为害。成虫只能爬行，具有假死性，寿命较长，最多可达4年。虫害一般发生在干旱或较黏重的土壤中。

（3）防治措施。

①农业防治。提早播种或定植，错开网目拟地甲发生期。

②药剂防治。可采用爱卡士5%颗粒剂拌种，或用25%喹硫磷乳油1 000倍液喷洒或灌根。

（编撰人：刘厚诚；审核人：刘厚诚）

61. 黏虫如何为害茄子？如何防治？

（1）形态及为害特征。黏虫属鳞翅目夜蛾科。成虫体长15～17mm，卵长约0.5mm，初产的卵为白色，逐渐变为黄色，有光泽。卵粒单层排列成行成块。老熟幼虫体长38mm。黏虫主要为害茄科、十字花科、豆科蔬菜。幼虫食叶，大量发生时可将叶片全部食光。因其具有迁飞性、杂食性、暴食性，从而成为全国性的重点防治害虫。

（2）发生规律。华北地区每年发生2～4代。黏虫的耐寒力较差。成虫产卵于叶尖或嫩叶、心叶皱缝间，常使叶片呈纵卷。

（3）防治方法。

①诱杀成虫。可采用糖醋盆，或杨树枝扎把（成虫白天隐蔽其中），或黑光灯等多种办法诱杀成虫，降低虫口密度。

②药剂防治。在幼虫幼龄期，施用速效性药剂，如20%杀灭菊酯2 000倍液，或25%菊·乐（又名速杀灵）乳油1 500倍液，或20%氯·马乳油3 000倍液，或36%马·阿（又名虫克星）乳油1 000倍液，或20%克螨氰菊（又名灭净菊酯）乳油1 500倍液，或21%增效·马（又名杀死毙）乳油4 000倍液，可及时控制住黏虫为害。

（编撰人：刘厚诚；审核人：刘厚诚）

62. 地老虎如何为害茄子？如何防治？

（1）形态及为害特征。常见的地老虎有小地老虎、大地老虎和黄地老虎3种，均属鳞翅目夜蛾科。小地老虎成虫体长16～21mm，深褐色。前翅由内横线、外横线将全翅分为3部分，有明显的肾状纹、环形纹、棒状纹，有2个明显的黑色剑状纹。后翅灰色无斑纹。幼虫体长37～47mm，灰黑色，体表布满大小不等的颗粒，臀板黄褐色，有两条深褐色纵带。

地老虎幼虫食性杂，为害多种作物。3龄前的幼虫大多在植株的心叶里，也有的藏在土表、土缝中，昼夜取食植物嫩叶，形成半透明的白斑或小孔，3龄后主要为害茄子及其他作物的幼苗，将幼苗近地面的茎基部咬断，造成严重缺苗、断垄现象。

（2）发生规律。小地老虎在北方1年发生4代。越冬代成虫盛发期在3月上旬，4月中、下旬为2～3龄幼虫盛发期，5月上、中旬为5～6龄幼虫盛发期。以3龄后的幼虫为害严重。地老虎喜欢温暖潮湿的气候条件，发育适温为13～25℃，相对湿度70%，高温不利于发生，10%～20%的土壤含水量最适宜于成虫产卵及幼虫生存。成虫白天潜伏于浅土中，夜间外出活动为害，尤其在天刚亮、露水多的时候为害最重，并且成虫对黑光灯及酸甜物质有较强的趋势，老熟幼虫有假死现象，受惊可缩成"O"形。

（3）防治方法。

①诱杀成虫。利用成虫对黑光灯和糖、醋、酒的趋势，设立黑光灯诱杀成虫。用糖60%、醋30%、白酒10%配成糖醋诱虫母液，使用时加水1倍，再加入适量农药，于成虫期在茄子地内放置，有较好的诱杀效果。

②诱杀幼虫。用95%敌百虫晶体150g，加水1.0L，再拌入铡碎的鲜草9kg或碾碎炒香的棉籽饼15kg，作为毒饵，傍晚撒在幼苗旁边诱杀，每亩1.5～2.5kg。或用新鲜泡桐树叶，于傍晚放在有幼虫的茄田，每亩放50片，早上揭开树叶捕捉。

③药剂防治。地老虎在幼虫3龄前，幼虫抗药性差，且尚未入土，暴露在寄主植物或地面上，是用药关键时期，可选用90%敌百虫晶体1 000倍液，或2.5%溴氰菊酯3 000倍液，或50%辛硫磷乳剂800倍液，或20%杀灭菊酯2 000倍液及时喷药防治，用25%亚胺硫磷乳油250倍液灌根。虫龄较大时，可用25%亚胺硫磷乳油250倍液，或80%敌敌畏乳剂1 000～1 500倍液灌根。

（编撰人：刘厚诚；审核人：刘厚诚）

63. 蝼蛄如何为害茄子？如何防治？

（1）形态及为害特征。蝼蛄又名拉拉蛄、地拉蛄、土狗子、地狗子，属地下害虫，我国菜田主要有华北蝼蛄和非洲蝼蛄，均属直翅目蝼蛄科。非洲蝼蛄成虫体长30~35mm，灰褐色，身体小；华北蝼蛄成虫体长30~35mm，黄褐色，身体肥大。非洲蝼蛄若虫共6龄，2~3龄后与成虫的形态、体态相似；华北蝼蛄若虫共13龄，5~6龄后与成虫的形态、体色相似。

蝼蛄食性极杂，可为害多种蔬菜，以成虫、若虫在土壤中咬食刚播下的茄种和刚出土的幼芽或咬断幼根和嫩茎，造成缺苗。受害植株根部呈乱麻状，蝼蛄活动时将土层钻成许多隆起的"隧道"，使根系与土壤分离，致使根系失水干枯而死，保护地内由于温度高，蝼蛄活动早，幼苗集中，为害更重。

（2）发生规律。华北蝼蛄约3年完成一代，而非洲蝼蛄在华中及南方每年可完成一代，在华北和东北2年完成一代，华北蝼蛄和非洲蝼蛄都是昼伏夜出，对光、香甜物质和马粪有较强的趋向性，华北蝼蛄还喜欢潮湿的土壤。两种蝼蛄全年活动大致可分为6个阶段：第一阶段是冬季休眠阶段，约10月下旬到翌年3月中旬；第二阶段是春季苏醒阶段，约3月下旬至4月上旬，越冬蝼蛄开始活动；第三阶段是出窝转移阶段，从4月中旬至4月下旬，此时地表出现大量弯曲虚土隧道，并在其上留有一个小孔，蝼蛄已出窝为害；第四阶段是猖獗为害阶段，5月上旬至6月中旬，这是一年中为害高峰；第五阶段是产卵和越夏阶段，6月下旬至8月下旬，气温升高，天气炎热，两种蝼蛄潜入30~40cm土层下越夏；第六阶段是秋季为害阶段，9月上旬到9月下旬，越夏若虫又上升到地面补充营养，为越冬准备，这是一年中第二次为害高峰。

（3）防治方法。

①农业防治。实行水旱轮作，深耕多耙，施用充分腐熟的有机肥。

②人工诱杀。利用蝼蛄的趋光性，在田间设置黑光灯诱杀；利用蝼蛄对马粪趋性，可在田间撒施毒饵，具体做法是先将饵料（豆饼、碎玉米粒等）5kg炒香，用30倍90%敌百虫溶液0.15kg拌匀，加适量的水拌潮，每亩放1.5~2.5kg。

③药剂防治。每亩用50%辛硫磷1~1.5kg，掺干细土15~30kg充分拌匀，撒于菜田或开沟施入土壤中，或用25%亚胺硫磷乳油250倍灌根。

（编撰人：刘厚诚；审核人：刘厚诚）

64. 沟金针虫如何为害茄子？如何防治？

（1）形态及为害特征。沟金针虫属鞘翅目叩头虫科，其成虫体长16～28mm，浓栗色。雌虫前胸背板呈半球形隆起。雄虫体形较细长。卵椭圆形，乳白色。老龄幼虫体长20～30mm，金黄色。沟金针虫为害多种蔬菜，以幼虫在土中取食播下的各种蔬菜种子、萌发的幼芽、幼苗的根，使幼苗枯死，造成缺苗断垄，甚至毁种。

（2）发生规律。沟金针虫3年完成一代。幼虫期长，老龄幼虫于8月下旬在16～20cm深的土层内做土室化蛹，蛹期12～20d，成虫羽化后在原蛹室越冬。翌年春天开始活动，4—5月为活动盛期。成虫在夜晚活动、交配，产卵于3～7cm深的土层中，卵期35d。成虫具有假死性。幼虫于3月下旬10cm、地温5.7～6.7℃时开始活动，4月是为害盛期。夏季温度高，沟金针虫垂直向土壤深层移动，秋季又重新上升为害。

（3）防治方法。

①农业防治。深翻土地，破坏沟金针虫的生活环境。在沟金针虫为害盛期多浇水可使其下移，减轻为害。

②药剂防治。播种或定值时每亩用5%辛硫磷颗粒剂1.5～2kg拌细土100kg撒施在育苗床或定植沟内，也可以用50%辛硫磷乳油800倍液灌根防治。

（编撰人：刘厚诚；审核人：刘厚诚）

65. 二十八星瓢虫如何为害茄子？如何防治？

（1）形态及为害特征。茄二十八星瓢虫又称酸紫瓢虫，属鞘翅目瓢虫科。成虫体长6～8mm，黄褐色半球形，体表密被黄褐色细毛，触角圆杆状，前胸背板有6个黑点，2个鞘翅上各有14个黑点。卵长1.4mm，淡黄色至褐色，卵粒排列较紧密。老熟幼虫体长7mm，初龄幼虫由淡黄色渐变白色。体表多枝刺，其基部具黑褐色环纹。

茄二十八星瓢虫以成虫和幼虫取食寄主叶片、果实和嫩茎。叶片的叶肉被食后残留脉网状表皮，形成许多不规则的透明凹纹，逐渐变成褐色斑痕，严重时导致叶片枯萎，或整叶被食光；果实受害，被食部位变硬、变苦，失去商品价值。

（2）发生规律。茄二十八星瓢虫在江苏、安徽等地一年发生3代，华中地区

一年发生4~5代，福建等地一年发生6代，成虫白天活动，有假死习性，并相互残杀，雌虫产卵于叶片背面，初孵化的幼虫群居为害，随虫龄增大逐渐分散为害，至老熟幼虫在原处或枯叶中化蛹。温度25~35℃、相对湿度75%~85%的条件下，最适宜各种虫态生长发育。

（3）防治方法。

①人工捕杀。利用成虫假死习性，人工捕捉成虫，收集后消灭；产卵盛期采摘卵块销毁。

②药剂防治。在孵化或低龄幼虫时，可用50%敌百虫可溶性粉剂1 000倍液，或50%辛硫磷乳油2 500倍液，或80%敌敌畏乳油1 500倍液，或杀灭菊酯1 200倍液，或48%毒死蜱乳油800~1 000倍液，或10%联苯菊酯乳油2 000倍液，或2.5%功夫乳油3 000~4 000倍液等药剂喷雾，每隔7~10d喷一次，共喷2~3次。

（编撰人：刘厚诚；审核人：刘厚诚）

66. 茄黄斑螟如何为害茄子？如何防治？

（1）形态及为害特征。茄黄斑螟又名茄螟、白翅也螟。成虫体长6.5~10mm，雌蛾体型稍大，体翅均白色，前翅有4个明显的大黄斑，卵外形似僧帽或水饺状，光滑无纹，卵粒分散。老熟幼虫体长16~18mm，蛹长8~9mm，茧壳十分坚韧，有丝棱数条，外露部分平滑。

茄黄斑螟以幼虫为害茄子的花蕾、花蕊、子房，蛀食嫩茎、嫩梢及果实，使植株顶部枯萎，落花落果，并引起烂果，夏季花蕾嫩梢受害严重，造成减产；秋季果实受害重，失去食用价值。

（2）发生规律。茄黄斑螟以幼虫越冬，5月开始为害，7—9月是为害盛期。成虫白天隐蔽，夜间活跃，趋光性弱，发育适温为20~28℃，产卵适宜温度25℃，卵孵化适温为25~30℃，幼虫孵化时，将卵壳侧面咬一孔洞爬出留下卵壳，蛀入花蕾、子房或心叶、嫩梢及叶柄，以后又多次转移蛀入新梢，蛀果幼虫往往不转移，在蛀孔外堆积大量虫粪。夏季老熟幼虫在茄子植株的中部缀合叶片中化蛹；秋季在枯枝落叶、杂草和土缝里化蛹。

（3）防治方法。

①消除虫源。摘除带卵的叶片、钻蛀幼虫的嫩茎和果实，集中烧毁。插秧后清洁田园，将残枝落叶深埋或销毁。

②采用性诱杀剂诱杀。在2cm^{2}滤纸片载体上点100mg的性诱杀剂后装进塑料袋内封好，用曲别针固定在铁丝上，再把铁丝悬挂在盛有水的容器上方，即成诱捕器，将此诱捕器架在三脚架上，高出植株30~50cm，诱杀雄蛾效果很好。

③药剂防治。3龄以下幼虫采取喷药防治，可喷21%杀灭毙3 000倍液，或50%马拉松乳油1 000倍液，或20%杀灭菊酯乳油2 000倍液，或80%的敌敌畏乳油1 000倍液，几种药剂交替使用。

（编撰人：刘厚诚；审核人：刘厚诚）

67. 棉铃虫如何为害茄子？如何防治？

（1）形态及为害特征。棉铃虫又称棉铃实夜蛾，属鳞翅目夜蛾科。成虫体长15~17mm，翅长27~28mm，体色多变化，雌蛾灰褐色，雄蛾灰绿色。卵约0.5mm，乳白色，半球形，具有网状花纹。老熟幼虫体长30~42mm，头黄褐色，体色变化很大，由淡绿、淡红至红褐色乃至黑紫色，常见为绿色型及红褐色型。

棉铃虫是茄科蔬菜的主要害虫，以幼虫蛀食蔬菜水果，也取食花、苗、芽、叶和嫩茎等；花蕾受害时，花苞展开，变成黄绿色，2~3d后脱落。果实受害，果内被食空或蛀成孔道，虫粪留在孔道内外，孔内灌进雨水或冷凝水，引起果实腐烂、脱落。

（2）发生规律。棉铃虫以蛹在土壤中越冬，成虫羽化后白天潜伏在叶背、杂草丛或枯叶中，晚上出来活动。卵散产在嫩叶、嫩茎、果柄等处。每天雌虫可产卵100~200粒，孵化后的幼虫为害嫩叶、嫩茎，2龄后开始蛀果，在近果柄处咬成孔洞，钻入果内嚼食果肉和胎座，遗下粪便引起果实腐烂。并有转株、转果为害习性，1头幼虫可为害3~5个果，造成大量落果或烂果。成虫对黑光灯有趋性。幼虫在25~28℃，相对湿度75%~90%时活动旺盛，喜温喜湿性强，具有假死性和自残性。

（3）防治方法。

①农业防治。结合中耕或换茬翻耕，或浇水淹地灭蛹。根据虫情测报，在棉铃虫产卵盛期，结合整枝，摘除虫卵烧毁。

②生物农药。成虫产卵高峰期后3~4d，可用Bt乳剂500倍液，或"8010"1 000倍液，或苏云金杆菌或核型多角体病毒喷雾，使幼虫感病而死亡，连喷2次，防效最佳。

③化学防治。卵孵化高峰期，用5%抑太保乳油或5%卡死克乳油1 000倍液喷雾；90%晶体敌百虫1 000倍液；50%辛硫磷如有1 500倍液；40%菊杀乳油或40%菊马乳油2 000倍液；2.5%功夫乳油、5%来福灵乳油、10%氯氰菊酯乳油2 500倍液；5%锐劲特浓悬浮剂1 500～2 500倍液喷雾。

（编撰人：刘厚诚；审核人：刘厚诚）

68. 截形叶螨如何为害茄子？如何防治？

（1）形态及为害特征。截形叶螨，别名棉红蜘蛛、棉叶螨，属蜱螨目叶螨科。成螨雌体长0.5mm，体宽0.3mm；深红色，椭圆形，颚体及足白色，体侧具黑斑。雄体长0.35mm，体宽0.2mm；阳具柄部宽大，末端向背面弯曲形成一微小端锤，背缘平截状，末端1/3处具一凹陷，端锤内角钝圆，外角尖削。若螨和成螨群居叶背吸取汁液，使叶片呈灰白色或枯黄色细斑，严重时叶片干枯脱落，影响生长，缩短结果期，造成减产。

（2）发生规律。每年发生10～20代。华北地区以雌螨在土缝中或枯枝落叶上越冬；华中以各虫态在多种杂草上或树皮缝中越冬；华南地区由于冬季气温高继续繁殖为害。翌年早春气温高于10℃，越冬成螨开始大量繁殖，有的于4月中下旬至5月上中旬迁入枣树上或菜田为害枣树、茄子、豆类、棉花、玉米等，先是点片发生，后向周围扩散。在植株上先为害下部叶片，后向上蔓延，繁殖数量多及大发生时，常在叶或茎、枝的端部群聚成团，滚落地面被风刮走扩散蔓延。为害枣树者多在6月中、下旬至7月上旬，气温29～31℃，相对湿度35%～55%适其繁殖，一般6—8月为害重，相对湿度高于70%繁殖受抑。天敌主要有腾岛螨和巨须螨2种，应注意保护利用。

（3）防治方法。

①农业防治。清除田间及地边、地埂、路旁的杂草，集中堆埋，以减少虫源。天旱时，要加强灌溉，适当增加追肥，创造有利于植株健壮，而不利于截形叶螨发生的环境。

②药剂防治。加强田间检查，及时用药剂把截形叶螨消灭在点片发生阶段。可喷洒0.3波美度的石硫合剂，2 000倍液5%尼索朗可湿性粉剂水液，10%吡虫啉可湿性粉剂1 500倍液，15%哒螨灵乳油2 500倍液。喷药时要喷布叶背后，6～7d喷一次，共2～3次。

（编撰人：刘厚诚；审核人：刘厚诚）

69. 蜗牛如何为害茄子？如何防治？

（1）形态及为害特征。蜗牛又名水牛，属腹足纲柄眼目巴蜗牛科。成虫爬行时体长30～36mm，体外有一扁圆球形螺壳。身体分头、足和内脏囊3部分。头上有2对可翻转的触角，眼在后触角顶端。足在身体腹面，适于爬行。卵圆球形。幼虫体较小，形似成虫。

蜗牛在全国各地普遍发生，但南方及沿海潮湿地区较重。食性杂，主要为害茄科、十字花科、豆科及粮、棉、果树等多种作物。成、幼虫以齿舌刮食叶、茎，造成孔洞或缺刻，甚至咬断幼苗，造成缺苗。

（2）发生规律。每年发生一代，以成、幼虫在菜田、作物根部及房前屋后等潮湿阴暗处越冬，壳口有白膜封闭。在南方3月初开始取食为害，4—5月成虫交配产卵，并为害多种作物幼苗。夏季干旱便隐蔽起来，不食不动并用蜡状薄膜封闭壳口。干旱季节过后又为害秋播作物，11月下旬进入越冬状态。北方春季活动推迟一个月，冬眠提早一个月。在温室及大棚内发生早，为害期更长。蜗牛喜阴湿，雨天昼夜活动取食，在干旱情况下昼伏夜出活动，爬行处留下黏液痕迹。

（3）防治方法。

①农业防治。地膜覆盖栽培，合理密植，及时清洁田园、铲除杂草、适时中耕保墒，注意雨后排水；秋季耕翻土地，使部分越冬成、幼虫暴露于地表冻死或被天敌啄食，卵被晒爆裂；人工诱集捕杀，用树叶、杂草、菜叶等在田间做成诱集堆，天亮前集中捕捉；撒石灰带保苗，在沟边、地头或作物间撒石灰带，每亩用生石灰50～75kg，保苗效果良好。

②药剂防治。常用的药剂有四聚乙醛、贝螺杀等。一般每亩用6%四聚乙醛0.5～0.7kg与10～15kg细干土混匀，均匀撒施，或与豆饼粉、玉米粉等混合做成毒饵，于傍晚施于田间垄上诱杀；当清晨蜗牛未潜入土时，用70%贝螺杀1 000倍液，或灭蛭灵或硫酸铜800～1 000倍液，或氨水70～100倍液，或1%食盐水防治。

（编撰人：刘厚诚；审核人：刘厚诚）

70. 白粉虱如何为害茄子？如何防治？

（1）形态及为害特征。白粉虱又称小白蛾，属同翅目粉虱科。体型小，成虫体长1～1.5mm，淡黄色。翅面覆盖白蜡粉。卵长约0.2mm，侧面观长椭圆形，初产淡绿色，覆有蜡粉，而后渐变褐色，孵化前呈黑色。1龄若虫体长约0.29mm，长椭圆形，2龄约0.37mm，3龄约0.51mm，淡绿色或黄绿色，4龄若虫又称伪蛹，体长0.7～0.8mm，椭圆形。

白粉虱除严重为害番茄、青椒、茄子、马铃薯等茄科蔬菜外，也严重为害黄瓜、菜豆等蔬菜。以成、若虫吸食植物的汁液，被害叶片褪绿、变黄、萎蔫。该虫群聚为害，种群数量庞大，并分泌大量蜜汁，可导致煤污病的发生，造成减产并降低蔬菜商品价值，白粉虱也可传播病毒病。

（2）发生规律。白粉虱在我国北方不能露地越冬，但在温室保护地条件下，每年可发生10余代，以各种虫态在温室越冬并继续为害，翌春从越冬场所迁飞至定值大棚或露地菜田为害，10月气温降低，又转移到温室中越冬或为害。成虫有趋嫩性，并且对黄色有强烈的趋向性。白粉虱的繁殖适温为18～21℃，在温室条件下约1个月可繁殖一代。

（3）防治方法。

①农业防治。白粉虱具有寄主范围广、繁殖快、传播途径多、抗药性强、世代重叠等特点，因此防治上应采取以农业防治为基础进行综合防治。育苗前铲除杂草、残株，彻底熏杀育苗温室残余虫源，通风口安装尼龙纱窗，杜绝白粉虱迁移，培育无虫苗。再将无虫苗定植到清洁的经过熏杀的棚室中。

②物理防治。利用白粉虱成虫对黄色有强烈趋向性的特点，在白粉虱发生初期，将黄色板涂上机油，悬挂在温室、大棚内，位于行间植株上方，诱杀成虫。

③生物防治。人工释放草蛉，1头草蛉一生平均能捕食白粉虱幼虫172.6头；人工释放丽蚜小蜂，丽蚜小蜂主要产卵于白粉虱的蛹和幼虫体内，被寄主的白粉虱9～10d后变黑死亡。

④药剂防治。在白粉虱低密度时及早喷药是防治成功的关键。棚室可选用25%杀虫烟剂进行熏蒸；每亩用600g，或25%扑虱灵可湿性粉剂1 500～2 500倍液，或2.5%溴氰菊酯乳剂2 000～3 000倍液，10%吡虫啉可湿性粉剂2 000～3 000倍液，或1.8%藜芦碱水剂800倍液。每隔7d喷一次，连喷3次。

（编撰人：刘厚诚；审核人：刘厚诚）

71. 茄子病虫害无公害防治的原则是什么？

（1）禁止使用高毒高残留农药。严禁使用国家明令禁止的高毒、高残留、高生物富集性、高三致（致畸、致癌、致突变）农药及其混配农药。目前生产上已禁止使用的农药有：杀虫脒、氰化物、磷化铝、六六六、滴滴涕、氯丹、甲胺磷、甲拌磷（3911）、对硫磷（1605）、甲基对硫磷（甲基1605）、内吸磷（1059）、杀（治）螟磷（苏化203）、磷胺、异丙磷、三硫磷、氧化乐果、磷化锌、克百威、水胺硫磷、久效磷、涕灭威、灭多威、氟乙酰胺、有机汞制剂、砷制剂、西力生、赛力散、溃疡净、五氯酚钠、呋喃丹、甲基异柳磷、特丁硫磷、甲基硫环磷、灭线磷、硫环磷、蝇毒磷、地虫硫磷、氯唑磷、苯线磷等剧毒、高毒农药，以及其他高毒高残留农药。

（2）有限度地使用部分有机农药。在使用药剂防治时，严格执行国家标准农药合理使用准则，严格执行农药的合理使用量（有效成分浓度或稀释倍数、最高使用限次和安全间隔期）。保护地优先采用粉尘法、烟熏法，注意轮换用药，合理混用。

（3）使用合格农药。所有使用的农药应有农药登记证号或农药临时登记证号、农药生产许可证号或农药生产批准文号，应使用符合质量标准的合格农药。

（4）选用高效低毒低残留农药。用药时必须尽量选用对人安全的高效低毒低残留农药。

（编撰人：刘厚诚；审核人：刘厚诚）

72. 如何嫁接育苗？

随着温室农业的快速推广和发展，蔬菜嫁接育苗技术也随之得到了大力发展和应用。这项技术最开始是应用于越冬茬黄瓜上，并且得到了很好的效果，使用该技术后，越冬茬黄瓜的抗寒能力和抗病性都得到了很大程度的提高，生产总量也得到了增加。因此推广到西葫芦、茄子、番茄、芸豆等各种作物的育苗工作中，都获得了很大的成效。嫁接育苗技术主要有以下优点。

（1）提高作物抗病能力。比如采用黑籽南瓜嫁接黄瓜后，能有效大大减少黄瓜枯萎病、黄瓜疫病等常见病的发病率，同时对黄瓜霜霉病的发生期也有一定的延迟作用。用托鲁巴姆、日本赤茄对茄子进行砧木嫁接后，对预防茄子黄萎病、枯萎病效果明显。

（2）增强作物的耐低温能力。用黑籽南瓜嫁接的黄瓜，其根系在低温下能比自根苗的黄瓜生长得更长。甚至在地温12～15℃、气温6～10℃的环境下，其根系能照常进行生长。

（3）能提高作物根系的韧性。用黑籽南瓜嫁接的黄瓜，能够很大程度上减轻土壤积盐和有害物质的危害。

（4）扩大了根系吸收范围和能力。嫁接后的黄瓜根系比自根苗成倍增长，在相同面积上可比自根苗多吸收氨钾30%左右，多吸收磷80%，而且能利用深层土壤中的磷。

（5）能大大提高作物的生产量。嫁接后的黄瓜体积变大，可以增产4成以上。用晚熟品种作砧木嫁接和早熟品种作接穗嫁接的番茄，既能够保持早熟的性能，还能大大提高产量。

嫁接技术　　　　　　　　　　　嫁接机

★百度图库，网址链接：https://image.baidu.com/search/detail）

（编撰人：漆海霞；审核人：闫国琦）

73. 如何容器育苗？

容器育苗技术是将蔬菜种子直接播于合适的容器中，或将幼苗移栽于容器中进行培育秧苗的一种育苗技术。该技术具有秧苗伤根少、缓苗快、成活率高、方便育苗机械化和运输便利的优点，是现如今应用最广泛的育苗技术之一。该育苗技术包括以下几种类型。

（1）塑料育苗钵。应用最为广泛的容器育苗技术，其类型国内最常见的是由聚乙烯为主材料制成的单个半软体育苗钵，形状有圆形的和方形的。常用规格有8cm×8cm×6cm、10cm×10cm×8cm、12cm×12cm×8cm、14cm×14cm×12cm等几种。钵底有圆状小孔用于排水。这种类型的塑料育苗钵由于材质较硬，因此形状固定，方便装培养基，拥有较长寿命。常用的塑料育苗钵还有一种无底塑料筒状薄膜钵，由于该钵是由薄膜剪裁而成，材质较软，形状不固定，除了便宜外，没有什么优点。

（2）纸制育苗钵。纸制育苗钵主要应用于西方发达国家，可以根据不同蔬菜种类来选择合适的规格型号。不需要使用时可将纸钵折叠成带，节省空间，使用时展开成多排小方格，再连接在一起。纸钵下会添加透水性强以及具有弹性的平直垫板来保证培养基不会散开，防止秧苗根部穿入地下。

（3）草钵和泥钵。这是江南地区农民最常用的育苗钵，是由稻草绑制而成的，栽植后稻草钵腐烂还能够肥田。还有些地区用泥土拌水制成泥钵。种植时连同泥钵一起栽植，由于泥钵本身具有一定的营养质，有利于秧苗生长。

育苗

★新浪博客，网址链接：http://blog.sina）com.cn.html

（编撰人：漆海霞；审核人：闫国琦）

74. 什么是蔬菜新型穴盘育苗技术?

穴盘育苗是一项新兴的育苗技术，相比传统育苗技术，该技术的优点是出苗快、幼苗整齐、成苗率高、节省成本。能应用于机械化操作中，减轻人力劳动强度。传统的穴盘育苗的步骤包括穴盘选择、穴盘消毒、基质配制、种子处理、基质装盘、压盘、播种、覆盖、苗床准备、浇水、苗期管理、病虫害防治等。而该新型穴盘育苗技术的步骤包括穴盘选择、穴盘消毒、基质配制、种子处理、基质装盘、播种、苗床准备。

（1）穴盘选择与消毒。穴盘常见的规格有32孔、72孔、128孔等几种，其制作材料是黑色聚乙烯塑料。使用前需要按照所需要育苗的蔬菜的种植要求来选择规格。穴盘的消毒过程如下：先用净水清洗穴盘，晾干后再用多菌灵或高锰酸钾浸泡进行消毒。

（2）基质配制。基质为高温膨化鸡粪20kg+氮磷钾三元复合肥2～2.5kg+黄土200kg+砻糠炭5kg+50%的多菌灵100g。配制基质时将这5种材料混合280kg的水在容器中搅拌混合成浆即可。

（3）苗床准备。冬季和春季的时候应注意要在避风向阳的大棚内进行。夏季的时候则需要用银色遮阳网进行遮阳。苗床下的地面要先铺盖一层薄膜来防止杂草生长和苗根下扎。

（4）种子处理。种子要先进行挑选，并晒种3～4d，然后用30℃左右的温水浸泡8~10h，保证种子含水量足够。再将装有基质泥浆的穴盘平放在苗床上，一个穴盘播放一个种子，播种时将种子放在穴盘孔中央位置的泥浆表层，待泥浆中物质分层，表层渗出水分，喷淋50%多菌灵2 000倍液。播种大概1h后水分渗出，种子会下沉，表面会覆盖有一层表土。

（编撰人：漆海霞；审核人：闫国琦）

75. 蔬菜育苗如何解决播种后不出苗的问题？

播种后苗不出来的主要原因是种子发芽率低和苗床环境不适宜。种子发芽率低是造成不出苗的根本原因。客观因素是由于苗床环境不适宜，如苗床的温度、水分、通气等达不到种子发芽出苗的要求，床土过于干燥，种子水分不足，使种子不发芽或发芽中途停止；苗床水分过多，氧气含量低，造成种子腐烂，这在瓜豆类育苗中更为常见。除此以外，苗床带有病原菌，即使催芽时种子大部分已发芽，但在苗床内也会因为感染了病菌而发病死亡。对于播种后不出苗的情况，可采取下述措施。

（1）精选种子。种子品质是直接影响到种子的出苗速度和秧苗的生长周期，甚至对定植后的生长发育和蔬菜产量及质量都有很大的影响。精选种子包含种子的纯度检测、饱满度以及发芽率和发芽势的测评。必要时做发芽试验，测定其发芽率和发芽势，必须挑选出粒大饱满的纯正种子播种。

（2）种子消毒。许多蔬菜的病毒侵害是由种子散播的，大多病原菌寄生在种子表皮上，带病的种子播种后，病毒遇到合适的条件后，就会迅速地繁殖成病害种子出苗。因此播前通过温汤浸种、热水烫种、药剂处理、干热处理等措施，使得种子表面的病原菌和虫卵得以清除，并且种子出苗齐整。

（3）营养土制备及浇足苗床底水。幼苗生长发育是通过营养土作为基质，调制出来时要求疏松肥沃、有明显的保水性、透水性，且通气性好，营养土中无病害、虫害或含杂草种子，为种子出芽长苗营造出良好的环境条件。在播种前使苗床或营养钵含充足水分，保证种子发芽和幼苗期生长对水分的需求是十分关键的。

（4）检查出苗情况。当苗床环境出现问题无法出苗后，就必须扒开床土观察种子，要是发现种子的胚还是白色新鲜的，则证明种子没有死亡，只要采取相应手段仍能够长出幼苗。但若是床土过湿，则降低浇水量、通风除湿或加干土等；若是床土过干，适当淋水，满足种子发芽的水分需求，但不可漫灌苗床。

（编撰人：漆海霞；审核人：闫国琦）

76. 蔬菜育苗如何解决出苗不整齐的问题？

一种是出苗的时间不统一，早与晚出土的间隔好几天，使秧苗管理难度加大；另一种是同一个苗床内，出苗疏密程度不一甚至直接不出苗。前者可能与种子成熟度不一致有关，或者是种子新陈混种，也可能是种子催芽时没有均匀翻动而导致发芽程度不一。后者则根据播种技术和苗床管理有所不同，播种时不均匀，数量不统一，出苗则不齐整。苗床管理很重要，床内的温度、湿度、光照不同会致使出苗的不齐。播种后如果覆土不匀，也会导致出苗不一，覆土过厚的苗床水分足、土温低、透气差，不利于出苗。如果培养的苗床不平整，低处含水量大，土温低，空气缺失，盖土过多，出苗也会变慢。此外。地下虫害，例如蝼蛄、蚯蚓等使刚发芽或出土的种子或幼苗受害，造成出苗困难。以上情况，应采取下述措施。

（1）保证种子质量。播种所用的种子的成熟度要相同，不能把新种与陈种子混合播种。

（2）催芽过程中，尽量多翻动种子，令种子呼吸到充分氧气并可以均匀受热，使发芽可以整齐一致。

（3）精细制作苗床。苗床土要耙平整细，使苗床内各部位的温度、湿度和空气状况一致。

（4）把握播种技术。均匀撒播，避免整断种子胚根。为达到播种均匀的目的，播种湿种子前可以稍加摊晾或撒入干细土使种子分离。

（5）播后盖土厚度要适中。覆土厚度根据种子大小调整，以种子厚度的1~2倍为准，过厚不利于种子出苗，过薄将致使种子失水。

（编撰人：漆海霞；审核人：闫国琦）

77. 蔬菜育苗有哪些常见的问题及解决方法？

（1）戴帽出土。育苗时若出苗后种皮不脱落，夹住子叶，称为"戴帽"，由于子叶种皮夹住无法展开，拖累幼苗进行光合作用，导致营养不良，长势减缓。"戴帽"对瓜类蔬菜造成损害最大。戴帽出土，主要是播种前苗床无法浇透底水，床土过于干燥，或者播种后覆土不匀造成的。防止措施如下。

①播种前苗床要浇足底水。在播种前最好能提前一天将苗床的底水浇足，使床土不会过湿同时保持湿润。浇足底水能满足幼苗出土和苗期生长所需水分，湿

润的床土可使种皮柔软，出苗时种皮更易脱落。

②播后地膜覆盖。种子播入苗床，覆土后为了减少水分蒸发和稳定床土温度，可撒上碎稻草并加盖塑料薄膜。

③戴帽出土后的措施。出现戴帽出土现象，必须及时喷洒细水，或撒一层薄薄的湿润细土，使种皮软化，易脱。

（2）老化苗。秧苗老化表现为生长缓慢、苗体小、根系老化发锈、不长新根、茎矮化、节间缩短、叶片小而厚、叶色暗绿、秧苗脆硬而无弹性。"花打顶"正是黄瓜苗老化的典型现象。老化苗主要由于床土过干、床温过低。有的菜农怕秧苗徒长，长期严格控制水分；使用塑料营养钵育苗时，钵与地下水隔断，浇水不及时等情况都易造成老化苗的出现。防止出现老化苗的措施如下。

①合理调控育苗环境。育苗应推广以温度为支点，控温与适当控水的技术，保证苗床土温适当又含一定水分，使秧苗正常发育。

②炼苗不缺水，定植前的秧苗低温锻炼不可缺水，严重缺水时必须喷洒小水，如发现萎蔫秧苗，可在晴天中午局部浇水。

（编撰人：漆海霞；审核人：闫国琦）

78. 蔬菜育苗移栽机械有哪些优点？

育苗移栽机械化是一个系统工程，该工程可通过控制作物生长环境，便于提前播种、育苗，抢得农时，待气温升高并稳定后移栽到大田，通过充分利用光热资源有效防止冻害，使作物生育期提前，延长了生长期，土地复种指数得到有效提升，具有更高的综合经济效益。

（1）促进作物早熟、丰产。机械育苗移栽的秧苗比传统撒播再育苗、人工栽植缓苗方面具有更快，提高成活率20%的优点，能够促进蔬菜早熟、改善品质、增产显著。如辣椒这类喜温蔬菜，采用育苗移栽，可先在苗床内保温育苗，断霜后即可定植，而传统做法只能在断霜之后才能播种，成熟期延后了20d；若产量变高，经济效益则更加可观。

（2）提高复种指数。实施蔬菜育苗移栽模式可有效解决积温不足和接茬困难等问题，提高土地利用率和复种指数。以茄子为例，采用直播法1年只能种1茬，而采用育苗法，1年可种2茬。

（3）便于苗期田间管理。育苗移栽技术可直接实现苗全、苗齐、苗壮三项功能，便于统一管理。并有效防御干旱、冷冻、霜冻等不良气候以及虫害的影响。如秋甘蓝苗期虫害严重，直播打药面积大，不便管理。若采用育苗法，便于打药防虫。此外，若遇干旱和雨涝小面积内也便于浇水和排涝。

（4）降低劳动强度，提高劳动生产率。蔬菜育苗，尤其是移栽，是一项劳动力密集、劳动强度大的工作。而蔬菜育苗移栽以机械代替人力，一般可提高生产率2～3倍。

育苗移栽机

★百度图库，网址链接：https：//image.baidu.com/search/detail

（编撰人：漆海霞；审核人：闫国琦）

79. 育苗设施技术有哪些？

主要有催芽室、绿化室、分苗室以及分苗用的大棚或阳畦，除此以外还有一些电力设施。菜田生产规模在6.7～16.7hm^2，春季栽培黄瓜、番茄、茄子、辣椒等蔬菜秧苗，可按照下述指标进行苗工厂的建育。

（1）催芽室。催芽室是种子播种到发芽出苗的场所。催芽室目前多数搭建在温室的一角。催芽室容积在6～8m^3，长为2m、宽作1.5m、高则是2m。墙体用砖铺设，并且中空，填入保温隔热材料。设宽60～70cm，高1.6～1.7m的拉门两个。室内设置边长2cm的方形角钢或木制层架，层间距15～20cm，用作放置育苗盘。底层离地30cm。地面安放2～3只功率为1 000W的电炉，并盖上多孔铁板。由控温仪控制电炉，通过加热盛水的锅产生水蒸气，维持室内湿度。顶部安装一只电扇，带动空气流通对流，防止温差产生。在风扇前面设置挡风板，防止强风直吹苗盘。

（2）绿化室。绿化室用作小苗见光绿化和锻炼，育成小苗。绿化室多选择温室或单坡面大棚，要求有充足光照和适宜的温度，保证幼苗按规定进程生长。绿化室一般占地100～120m^2。

（3）分苗用大棚和阳畦。分苗或移苗于营养钵后培育大苗的场地。最好用单坡面大棚或中拱圆棚，内设电热温床。也可用风障阳畦，并铺设电热线。分苗需用1～2亩的场地。另外需要电气设备：控温仪4～5台，220V、20～40A交流接触器4～5个，1 000W电热线50～100根。

育苗温室

★新浪博客，网址链接：http：//blog. sina）com. cn/s/blog. html

（编撰人：漆海霞；审核人：闫国琦）

80. 育苗在蔬菜生产中有哪些作用和意义？

在多数蔬菜栽培中，育苗是个至关重要的步骤，育苗期蔬菜的生长发育情况，经常影响到早期，甚至整个生育周期。像茄果类、瓜类、豆类等果菜类蔬菜，其形成早期产生的花芽，在幼苗期多已分化结束。因此，秧苗的生长状况及生理素质，必然影响着花芽的分化，坐果及果实的发育。对于多数叶菜类蔬菜来说，其秧苗的素质对定植后缓苗快慢、生长速度以及是否发生未熟抽薹现象等均有密切联系。由此可见，做好育苗是实现早熟、丰产的基础。蔬菜育苗虽然需要一定的人工和设备，但与直播相比，具有以下几个方面的优点。

（1）早春利用保护设施，人为操控苗期环境条件，可在寒冬、早冬提前培育出健壮秧苗，生长期延长，达到适期早定植、早管理、早收获，提高产量和经济效益的目的。

（2）育苗可使秧苗集中在小面积苗床上生长，缩短了在生产田的占地时间，节约了土地资源，增加复种指数。

（3）目前生产上正广泛推广各种蔬菜的杂种一代种子，但由于制种技术复杂，种子价格较高。在这种情况下，育苗比直播能显著节省用种量。

（4）某些蔬菜，如大葱、洋葱、芹菜等，幼苗生长缓慢，苗期较长。实行育苗可集中管理，利于培育壮苗，节约人力同时，也减少了土地面积。

（5）某些蔬菜苗期易感病害，如秋季延迟栽培的番茄等，在避蚜、冷凉的条件下育苗，可以尽量避免此类病毒的侵染，减轻病毒病的发生，为抗病丰产奠定基础。育苗虽有很多优点，但有些蔬菜，像萝卜、胡萝卜等根菜类蔬菜，以及大蒜、生姜等无性繁殖的蔬菜，不适于或不必要实行育苗移栽。

（编撰人：漆海霞；审核人：闫国琦）

81. 蔬菜纸加工工艺有哪些？

（1）碾压成型。碾压成型是最早的纸菜成型方法。这种方法是在紫菜加工的基础上移植过来。其工艺为：原料清洗→切块→杀青→冷却→打浆→调味→碾压→烘干→成品。

这种方法是传统的加工手段，其特点是成品中蔬菜含量大，蔬菜外观平整，感官指标好；该工艺由于成型结束后再进行干燥，营养流失严重，且无法连续生产。

（2）滚筒成型。滚筒成型是一种新型的成型方法，是借鉴了食品干燥技术中的滚筒干燥技术而形成的。这种成型方法的主要工艺为：原料→清洗→切块→杀青→打浆→调味→滚筒干燥成型→成品。

这种工艺方法不同于碾压成型法，采用先打成浆料，均质后把料浆送至滚筒上的涂布上旋转压成片状成型，最终脱水干燥后得成品。可以看出，这种方法干燥和成型同步，成型效率高，外观质量好，干燥时间短，因此蔬菜的营养损失小。除此以外，该方式可以通过控制滚筒转速和加热速率满足不同物料的加工需求。滚筒干燥成型的方法是目前比较先进的成型方法，由于其连续性，非常适合工业化生产，是一种很有前景的工艺。

（编撰人：漆海霞；审核人：闫国琦）

82. 如何进行新型胡萝卜蔬菜纸加工？

（1）试验材料。胡萝卜；乳清蛋白；鱼皮胶原蛋白、泰瑞乐水解胶原蛋白；猪皮胶原蛋白、隆贝猪皮活性胶原蛋白；甘油，分析纯。

（2）试验仪器。PWC214万分之一电子天秤，购自ADAM公司；JYL-B062型料理机，购自九阳股份有限公司；SHB-Ó循环水式多用真空泵，购自郑州长城科工贸有限公司；DHG9070A型电热恒温鼓风干燥箱，购自上海精弘实验设备有限公司。

（3）试验操作步骤。

①原料挑选。挑选出新鲜、成熟、组织紧密、无虫蚀、无霉烂、色泽好的胡萝卜为原料。

②清洗。把胡萝卜的根、尾、须及泥沙清理掉，并水洗干净。

③切分。将清洗后的原料刀切1～2cm³小块，便于下一道程序处理。

④烫漂、冷却。将胡萝卜小块在沸水中进行7～8min的烫漂处理，取出后马上进行冷水冲洗冷却，防止余热对原料产生影响。

⑤硫处理。将胡萝卜小块浸泡在质量分数为2%的偏重亚硫酸钠溶液1～2min，再次在冷水下冲洗并沥干，保证在下述步骤中仍能保留原料原有的色泽。

⑥打浆、均质。在料理机加入沥干的胡萝卜，利用较少的水（所得浆料中胡萝卜含量控制在83%～85%）进行多次打浆，使其呈泥状且均匀细致，再用定量的水将乳清蛋白（或胶原蛋白）充分溶解，倒入测量好的泥状胡萝卜中，最后把定量水稀释后的甘油倒入，搅拌地均匀，完成均质处理。

⑦脱气。利用真空泵对浆料进行脱气处理，要求浆料基本无气泡产生。脱气的作用是消去浆料中的气体，使得胡萝卜纸成型并结构匀称。

⑧铺板。将脱气处理后的浆料倒入地面平整的培养皿中，流延成型，浆料厚度约为0.4cm。

（编撰人：漆海霞；审核人：闫国琦）

83. 蔬菜贮藏保鲜方法有哪些？

（1）塑料膜气调保鲜贮藏法。选用含有不同的保鲜气体、不同厚度和大小的塑料袋，也可延长蔬菜保鲜期。目前国内生产的硅窗保鲜袋及塑料膜保鲜袋已开始应用，若措施得当也能达到较好的保鲜效果。上述提到的塑料膜中，必须根据蔬菜呼吸比的不同，进行蔬菜装载重量的选择。一般在番茄较常使用该法，在晚秋的凉爽季节，按保鲜袋气调比装入规定质量的番茄，番茄表皮颜色应为绿白色；在袋内按质量比例加入被防腐剂浸泡过的棉球，扎上口放入凉爽的闲置房内即可。该法保鲜期通常在60d以上。

（2）埋藏保鲜法。此法适合于尖椒的贮藏保鲜，选择晚熟、耐贮的尖椒品种，收获期定在9月下旬或10月初。具体做法：在地边阴凉处挖一土坑，坑底部垫一层塑料膜，上面再附上一层秸秆，待到日落后并且在天气凉爽的天气时将收获的尖椒经清理后放入坑内；然后根据放入尖椒的数量按比例放入用防腐剂浸泡过的棉球，以抑制贮藏过程中的腐败，放完尖椒后，上面再次铺上秸秆，在秸秆上放几块用饱和高锰酸钾浸泡过的轻型砖，以吸收乙烯和抑制后熟；然后在距地面30cm左右铺上一层塑料膜，并在膜上覆土，稍加夯实即可，完成后一般可贮藏达60d左右。

（3）恒温库低温贮藏保鲜。恒温库低温贮藏是一种简单而有效的保鲜方法，对新鲜蔬菜的低温贮藏可减少腐烂的发生。但对于如番茄、黄瓜等，由于在2～5℃环境中要比8～10℃环境中更容易受冻害而腐烂，无法采用该法。因而此法适合于蒜薹、青椒、尖椒等蔬菜品种。低温贮藏与蔬菜品种有密切关系。

选取该法必须保证有效的温度控制，并尽量保证恒温，相对湿度应在90%～95%。另外，在贮藏前要迅速消除田间热。

塑料膜保鲜　　　　　　　　　　恒温库保鲜

★百度图库，网址链接：https://image.baidu.com/search/detail

（编撰人：漆海霞；审核人：闫国琦）

84. 蔬菜贮藏保鲜技术有哪几类?

（1）冷藏保鲜技术。低温能够减缓蔬菜的呼吸强度，抑制酶活性和微生物的繁殖，降低叶绿素和胶质的分解，同时减少乙烯对蔬菜的催熟作用，延缓蔬菜衰老的速度，减慢营养流失速度。

（2）气调保鲜技术。气调保鲜技术是目前世界上最先进的、效果最好的混合保鲜技术之一。与普通冷库相比，它同时利用低温和调节气体介质成分来抑制蔬菜生理活动，更全面地保证了蔬菜的新鲜度与经济价值，加长了货架期。主要包括气调贮藏和气调包装技术。

（3）生物保鲜剂技术。生物保鲜主要是通过将天然拮抗菌喷涂到蔬菜表层上，达到降低有害菌所引起的腐烂或致病的可能，延长贮藏寿命。并且具备了无环境污染、抗药性、无药物残留，并且控制方便、成本低的优点。主要包括植物生长调节剂保鲜法和天然提取物保鲜法。

（4）涂膜保鲜技术。涂膜保鲜技术具有成本低廉、无毒无害、保鲜效果良好等优势，因而备受关注。该技术利用涂膜层阻碍蔬菜中水分的蒸发，阻止呼吸后CO_2的散失和大气中O_2的渗入，从而抑制蔬菜的呼吸作用，阻止水分散失及氧化作用发生。

（5）冷杀菌保鲜技术。

①超高压灭菌技术。超高压灭菌技术是一项新兴的技术，有着广泛的应用前景，但是运用到实际场景还需要一段时间。其原理是：对蔬菜施加100～1 000MPa的高压，能使蔬菜中酶的活性降低、杀灭微生物；且超高压仅对高分子成分有影响，不影响食品的营养成分、色香味等，保鲜效果良好。

②臭氧杀菌保鲜技术。该技术通过臭氧强氧化的特点进行消毒杀菌，由于臭氧具备降解果蔬呼吸出来的乙烯、乙醇、乙醛等有害气体的能力，因此延缓果蔬的衰老，具有广谱、高效、无残留、无二次污染的特点。

蔬菜保鲜

★百度图库，网址链接：https://image.baidu.com/search/detail

（编撰人：漆海霞；审核人：闫国琦）

85. 蔬菜贮藏预冷方法有哪些？

加强蔬菜采后的贮藏保鲜和加工，对保持蔬菜新鲜度，调剂供应，促进菜农增收等具有重要意义。其贮藏保鲜要点如下。

蔬菜保鲜需要合适的低温条件，蔬菜采摘后产生热量使得储存温度高于适宜保鲜温度的情况称为"田间热"，预冷就是将新采收的蔬菜在运输、贮藏、加工前，迅速除去田间热的过程，也是为蔬菜采后保鲜创造良好温度环境的第一步。常用预冷方式有3种。

（1）水预冷。利用水比热容大的特点，在利用水冲、水淋或将蔬菜浸在水中来冷却的方法称为水预冷法。水温保持在1℃左右。预冷时间在十几分钟到几十分钟。水预冷成本低、预冷时间短。由于水冷却中的水需反复循环，因而需要注意保持冷却水的温度，减少水的污染。

（2）冷风预冷。利用低温冷风在预冷库中预冷的方法称作冷风预冷。目前主要有两种方式：一是预冷库预冷，该方式预冷蔬菜可不包装，不包装时将菜散放在库内，堆积厚度不能过高，预冷时间12~24h或更长；不包装预冷较包装预冷需时短，但由于蔬菜装卸翻倒次数多，蔬菜品相质量受到一定损耗。二是差压预冷，此方法预冷的蔬菜需要先包装，将要预冷的菜箱合理码放在预冷库的差压通风系统中，开启通风系统，由于压差的作用，强制库内冷风流经菜箱，箱内蔬菜能很快预冷，预冷速度可比冷库快2~6倍，一般蔬菜只需3~6h。

（3）真空预冷。将蔬菜放在气密的容器中，利用真空泵将容器中的空气和水蒸气除去，蔬菜因表面水分蒸发而冷却。一般冷却时间在20~50min，失水量1.5%~5%。真空预冷适应于表面积较大的蔬菜，应用较多的有生菜、芹菜、菠菜、石柏、青花菜等。

（编撰人：漆海霞；审核人：闫国琦）

86. 涂膜保鲜技术的基本原理与特点是什么？

果蔬涂膜保鲜法是化学保鲜法的一种，在水分含量较高的果蔬贮藏保鲜中应用较为广泛。

涂膜技术是将蜡、天然树脂、脂类、明胶、淀粉等成膜物质制成适当浓度的水溶液或乳液，利用浸渍、涂刷、喷洒的方式涂布于果蔬表皮上，风干后形成一层不易察觉、无色透明的半透膜。涂膜可以封密果蔬表面气孔和皮孔，形成具有严密渗透性的果蔬体密闭环境，推迟果蔬成熟时间，同时防止外部病原菌对果蔬的直接侵染；除此以外，涂膜还阻止蒸腾作用引起的水分损失，保持果实新鲜度和硬度，延长保质时间。果蔬涂膜保鲜的作用体现在如下方面。

（1）发挥气调作用。涂膜后，果蔬表面形成一个半封闭的微气调环境，大大降低了果蔬与外界进行气体交换的能力，起到气调保鲜的作用。

（2）增强保水性。果蔬经涂膜处理后，一方面，保护膜可抑制果蔬自身蒸腾作用引起的水分流失；另一方面，由于保护膜具有吸水保湿性能，减少了水分的散失。使果蔬处于一个良好、稳定的湿度环境，延长了果蔬的新鲜度时间。

（3）美化外观，提高价值。果蔬经涂膜处理后，表面更具光泽，起到了美化的作用，使得果蔬的档次和经济效益得到进一步提高。同时涂膜还减少了运输过程中造成的机械损伤。

（4）防止病原微生物的侵染。保护膜可抑制果实表面已附着的菌种的繁殖，防止果蔬由于菌类感染而腐烂变质，同时，保护膜还能抵抗外表浮游和散落的病菌对果实的二次感染。

蔬菜保鲜

★百度图库，网址链接：https：//image.baidu.com/search/detail）

（编撰人：漆海霞；审核人：闫国琦）

87. 臭氧保鲜技术的基本原理与特点是什么?

臭氧作为一种强氧化型杀菌剂，其氧化强度是氯的1.5倍，杀菌速度是氯的600～3 000倍，而且比氯具有更广的杀菌谱，对致病性微生物有着极强的灭杀能力。在采用含臭氧的水对果蔬消毒处理时，不仅能有效地杀死果蔬表面上附着的致病菌和腐败菌，而且能除去果蔬表面残存的其他有害物质。臭氧的作用机理如下。

（1）臭氧自身拥有极强的氧化能力，利用其强氧化作用进行消毒杀菌。臭氧的电极电位是2.07eV，是仅次于氟的强氧化剂，具有强烈的杀菌防腐功能，臭氧能够彻底杀灭细菌和病毒，尤其是对大肠杆菌、赤痢菌、流感病毒等特别有效，1min可去除率达99.99%。高浓度的臭氧去除掉霉菌，即使浓度较低，也具备抑制霉菌生长的能力。臭氧杀菌防腐是依赖其强氧化性达到杀死微生物的目的，与微生物细胞中的多种有效成分产生反应而产生不可逆的变化，作用机理为：臭氧先作用于细胞膜，使膜透性增加，细胞内部物质外流，细胞失活，新陈代谢加速同时抑制其生命活动，臭氧继续渗透破坏膜内组织，直到杀死微生物。

（2）臭氧对环境有害气体具有降解作用，从而延缓果蔬的后熟和衰老。臭氧能氧化许多饱和、非饱和的有机物质，能破除高分子链及简单烯烃类物质。臭氧处理果蔬后，能使水果、蔬菜成熟过程中释放出来的乙烯、乙醇、乙醛等气体氧化分解，同时除去贮藏室内诸如乙烯等有害挥发物，分解内源乙烯，抑制细胞内氧化酶，从而延缓果蔬代谢及衰老。

（3）臭氧还能调节果蔬的生理代谢，降低果蔬的呼吸作用。臭氧能诱导果蔬表皮的气孔缩小，减少蒸腾作用和呼吸作用带来的养分损耗。同时，产生的负氧离子因具有较强的穿透力，可阻碍糖代谢的正常进行，使果蔬的代谢水平有所降低，抑制果蔬体内呼吸作用，延长贮藏寿命。

臭氧灭菌机

★百度图库，网址链接：https：//image. baidu. com/search/detail

（编撰人：漆海霞；审核人：闫国琦）

88. 果蔬涂膜保鲜剂的种类有哪些？

（1）多糖类涂膜保鲜剂。多糖是一种天然大分子化合物，其品种丰富，大量存在于动物、植物、微生物（细菌和真菌）中，该化合物又可分为胞外和胞内多糖。其中研究的重点为植物多糖和微生物多糖。在这些多糖中使用较多的有苗霉多糖、NPS多糖、黄原胶、壳聚糖、魔芋多糖、淀粉、纤维素等多糖涂膜剂。

（2）蛋白质涂膜保鲜剂。即蛋白质类涂膜剂主要包含大豆蛋白质、小麦蛋白质、玉米蛋白质3种。

（3）果蜡。果蜡对水果的作用是抵御病原（有毒物质、病菌、病毒等）进入水果内部和抵御环境的变化给水果造成病害。

（4）复合涂膜保鲜剂。该保鲜剂的膜由糖、脂肪、蛋白质3种物质经过处理

而形成。由于这3种物质性质不同，功能上具有互补性，因此形成的膜一般会具备更理想的性能。

涂膜保鲜剂

★百度图库，网址链接：https：//image. baidu. com/search/detail

（编撰人：漆海霞；审核人：闫国琦）

89. 大葱的贮藏保鲜技术有哪些?

（1）冻贮法。大葱采收晾干，叶子萎蔫，然后将葱捆成捆，放在敞棚空屋或室外阴处干燥，在温差变化小的地方利用黄墒土掩埋葱白贮放。这种方法一方面在防冻保暖同时又不会影响气流交换，腐烂变质的情况减少。另一方面，由于贮量小，脱水严重，葱白外层的葱肉易干枯，皮层加厚，自然损耗也比较大。

（2）架藏法。鲜藏的大葱为保证鲜藏的质量，在贮藏前需将大捆大葱打开，处理掉受伤、受潮、受冻和腐烂的茎株，将剩下部分分扎成小捆，每捆重7～10kg，依次堆放在贮藏架上，在中间留下约一捆葱的空隙用作通风，可以横放，也可以竖着放。如果在露天架藏，应准备好必要的覆盖物，贮藏中要注意气候变化，及时做好防雨保暖等工作。对贮藏的大葱，要加强检查，检查期间可打开葱捆，若发现发热变质的茎株，就及时剔除，防止腐烂蔓延。如发现潮湿现象必须在日光下摊晒晾干后再入库。

（3）窖藏法。将采收后的大葱就地薄而均匀地铺在沟间，经风吹日晒后，甩掉茎株上的泥土，当葱白表层呈半干状态后，捆成重7～10kg的葱捆，再以竖直方向将葱捆排列在地势高、干燥、有可见光、能遮雨的地方晾晒，半月翻检一次，防止腐烂。冬天气温下降至零摄氏度时，可移入地窖储存。贮藏过程要加强管理，每隔一定时间，打开葱捆查看，剔除掉发热腐烂的茎株，如发现受潮，可及时通风调节或将葱搬到日光下摊晒，然后再入窖。

（编撰人：漆海霞；审核人：闫国琦）

90. 大蒜的贮藏保鲜技术有哪些?

（1）砻糠埋藏法。先在藏具的底部覆盖上厚约2cm的砻糠，随后按照一层蒜头（两三只蒜头高）一层砻糠的顺序，叠加至离容器口50mm时，用砻糠覆盖将蒜头与空气有效隔绝。砻糠埋藏法，主要是利用砻糠的绝缘性，能保持环境中相对稳定的温度。同时造成一定程度的密封条件，抑制了蒜头的新陈代谢，有利于贮藏环境中少量二氧化碳的沉积，氧气含量逐渐耗尽，这就为蒜头提供了良好的贮藏条件。

（2）挂贮法。农村广泛采用将大蒜编成辫或穿成串挂贮的方法。不论用哪种贮藏方法，收获后严禁在太阳下暴晒，因为太阳暴晒后的蒜辫收缩变小，外表皮发黏而且风味减轻，变质，不能长期贮存。收获后制造30℃以上的高温干燥条件，加快蒜头干燥得以进入休眠模式。晾晒过程中蒜辫避免雨淋。辫贮的做法是晾晒2~3d后。随即编成辫。夏秋时节应放于临时凉棚中冷却或通风贮藏库内码垛或悬挂。冬季最好移入通风贮藏库中，防止受潮冻伤。串挂是将蒜头假茎用镀锌铁丝串起来，悬挂在屋檐；也可以将大蒜每8~10只为一把，一排排整齐地串挂在屋檐下的铁丝或绳索上，使蒜头自然风干，采用这种方法鲜茎不易腐烂，质量好且简单易行。

（编撰人：漆海霞；审核人：闫国琦）

91. 番茄的贮藏保鲜技术有哪些?

（1）缸藏法。家庭可以采用缸贮藏番茄，缸藏法首先必须将缸体洗刷干净，然后装入番茄，装缸时以3~4个果高为一层，每层之间要设支架隔离以防挤压损伤，装满后用塑料薄膜封缸口，每隔15~20d打开检查一次，把腐烂果实剔除，并重新装缸密封，继续贮藏。

（2）临时筐贮法。筐贮是把选好的绿熟果实轻轻地放在衬有蒲包的条筐中，马上转移至窖内再另行挑选，重新装入的筐底下垫泡沫塑料碎块，然后码放堆垛，垛底要用砖板垫起，在垛下摆放一层筐底向上的空筐，避免空气无法流通，贮藏中要每隔7~10d倒动一次。倒动时注意，完熟和腐烂果实要挑出，要注意窖温管理，夏天夜间打开全部气眼，保持空气流通，防止积温。适宜温度在11~13℃，这种方法贮藏的番茄，一般可贮藏20~30d。

（3）架藏法。架藏是把选好的果实摆放在架上，每层为3~4个果高，贮

藏期间必须经常性检查，挑出完熟和腐烂果实，要及时处理掉，一般可贮藏一个月左右。架藏必须选择好的绿熟果实，精细挑选包袋，掌握适宜的温度（11～13℃）和相对湿度（80%～90%）。

（4）高压灭菌法。将洗净去皮的番茄捣碎，装入葡萄糖瓶或药用翻口瓶内。为了长期存储，可采用高压消毒锅内处理15～20min，或用蒸馒头的笼屉蒸20～30min进行高温消毒处理。装瓶时注意瓶口处应留下少量空隙，这种方法，需大量瓶子，做起来比较麻烦。但该种方法可靠性较高，城市居民目前大多使用这种方法制作果酱。

番茄高温灭菌

★百度图库，网址链接：https: //image. baidu. com/search/detail

（编撰人：漆海霞；审核人：闫国琦）

92. 黄瓜的贮藏保鲜技术有哪些?

（1）水缸贮藏法。黄瓜贮藏温度在10～13℃为佳，相对湿度为30%左右较为适宜，水缸贮藏的黄瓜收成时成熟度可稍嫩于上市的商品瓜。最好选用新缸贮藏，若用旧缸时，必须在贮前几天用开水加碱面刷洗干净后方可使用，夏季置于阴凉处，冬季则保存在温暖处，缸盛水深10～20cm，在水上3～5cm处放木架，铺置木板，垫上一层干净麻袋片，上面码黄瓜。选择大缸贮藏时，将瓜条平放，使缸的中心位置形成一个空间，码至离缸口10～12cm为止。如果选择小缸，可让瓜柄竖靠紧码，一层码完后上放一井字架，以压不到第一层的瓜柄为度，继续码上第二层，由瓜条长度和缸的高度选择合适层数，要求码的工序一次完成。码完后应采用用牛皮纸或塑料薄膜封严，储存于室内凉爽处。待气温下降后采取保暖措施，使室温高于10℃。此法可贮藏30～40d。

（2）沙埋贮藏法。在霜冻前采瓜后，收集河沙，晾至室温后喷水保湿，将河沙在缸底部铺上一层，码一层黄瓜，再铺一层河沙，依次码上7～8层瓜，此法在7～8℃下可贮藏20～30d。

（3）家庭塑料袋贮藏。选用塑料食品袋，将刚采摘或买到的新鲜、无伤痕的黄瓜，按照每袋1～1.5kg的比例，置入塑料袋内，松扎袋口，在室内冰凉处或冰箱内放置，可用于夏季贮藏3～5d，冬季室内温度较低，可贮藏7～15d。

（4）寄生贮藏法。在秋季白菜壮心前，从架上连藤引下60～100mm长的小黄瓜，夹在白菜心中间，每两棵白菜间放1～2根，令黄瓜和白菜同时发育，在上冻前采摘后，仍旧贮藏在阴凉地方，这样瓜可贮存1～2个月之久。

蔬菜保鲜

★百度图库，网址链接：https://image.baidu.com/search/detail

（编撰人：漆海霞；审核人：闫国琦）

93. 辣椒的贮藏保鲜技术有哪些？

（1）草木灰贮藏法。霜降前，将成熟的鲜辣椒（青红椒均可）采摘下来，选择未受霜冻并且无虫、无病、无伤影响的品相良好的青辣椒（不能太嫩），晾干至表皮无水分后，根据数量确定贮藏工具（筐、篓、铁桶均可），装具底面先覆盖70mm厚的干草木灰层（去粗的），然后在木灰上按一定间隙摆一层辣椒，其两个辣椒间以灰隔开，辣椒上边覆灰厚70mm，依次层层叠加，最后上面再覆盖70mm厚的干草木灰，存储在室内阴凉处，严禁翻动，吃时用一层扒一层，可贮至立春前后。

（2）缸藏法。先采用0.5%～1%的漂白粉溶液洗涤缸体内侧。挑选出皮厚、蜡质层较厚的辣椒经药物消毒后，把柄端向上置入缸内，按照一层辣椒一层沙的方式叠加，沙的厚度以淹没辣椒为准，直至摆到缸口处，上面用两层牛皮纸或塑料薄膜封住，使辣椒与外界空气形成有效间隔，能使湿度保持在较高的水平上（相对湿度95%左右），并在辣椒的呼吸作用下逐渐耗尽缸内氧气，从而达到抑制新陈代谢活动的目的，缸体放置在室内阴凉及棚子里。

（3）竹筒贮藏法。竹筒贮藏法适用于少量的鲜辣椒过冬贮藏处理，方法简单易行。具体做法是在辣椒采摘中期，逢阴天，挑选色美全红，坚硬，无虫伤，无斑点，无其他损伤，有生气，无露水浸湿的辣椒。将鲜楠竹（活竹）按照一头留一竹节的形式，锯成0.8～1m的一段状，中间节凿子凿掉即可，整齐放好辣椒，直放进竹筒，果柄向上，层层叠加装满竹筒。然后将竹筒在地上碰几下，使辣椒装紧，距离筒口10cm处，用杉木木塞塞紧，涂上较黏的泥土，再用薄膜封严，缠上绳子，以免进水或透气。

辣椒缸藏

★百度图库，网址链接：https://image.baidu.com/search/detail

（编撰人：漆海霞；审核人：闫国琦）

94. 叶菜采后贮藏保鲜的主要影响因素有哪些？

（1）采收期。采收期的长短与叶菜衰老程度及贮藏质量有密切关系。按照叶龄采收的青菜，高叶龄比低叶龄的青菜，在到达贮藏终点时具备更高的含水量和叶绿素含量，品质外观更具优势，更适合于采后贮藏。

（2）温度。叶菜类作物对温度较敏感，通常温度每增加10℃，败坏速率增加2～3倍，并加速产生生理劣变以及由病菌引起的腐烂等问题。以生菜、青菜和包心菜为例，没进行保鲜处理的前提下，3种叶菜分别在4℃冷藏和9℃冷藏时，黄化率和腐烂率前者更低，且贮藏时间平均延长2～3d。在5℃低温条件下，鲜切富贵菜的呼吸作用和蒸腾作用显然下降了，并能保持较低的膜透性、保持较高的MDA含量、营养品质以及生物酶活性，从而有效延缓了富贵菜的衰老程度和品质，延长了贮藏时间。

（3）湿度。新鲜叶菜含水量很高，其组织间隙充满的大气通常接近100%的相对湿度。当外界空气相对湿度较低时，蒸腾水汽会加强，从而导致叶菜水分减少，细胞膨压降低，组织萎蔫、疲软、皱缩，呈现失鲜状态，同时，营养品质也下降迅速。高湿度环境是降低叶菜蒸散失水，延长贮藏寿命，保证品质的重要条件。对于大多数叶菜来说，包装、涂蜡更易达到高湿的条件。

（4）气体组成。蔬菜收获后，同化作用基本停止，呼吸作用成为新陈代谢的主要方式，叶菜由于具有薄而扁平的叶片结构和大量气孔，呼吸强度比常规菜叶更大。另外，贮藏环境中气体组成成分，尤其是CO_2、O_2和乙烯的浓度对叶菜贮藏保鲜效果有较大的影响。乙烯是一种促进植物成熟与衰老的激素，当乙烯的含量达到一定的水平时就带动叶菜加速成熟过程，导致衰老提前。

蔬菜保鲜

★百度图库，网址链接：https：//image. baidu. com/search/detail

（编撰人：漆海霞；审核人：闫国琦）

95. 叶菜主要贮藏保鲜技术有哪些？

（1）物理方法。①冷藏。冷藏是指在冰点0℃或果蔬冰点附近的适宜低温环境条件下，对水果蔬菜进行贮藏的方法。这是现代果蔬贮藏的主要形式。冷藏可以推迟叶菜类蔬菜衰老发生、减少贮藏腐烂程度，延长贮藏寿命。②气调贮藏。气调贮藏是指在冷藏的基础上，改变贮藏环境中混合气体各项浓度成分，从而有效控制叶菜的呼吸强度，达到延缓叶菜老化变质，保持新鲜的贮藏方法。降低空气中氧气的浓度，适当提升二氧化碳的浓度可直接降低蔬菜的呼吸作用，减弱新陈代谢；同时在低氧和高二氧化碳气体中，蔬菜产生乙烯的能力降低，从而顺利延长蔬菜贮藏寿命。③热处理。热处理指在采后适宜温度下（一般在35~50℃）处理果蔬，杀死或抑制病原菌的活力，抑制酶的活性，达到贮藏保鲜效果的方法。采后热处理技术后，果蔬储运期间的腐烂进度得以减缓，为无毒、无农药残留的采后病害控制提供了一种重要的方法。④辐照保鲜。辐照保鲜技术是利用辐射对物质产生的各种效应来达到保鲜效果。水果、蔬菜通过一定剂量的辐照后，代谢作用和呼吸作用就会受到抑制，或者推迟成熟，延长贮藏周期乃至货架期。

（2）化学方法。①植物生长调节剂。植物生长调节剂是一类与植物激素相似效应的化学试剂，如生长素、赤霉素、细胞分裂素、脱落酸等都是植物生长调节剂。植物生长素可调控植物的光合、呼吸、蒸腾作用，以及气孔开闭、渗透调节等生理过程，在农产品保鲜方面有着巨大的应用前景及开发潜力。②臭氧水。臭氧水可抑制微生物生长和多酚氧化酶活性，延迟采后叶菜的组织代谢水平，从而减少水分以及营养物质的消耗，降低失重率。生菜经臭氧水处理后，能够降低生菜的呼吸作用效果和电导率，并减少了还原糖、叶绿素、维生素C的损耗，比次氯酸钠溶液处理后效果更显著。

气调贮藏

★百度图库，网址链接：https://image.baidu.com/search/detail

（编撰人：漆海霞；审核人：闫国琦）

96. 甜玉米品种的生育期是怎样划分的?

甜玉米从播种至成熟的天数，称为生育期。生育期长短与品种、播种期和温度等有关。一般早熟品种、播种晚的和温度高的情况下，生育期短，反之则长。其各生育时期及鉴别的国际标准如下。

（1）VE。胚芽鞘露出地面。

（2）V1。第一叶完全展开，即玉米的出苗期。

（3）V3。第三叶完全展开，此时玉米的生长点仍在地下。

（4）V6。第六叶完全展开，雄穗生长锥开始伸长，即玉米的拔节期。

（5）V12。第十二叶完全展开，雌穗进入小花分化期，即玉米的大喇叭口期。

（6）VT。吐丝前雄穗的最后一个分枝可见，即玉米的抽雄期。

（7）R1。雌穗的花丝开始露出苞叶，即玉米的吐丝期。

（8）R2。果穗中部籽粒体积基本建成，胚乳呈清浆状，即玉米的籽粒建成期。

（9）R3。玉米籽粒变黄色，胚乳呈乳状后至糊状，即玉米的乳熟期。

（10）R5。籽粒干重接近最大值，即玉米的蜡熟期。

（11）R6。植株籽粒干硬，籽粒基部出现黑色层，乳线消失，即玉米的完熟期。

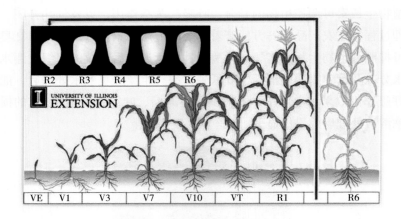

甜玉米不同时期表型特征

★个人图书馆网，网址链接：http://www.360doc.com/content/18/0324/21/53834667_
739913812.shtml

（编撰人：宫捷；审核人：冯发强）

97. 甜玉米一生可以分为几个生育阶段？

从播种到新的种子成熟，叫做玉米的一生。它经过若干个生育阶段和生育时期，才能完成其生活周期。在玉米的一生中，按形态特征、生育特点和生理特性，将其一生划分成苗期、穗期和花粒期3个阶段，每个阶段又包括不同的生育时期。这些不同的阶段与时期既有各自的特点，又有密切的联系。生产上根据每个生育阶段的生育特点进行阶段性管理。

（1）苗期阶段（出苗—拔节）。春播玉米40d左右。苗期阶段也称营养生长阶段，从出苗到拔节，是玉米生根、长叶、分化茎节的营养生长阶段，以根生长为中心。该阶段又分播种到三叶、三叶到拔节两个时期。

主要生育特点是：①长根、增叶、茎叶分化为主的营养生长阶段，是保全苗、培育壮苗、争取单位面积株数的关键时期。②根系是整株的生长中心，快于地上部生长，至拔节期根系基本形成。③此期玉米耐旱、怕涝，土壤水分为田间持水量的60%～70%时，有利于根系发育。④养分吸收较少，对磷反应敏感，为需磷临界期。缺磷根系发育不良，叶片边缘卷曲，出现紫红色，茎基呈紫色，影响后期发育。

（2）穗期阶段（拔节—抽雄）。穗期阶段也称营养阶段和生殖阶段并进阶段，是从拔节到雄穗开花。此阶段既有根、茎、叶旺盛生长，也有雌雄穗的快速发育。这期间增生节根3~5层，茎节间伸长、增粗、定型，叶片全部展开，抽出雄穗其主轴开花。大喇叭口期以前植株以营养生长为主，其后转为生殖生长为主。

①拔节期。表现为从以根系生长为中心转入以茎叶生长为中心，幼穗开始分化；由单纯的营养生长转入营养生长与生殖生长并进，粒重迅速增长，是一生中干物质积累最快的时期；初显品种形状，胚乳含水量由80%降到50%，胚乳由乳状变为糊状；穗长、穗粗定型。此期是决定粒重的关键时期，要求光照充足，水分和温度适宜的外界条件。

②蜡熟期。自蜡熟初至完熟，10~15d。其特点是：籽粒干重积累速度减慢，总干重接近最大值；籽粒接近品种形状，胚乳含水由50%降至40%，由糊状变为蜡状；果穗苞叶开始发黄。此期是粒重基本定型的时期，要求适量供水，养根护叶，防止早衰。

③完熟期。自完熟至收获，8~10d。其特点是：干物质积累停止，籽粒迅速脱水，由40%降至20%；籽粒变硬，表面呈现鲜明光泽，籽粒基部出现黑层，乳线消失；苞叶枯黄，粒重达最大值，是收获的适宜时期。要求适期收获，及时晾晒脱水，防止冻害。

（3）花粒期。花粒期指雄穗开花到籽粒成熟，以生殖生长为主，包括开花、吐丝、成熟3个时期。此阶段营养生长基本结束，进入以开花、受精、结实和籽粒发育的生殖生长阶段。籽粒迅速生成、充实，成为光合产物的运输、转移中心。

（编撰人：冯发强；审核人：黄君）

98. 甜玉米生长阶段的划分方法和各阶段有什么特点？

对于甜玉米的生长阶段，依据不同有不同划分结果，具体有下列分法。

（1）苗期—穗期—花粒期。

①苗期指的是从出苗到拔节的时期，该期以营养生长为主，以根系建成为中心。出苗是从播种到种子发芽，在大田中有50%的出苗，幼苗高2cm的时期。

②穗期是指从拔节到抽穗的时期。该期是营养生长与生殖生长并进，是生长最为旺盛的时期。该期又可划分为拔节期、大喇叭口期和小喇叭口期。

③花粒期是指从抽穗到结实的时期，是以生殖生长为中心，籽粒建成的阶段。包括抽雄期、散粉期和结实期。

（2）播种期—茎叶生长期—抽雄吐丝期。

①播种期。甜、糯玉米播种前后是病虫害重要的预防时期。主要工作是：选用抗病和抗逆性强的品种；消除玉米螟、大、小斑病等病虫害的初次侵染源；保全苗、促壮苗，防止地下害虫为害。

②茎叶生长期。茎叶生长期是甜、糯玉米一生重要的营养生长期。玉米螟是玉米茎叶生长后期发生的害虫，是重点防治对象。大斑病、小斑病和纹枯病常在10叶期后开始大发生，药剂防治需掌握在病害大发生前进行，视病情确定是否防治。

③抽雄吐丝期。甜、糯玉米抽雄后，病虫害发生为害最为严重，这个时期是玉米产量和品质形成时期，也是防治病虫害的关键时期。

苗期　　　　　　　　穗期　　　　　　　　花粒期

甜玉米生长三阶段大田长势

★百度，网址链接：https://gss0.baidu.com/

（编撰人：刘浩；审核人：冯发强）

99. 如何确定甜玉米最佳采收期?

生产上要注意掌握鲜食玉米的最佳采收期，过早过晚收获都会影响鲜食玉米的品质和产量，并做到随采收随上市，以免甜玉米品质下降，影响农民收入。

（1）适时收获的标准。果穗苞叶青绿，包裹较紧，花丝枯萎转深褐色；籽粒体积膨胀至最大值，色泽鲜艳，压挤时呈乳浆，籽粒含水量70%～75%。有效积温指标从雌穗吐丝开始，≥10℃的有效积温达到280～330℃。

（2）适时收获的时间指标。甜玉米的播种期不同，适采期也不同。春播甜玉米采收期处在高温季节，适宜采收期较短，一般在吐丝后20～22d。秋播甜玉米采收期处在秋季凉爽季节，适宜采收期略长，一般在吐丝后22～25d；晚秋播种的甜玉米在灌浆期遇气温下降，采收期可略推迟一些。

不同类型的甜玉米适采期不同。我国种植的甜玉米主要有普通甜玉米、超甜玉米和加强甜玉米三大类别，加强甜玉米水分变化的趋势与普通甜玉米一致，但糖分降低的速度比普通甜玉米略慢，30d采收的含糖量还能与18d采收的普通甜玉米相当，因而加强甜玉米的采收期可以参照普通甜玉米，加强甜玉米的采收期相对普通甜玉米有所延长，超甜玉米则宜适当推迟。

甜玉米适宜采收期籽粒外观　　　适宜采收期果穗苞叶及花丝

适宜采收期甜玉米

★婺源旅游网，网址链接：www.photophoto.cn；www.wuyuan168.com

（编撰人：程尧；审核人：冯发强）

100. 甜玉米品种"农甜88"有什么特点？

农甜88是华南农业大学自主选育的优质高产型超甜玉米新品种，甜玉米单交种。种子发芽率95%左右，前、中期生长势较强，生育期68～75d，属早熟品种。植株高215cm左右，穗位高70cm左右，果穗长20～22cm、穗粗4.8～5.0cm，秃顶长1.6cm鲜苞单穗重350～450g，千粒重386～394g，出籽率70.46%～72.54%，一级果穗率84%～92%。果穗甜味浓、皮薄渣少、有牛奶香味、非常爽脆、口感柔嫩，品质优良。籽粒黄白相间、粒中等大、结实饱满，苞叶绿、有较长旗叶，果穗筒形，外表美观。秆细、叶少、苞大、叶披散、光合效率高，易栽培。抗病性接种鉴定中抗纹枯病和小斑病。田间表现抗纹枯病，茎腐病和大小斑病。在珠三角秋植生育期78d，适应性广，广州、南宁地区可从2—9月下种。含糖量高，生吃熟吃均可，特别甜脆，俗称"水果玉米"。

农甜88　　　　　　　　广西试验站农甜88

★ 蔬菜网，网址链接：http://www.vegnet.com.cn/Sell/2659282.html
★ 广西壮族自治区农业农村厅，网址链接：http://www.gxny.gov.cn/special/cxtd/gzdt/201205/t20120528_296159.html

（编撰人：陈善闻；审核人：冯发强）

101. 如何测定甜玉米种子发芽率和发芽势？

作物发芽率，是指发芽试验的终期，在规定的日期内全部正常发芽种子数占供试种子的百分率，即发芽率（%）=规定日期内全部发芽种子数/供试种籽粒数×100。作物种子的发芽势，是指发芽试验的初期，规定的日期内正常发芽种子数占供试种子的百分率，即发芽势（%）=规定日期内发芽种子数/供试种籽粒数×100。

将过2mm孔径筛的沙子用清水冲洗后130℃烘5h，按照标准发芽方法进行发芽试验。将种子播于4cm深的沙床，盖沙2cm，分别于25℃（对照）、20℃和15℃光照培养箱中12h光照/12h黑暗条件下培养。3次重复。从种子发芽第3d开始一直到第10d，每天统计发芽数，并计算发芽相关指标。发芽势（GE）和发芽率（GP）分别是指第4d和第7d发芽的种子数占总种子数的百分比。

标准发芽试验　　　　　　　发芽率测定

（华南农业大学农学院实验室拍摄）

（编撰人：符云飞；审核人：冯发强）

102. 甜玉米苗期的水肥如何管理?

甜玉米是高产作物,对水肥需求量大,需从土壤中吸收大量水分和养分。需水量受气候条件、土壤、栽培措施、玉米本身生物学特性等因素的影响。苗期土壤水分应保持在田间持水量的50%~60%。

养分需求方面,以氮、磷、钾三要素的需求量最大,其次为硫、钙、镁、硼、铁、锰、铜、锌等。其中以苗期的水肥管理要求最为精细。

(1)甜玉米苗期水分管理。甜玉米苗期需水量少,但从播种后到出苗前,要保持土壤湿润,促进发芽,此期如遇干旱,往往会发生干种、发芽等现象,造成严重缺苗,因此遇旱应及时浇水。而出苗后到拔节前,需要水分相对少些,保持上层土壤疏松干燥,下层土壤湿润则可。甜玉米整个苗期都不耐涝,如果遇阴雨天,尤其是秋种甜玉米苗期常遇暴雨,则要注意及时排水,防止田间积水诱发病虫害。

(2)甜玉米苗期施肥管理。苗期追肥具有促根、壮苗、促叶、壮秆等作用。一般可在4~5叶期定苗后,结合中耕小培土进行追肥,每亩施4~6kg尿素、氯化钾5~7kg。

水分管理情况　　　　　　　施肥管理情况

甜玉米苗期水肥管理

★欢欢寻宝,网址链接: https://wenku.baidu.com/view/10b8315651e79b8969022698.html
★种地网,网址链接: https://0x9.me/dspxK

(编撰人: 宫捷; 审核人: 冯发强)

103. 甜玉米拔节期的水肥如何管理?

玉米拔节是指茎节间伸长,靠近地面处可用手摸触到膨大坚硬的茎节,此时即进入拔节期,这一时期玉米田间管理的中心任务是促叶、壮秆、壮穗,保证植株营养体生长健壮,果穗发育良好,重点是促进中、上部叶片增大,达到植株健壮、生长整齐的长相,力争穗大、粒多的目的。本时期的水肥管理措施如下。

（1）灌水措施。①头水应灌匀灌透。②开始拔节后，玉米植株生长进入旺盛阶段，对水分的要求比较高，占总需水量的30%左右。③拔节期间，尤其是大喇叭口期不能受旱，田间持水量应保持在70%以上，并且在灌浆期间，要注意防洪排涝。④头水后，玉米迅速生长，抗旱能力下降，间隔10～15d浇第二水。

（2）施肥措施。①当玉米叶片长到9～12片叶时，用玉米矮丰喷施，以防治玉米徒长，及时控制玉米株高。②在玉米10～12片叶时，追肥，以氮肥为主，多次分期施用。③追肥时，每亩施尿素25～30kg、磷酸二铵10kg，施肥后覆盖严密，用量应占追肥总量的60%～70%，施肥后浇第一水。

甜玉米拔节期　　　　　　　甜玉米追肥管理

★生猪价格网，网址链接：http://www.shengzhujiage.com/uploads/pictures/2016/06/QrT580.jpg
★搜狐网，网址链接：http://img.mp.sohu.com/upload/20170717/57cf9560b11541b6a3d783d758
7c767b_th.png

（编撰人：廖俊文；审核人：冯发强）

104. 甜玉米抽雄期的水肥如何管理？

玉米从拔节到抽雄的时间为穗期，又叫抽雄期，该阶段玉米生育特点是由营养生长（根和茎、叶等的生长）转向生殖生长（开花、结果），是营养生长和生殖生长并进，决定玉米产量最关键的时期，也是玉米一生中生长发育最快，对养分、水分、温度、光照要求最多的时期。

（1）灌水措施。①保证穗期水分供给。在拔节期和抽雄穗前10～15d进行两次灌水。②适时浇水，排水防涝。玉米抽雄期耗水强度最大，是玉米需水的临界期，干旱、缺水会造成不同程度的减产，甚至绝收，严重影响产量。③在土壤相对含水量低于70%时，要及时浇水，避免干旱造成减产。

（2）施肥措施。①从抽雄前10d到抽雄后25～30d，是玉米进行物质积累最快、吸肥最多的重要阶段，此阶段所吸收的养分占总吸肥量依次为，氮占60%～70%、磷占60%～65%、钾占60%～65%。②追肥时间和追肥量：对地力肥沃、幼苗生长健壮的田块，宜少施、晚施；反之则应多施、早施。③追肥种类以速效氮肥为主，第一次在拔节期，第二次在抽雄前10～15d，结合灌水重追穗肥，一般每亩追施尿素10～15kg或碳酸氢铵30～40kg。

甜玉米抽雄期

★宝丰种业网，网址链接：http://img.mp.itc.cn/upload/20170507/621060ef7978450c892c75dfe5 aac806_th.jpeg

（编撰人：廖俊文；审核人：冯发强）

105. 甜玉米无公害栽培的技术要点有哪些？

甜玉米无公害栽培技术通过对各项成果及技术措施的组装配套研究，形成了"两优、两适、五推、四防"的综合高产优质栽培技术体系。

（1）"两优"即选用优良品种，优化种植模式。选用优良品种，优良品种是实现高产优质的首要因素，选准主导当家品种、优化品种布局是甜玉米优质的技术核心。优化种植模式，改春播平作为大小垄种植；选择环境无污染、阳光充足、土壤肥沃、排灌方便的地块连片种植。

（2）"两适"即适期播种，适宜密度。适期播种，明确了适宜播种期后，根据不同品种的生育期特性及上市时机，确定适宜的播种期。适宜密度合理密植，发挥群、个体综合增产优势，是目前甜玉米生产中最经济有效的增产措施。

（3）"五推"。根据甜玉米田间养分测定结果，针对以往甜玉米生产中存在的"重氮、轻磷、忽视钾微"等问题；全面推行了以"控氮、稳磷、增钾、补微"为重点的测土配方施肥技术，重点抓了钾肥和锌肥的投入。重点推广测土配方平衡施肥技术；推广甜玉米未定型叶数指标促控技术；推广春甜玉米软盘育苗夏栽技术；推广适期节水灌溉技

鲜食甜玉米无公害栽培技术

★中国惠农网，网址链接：http://image.cnhnb.com/image/jpeg/head/2018/07/28/7260e59ee0ff49c383c15cb3bff213a1.jpeg? imageView2/0/w/400/h/400/interlace/1/quality/75/ignore-error/1

术；推广秸秆覆盖免耕技术。

（4）"四防"。①防倒。甜玉米中后期倒伏是高产甜玉米经常遇到的问题，科学安排有效措施，做好促控有机结合，强化全程防倒，是争创高产优质的重要环节。②防病、防虫、防草。一是推广种子精选包衣技术。播种前由种子公司统一机械精选，并进行药剂包衣，防治地下害虫、苗期病虫；二是重点抓"五虫三病"防治。

（5）隔离种植。甜玉米的甜质胚乳受双隐性基因控制，如果与其他玉米串粉，将造成甜玉米不甜，丧失甜玉米应有的品质。隔离方法有空间隔离和时间隔离，以空间隔离为好。

（6）适时采收，及时上市。鲜果穗上市的采收适宜时期为乳熟末期，此时甜度最高，品质最佳。一般在清早或傍晚采收为最佳，最好是随采收随上市，因此采收后用通透性好的网袋包装可以远距离运输销售。

（编撰人：黄兴革；审核人：冯发强）

106. 玉米螟应如何防治？

幼虫蛀食玉米茎秆和果实为害，也为害叶片。心叶期为害，初孵幼虫啃食新叶叶肉，留下表皮，形成花叶。后将纵卷的新叶蛀穿，新叶展开后形成整齐的横排圆孔，4龄后蛀食茎秆。穗期为害，幼虫为害雄穗柄使其遇风易折断，造成折穗。幼虫取食嫩穗的花丝、穗轴和籽粒。

（1）农业防治。及时处理好秸秆，采取秸秆粉碎还田等措施，破坏害虫适生场所、降低害虫源基数。

（2）生物防治。改善农田生态环境，保护利用瓢虫、草蛉、螳螂、食蚜蝇、蜘蛛等天敌，发挥天敌的自然控害作用。在田埂种植芝麻、大豆等显花植物，或保留藿香蓟等良性杂草，为天敌提供栖息地和补充食料。犁耙田时田埂上放置草把用于保护收集蜘蛛、步甲等天敌。增加田间天敌种类和数量，采用微生物制剂等防病虫。在越冬代成虫羽化初期使用性诱剂诱杀，羽化高峰期杀虫灯诱杀玉米螟成虫；在玉米螟产卵初期至卵盛末期，释放赤眼蜂防治玉米螟；使用苏云金杆菌、阿维菌素防治玉米螟等害虫。在玉米螟化蛹前，采用白僵菌统一封垛，对越冬代成虫可结合性诱剂诱杀。

（3）化学防治。春秋两季是玉米螟发生的高峰期。玉米螟在一造甜玉米上发生2代，成虫分别在玉米大喇叭口期和玉米花丝盛期在玉米植株上产卵。玉米心叶末期和抽丝盛期分别为防治心叶期世代螟虫和穗期螟虫的适期。防治指标：

心叶期世代百株累计12块卵（感虫品种）或20块（中抗品种）或花叶株率超过10%；穗期世代百株累计12块卵或百穗花丝幼虫50头或虫穗率10%时，需要进行防治。在玉米螟卵孵化率达到30%时喷洒Bt制剂或氯虫苯甲酰胺等双酰胺类农药，可与甲维盐合理复配喷施，提高防治效果，兼治其他多种害虫。也可在玉米喇叭口期，每亩使用Bt乳剂150~200mL（每克含100亿孢子），拌煤渣或细沙3~6kg制成颗粒剂，每株撒施颗粒剂1~2g，将其直接丢施在玉米喇叭口内，防治玉米螟。

玉米螟为害玉米心叶　　　　玉米螟为害茎秆

★中国农业网，网址链接：http://www.zgny.com.cn/ifm/tech/2009-11-30/93192.shtml
★FAO，网址链接：http://www.fao.org/docrep/003/X7650S/x7650s27.htm

（编撰人：王磊；审核人：王磊）

107. 玉米蓟马为害特点是什么？该如何防治？

蓟马是玉米苗期害虫，为害可造成玉米心叶发黄、扭曲，或出现不规则的黄白色透明斑，重者叶片皱缩，心叶扭曲成"马鞭状"，玉米植株矮化。

（1）农业防治。选用抗（耐）虫品种。及时清除田边、沟边等处的病原害虫寄主杂草，破坏害虫适生场所、降低害虫源基数。合理密植，实行健身栽培。人工摘除叶端硬化部分。

（2）物理防治。利用蓟马对蓝色具有趋向性，悬挂蓝色粘虫板进行诱杀，蓝板间距4.5m，两端蓝板距离玉米行端0.5m，下缘距离植株顶端5~10cm。

玉米蓟马为害玉米心叶　　　　玉米蓟马为害

★黔农网，网址链接：http://www.qnong.com.cn/zhongzhi/liangshi/12955.html

（3）生物防治。改善农田生态环境，保护利用瓢虫、草蛉、螳螂、食蚜蝇、蜘蛛等天敌，发挥天敌的自然控害作用。

（4）化学防治。加强麦田蓟马防治，压低虫源量，减少其从麦田向玉米田转移为害。可使用70%噻虫嗪、吡虫啉等拌种。同时选用5%高效氯氟氰菊酯1 000倍液、10%吡虫啉可湿性粉剂1 500～2 000倍液或20%啶虫脒可湿性粉剂6 000倍液喷雾。

（编撰人：王磊；审核人：王磊）

108. 玉米地下害虫应如何防治？

玉米田常见的地下害虫主要有地老虎、蝼蛄、蛴螬、金针虫等，这些地下害虫可造成种子不能发芽、出苗，或根系不能正常生长，心叶畸形，幼苗枯死，缺苗断垄等。

（1）农业防治。有条件的地区实行旱改水或水旱轮作，如两年三熟用麦—水稻—春花生轮作制，一年两熟用水稻—麦—夏花生—麦轮作方式。在冬季深耕翻土，幼虫盛孵期适时灌水，种植蓖麻，毒杀金龟甲，使用充分腐熟的有机肥等。

（2）物理防治。利用成虫的趋光性进行灯光诱杀，如用黑绿单管双光灯诱杀效果比黑光灯好，尤其对铜绿丽金龟的效果更好。利用成虫假死性进行人工捕捉；对蛴螬也可采取犁后拾虫的办法。

（3）生物防治。线虫、白僵菌、芽孢乳状菌、土蜂等生物因子在蛴螬的防治上均有应用，效果较显著。

（4）化学防治。

①药剂处理土壤。用50%辛硫磷乳油每亩200～250g，加水10倍喷于25～30kg细土上拌匀制成毒土，顺垄条施，随即浅锄，或将该毒土撒于种沟或地面，随即耕翻或混入厩肥中施用；用2%甲基异柳磷粉每亩2～3kg拌细土25～30kg制成毒土；用3%甲基异柳磷颗粒剂、5%辛硫磷颗粒剂或5%地亚农颗粒剂，每亩2.5～3kg处理土壤。

②药剂拌种。用50%辛硫磷或20%异柳磷药剂与水和种子按1：30：（400～500）的比例拌种；用25%辛硫磷胶囊剂等或用种子重量2%的35%克百威种衣剂包衣，还可兼治其他地下害虫。

③毒饵诱杀。每亩地用辛硫磷胶囊剂150～200g拌谷子等饵料5kg，或50%辛硫磷乳油50～100g拌饵料3～4kg，撒于种沟中，亦可收到良好防治效果。

地老虎为害玉米 蛴螬

★第一农经科技，网址链接：http://net.1nongjing.com/a/201501/60130.html
★农资人，网址链接：http://www.191.cn/read.php？tid=462636

（编撰人：王磊；审核人：王磊）

109.玉米红蜘蛛应如何防治？

玉米红蜘蛛在南方主要是二斑叶螨和朱砂叶螨。以成虫和若虫群集于玉米叶背面刺吸为害，先取食下部3～5片叶，再逐渐向上部片蔓延。为害后使叶面出现失绿斑点或条斑，影响光合作用，最后使整片叶变为锈红色枯死，呈火烧状。

（1）农业防治。选用抗（耐）虫品种。及时清除田边、沟边等处的病原害虫寄主杂草，破坏害虫适生场所、降低害虫源基数。合理密植，实行健身栽培。

（2）生物防治。改善农田生态环境，保护利用瓢虫、草蛉、螳螂、食蚜蝇、蜘蛛等天敌，发挥天敌的自然控害作用。在田埂种植芝麻、大豆等显花植物，或保留藿香蓟等良性杂草，为天敌提供栖息地和补充食料。犁耙田时田埂上放置草把用于保护收集蜘蛛、步甲等天敌。

（3）化学防治。尽早防治。在红蜘蛛第一代成虫在田边杂草上活动时，使用1.8%阿维菌素、20%哒螨灵乳油2 000倍液对玉米田及四周杂草喷雾防治，减少虫口数量。也可运用烟雾机于早晨或傍晚气压低喷施哒螨灵乳油、阿维菌素乳油进行防治。

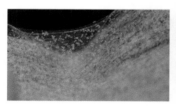

二斑叶螨为害玉米 红蜘蛛为害玉米叶片

★ BugGuide，网址链接：https://bugguide.net/node/view/1112740

（编撰人：王磊；审核人：王磊）

110. 如何防治花生蛴螬？

蛴螬会取食萌发的种子造成缺苗，或直接咬食花生嫩果。

（1）农业防治。有条件的地区实行旱改水或水旱轮作，如两年三熟用麦—水稻—春花生轮作制，一年两熟用水稻—麦—夏花生—麦轮作方式。在冬季深耕翻土，幼虫盛孵期适时灌水，种植蓖麻，毒杀金龟甲，使用充分腐熟的有机肥等。

（2）物理防治。利用成虫的趋光性进行灯光诱杀，如用黑绿单管双光灯诱杀效果比黑光灯好。利用成虫假死性进行人工捕捉；对蛴螬也可采取犁后拾虫的办法。

（3）生物防治。线虫、自僵菌、芽孢乳状菌、土蜂等生物因子在蛴螬的防治上均有应用，效果较显著。

（4）化学防治。

①药剂处理土壤。用50%辛硫磷乳油每亩200～250g，加水10倍喷于25～30kg细土上拌匀制成毒土，顺垄条施，随即浅锄，或将该毒土撒于种沟或地面，随即耕翻或混入厩肥中施用；用2%甲基异柳磷粉每亩2～3kg拌细土25～30kg制成毒土；用3%甲基异柳磷颗粒剂、5%辛硫磷颗粒剂或5%地亚农颗粒剂，每亩2.5～3kg处理土壤。

②药剂拌种。用50%辛硫磷或20%异柳磷药剂与水和种子按1∶30∶（400～500）的比例拌种；用25%辛硫磷胶囊剂等药剂或用种子重量2%的35%克百威种衣剂包衣，还可兼治其他地下害虫。

③毒饵诱杀。每亩地用辛硫磷胶囊剂150～200g拌谷子等饵料5kg，或50%辛硫磷乳油50～100g拌饵料3～4kg，撒于种沟中，亦可收到良好防治效果。

蛴螬为害花生

★领先作物科学网，网址链接：www.lead88.com/helps/qc.html

（编撰人：王磊；审核人：王磊）

111. 花生红蜘蛛有哪些为害？如何防治？

花生红蜘蛛在南方主要是二斑叶螨和朱砂叶螨。以成虫和若虫群集于花生背面刺吸为害，受害叶片先出现黄白色斑点，边缘向背面卷缩。受害轻时，叶片停止生长，受害严重时，叶片脱落，植株枯死，造成严重减产。

（1）农业防治。选用抗（耐）虫品种。及时清除田边、沟边等处的病原害虫寄主杂草，破坏害虫适生场所、降低害虫源基数。合理密植，实行健身栽培。

（2）生物防治。改善农田生态环境，保护利用瓢虫、草蛉、螳螂、食蚜蝇、蜘蛛等天敌，发挥天敌的自然控害作用。在田埂种植芝麻、大豆等显花植物，或保留藿香蓟等良性杂草，为天敌提供栖息地和补充食料。犁耙田时田埂上放置草把用于保护收集蜘蛛、步甲等天敌。

（3）化学防治。尽早防治。在红蜘蛛第一代成虫在田边杂草上活动时，使用1.8%阿维菌素、20%哒螨灵乳油2 000倍液对花生田及四周杂草喷雾防治，减少虫口数量。也可运用烟雾机于早晨或傍晚气压低喷施哒螨灵乳油、阿维菌素乳油进行防治。

二斑叶螨为害花生　　　　　　　　　红蜘蛛为害花生

★ Insectimages，网址链接：https://www.insectimages.org/browse/detail.cfm？imgnum=1599106
https://www.insectimages.org/browse/detail.cfm？imgnum=1599103

（编撰人：王磊；审核人：王磊）

112. 棉红蜘蛛的为害特点是什么？

棉红蜘蛛在南方主要是二斑叶螨和朱砂叶螨。以成螨、若螨和幼螨群集于棉花背面刺吸为害，棉叶被害出现黄白斑点。受害轻时，叶片变成红色；受害严重时，出现红叶干枯，甚至叶柄和蕾、花、棉铃的基部产生离层而脱落，叶片脱落，植株枯死，状如火烧。造成棉花歉收或无收。每叶片只要有1～2头成螨为害，叶面就可显示黄色斑块；达到5头成螨为害，叶面就可显示红色斑块，螨多则斑块大。棉叶受害后出现黄白斑到形成红斑，需要经历一个显症期。显症期的长短明显地随着温度的升高和虫量的增加而缩短。为害严重时整株叶片干枯脱落，大大缩短结果期，造成歉收或无收。

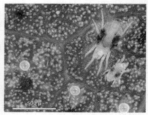

二斑叶螨为害棉花叶片   二斑叶螨

★ Insectimages，网址链接：https://www.insectimages.org/browse/detail.cfm?imgnum=1435139
★ Journal of Cotton Science，网址链接：http://www.cotton.org/journal/2013-17/1/

（编撰人：王磊；审核人：王磊）

113. 棉红蜘蛛发生特点有哪些?

棉红蜘蛛在南方主要是二斑叶螨和朱砂叶螨。以朱砂叶螨为例，在华南地区发生20代以上。以雌成螨及其他虫态在蚕豆、冬绿肥、棉田枯枝落叶、土缝等处越冬。2月下旬至3月上旬开始活动，先在越冬寄主或早春寄主上繁殖2代，然后转移至棉田为害，等棉花衰老后再迁移至晚秋寄主上繁殖1代，气温低于15℃以下时进入越冬阶段。雌虫有产卵前期，平均1.5d，在30℃时产卵最高，每天3~20粒，产卵期可达25d。有孤雌生殖习性。

其种群消长和扩散与气候、寄主、耕作制度、施肥等密切相关。干旱并具备一定的风力对其繁殖和扩散最为有利。5—8月的暴风雨会增加其种群死亡率，反之，则会有利其发生。棉田周围杂草寄主多，分散广的地区，其越冬基数就大，春季繁殖的种群数量也高。棉花收获后，翻耕种植小麦和大麦的田块，其种群数量就低；而不翻耕直接种植夏收作物和绿肥的田块，其发生就严重。棉花长势不好的地块，有利于害螨发生。

二斑叶螨为害的棉田

★ Insectimages，网址链接：https://www.insectimages.org/browse/detail.cfm?imgnum=4387045

（编撰人：王磊；审核人：王磊）

114. 棉红蜘蛛怎么用药剂防治?

播种前对棉花种子进行拌种处理,使用70%吡虫啉拌种剂3.0～4.5kg与90kg棉种拌匀。方法为先将棉种放在50～60℃的温水内浸泡0.5h,再用凉水浸泡6～12h。然后捞出与药剂拌匀,再堆闷4～5h即可播种。

尽早防治。在红蜘蛛第一代成虫在田边杂草上活动时,使用1.8%阿维菌素、20%哒螨灵乳油2 000倍液对棉花田及四周杂草喷雾防治,减少虫口数量。也可运用烟雾机于早晨或傍晚气压低喷施哒螨灵乳油、阿维菌素乳油进行防治。

用0.2波美度的石硫合剂溶液喷发生红蜘蛛棉株,其杀虫率为100.0%,能杀死成虫和若虫,但杀卵率很低,隔10d要再喷一次。

可选用15%苯丁·哒螨灵乳油(1 500倍液)、45%石硫合剂结晶(150倍液)、73%炔螨特浮油(2 000倍液)、1.8%阿维菌素乳油(2 000倍液)、20%甲氰菊酯乳油(1 500倍液)、15%扫螨净(哒螨酮)1 500倍液+1.8%阿维菌素2 000倍混合液进行喷雾,喷药时,注意将药液喷在棉花叶背面,使红蜘蛛直接着药,并且要喷透、喷匀,保证药效充分发挥。

(编撰人: 王磊; 审核人: 王磊)

115. 棉盲蝽的发生与防治方法是什么?

为害棉花的盲蝽主要有5种,在长江流域棉区发生的主要是绿盲蝽和中黑绿盲蝽。以成虫和若虫刺吸棉株的幼嫩组织和繁殖器官造成为害。在江浙一带,绿盲蝽1年发生5代,中黑盲蝽1年发生4～5代,以卵越冬。绿盲蝽的卵主要在棉田外越冬,中黑盲蝽的卵主要在棉田土表越冬。绿盲蝽的主害代为第2～3代在盛蕾期为害,中黑盲蝽为第3～4代在花铃期为害。绿盲蝽和中黑盲蝽混发区前期以绿盲蝽为害,后期以中黑盲蝽为害。

(1)农业防治。及时清除田边、沟边等处的寄主杂草,破坏害虫适生场所、降低害虫源基数。棉花收获后深耕,减少中黑盲蝽越冬卵。

(2)物理防治。利用棉盲蝽的趋光性,使用诱虫灯诱杀成虫。

(3)生物防治。改善农田生态环境,保护利用寄生蜂、草蛉、蜘蛛等天敌,发挥天敌的自然控害作用。

(4)化学防治。对棉田周围绿盲蝽第1～2代进行寄主的防治,控制迁入棉田的虫源。中黑盲蝽第一代主要发生在苗床,做好苗床的防控非常重要。

田间防治的适期为棉盲蝽的2～3龄若虫盛期。防治指标为新被害株达

2%～3%，百株有成虫和若虫1～2头。中黑盲蝽发生区重点防治苗床第一代和狠治棉田第3～4代，混发区主攻第2代绿盲蝽和第4代中黑盲蝽。

50%氟啶虫胺腈水分散粒剂75g/hm^2（有效成分）、20%呋虫胺可溶粒剂60g/hm^2（有效成分）、40%稻丰散·高效氯氟氰菊酯乳油450g/hm^2（有效成分）喷雾。喷雾时使叶片正反面均匀着药。

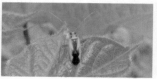

棉盲蝽为害棉花

★百度百科，网址链接：https://baike.baidu.com/item/%E6%A3%89%E7%9B%B2%E8%9D%BD/2689110？fr=aladdin

★中国植保网，网址链接：http://www.sszzyw.com/hydt/ShowArticle.asp？ArticleID=374

（编撰人：王磊；审核人：王磊）

116. 棉铃虫怎样进行为害？

棉铃虫为世界性害虫，在我国各地均有分布，杂食性。该虫主要是以幼虫为害棉花的繁殖器官，钻蛀花蕾，咬食花朵及嫩梢上的新叶为害，造成蕾、花、铃的大量脱落和烂铃，1头幼虫一生能为害10多个蕾铃，防治不及时可使蕾铃脱落率达50%以上。棉铃虫幼虫孵化后先取食卵壳，然后取食嫩叶和嫩蕾。3～4龄食量激增，为害蕾和花，并从上向下转移为害。5～6龄进入暴食期，多为害青铃。幼虫有转铃为害的习性。幼虫蛀食蕾铃时，身体后半部分常留在外面，老龄幼虫阴天常进入花内取食花器。

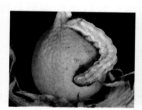

棉铃虫为害棉铃　　　棉铃虫为害棉花

★百度百科，网址链接：https://baike.baidu.com/item/%E6%A3%89%E9%93%83%E8%99%AB/876301？fr=aladdin

★Idw-online，网址链接：https://idw-online.de/en/image？id=153769&size=screen

（编撰人：王磊；审核人：王磊）

117. 棉铃虫有什么防治对策？

（1）农业防治。种植抗虫品种，提倡转Bt基因抗虫棉和常规棉按一定比例种植。根据棉铃虫蛹在土内越冬的习性，冬季和早春及时适度深耕，或耕翻灌水，压低越冬虫源基数。可在棉铃虫第2~3代化蛹盛期灌水灭蛹。也可结合打顶等农事操作，将含有棉铃虫卵的枝梢处理，减少田内虫口密度。

（2）物理防治。利用成虫需要补充营养的习性，种植花期与成虫羽化期相吻合的植物进行诱杀，包括玉米、高粱、胡萝卜等。也可根据棉铃虫的趋光性，使用诱虫灯诱杀成虫。同时使用杨树把诱杀成虫。每10支1把，每公顷105~150把。将诱集到的成虫进行捕杀。6~7d换一次。也可使用性诱剂进行诱杀。田间放置水盆式诱捕器，盆高于作物10cm左右。每200~250m²设一个诱捕器。诱芯15d左右更换一次。

（3）生物防治。改善农田生态环境，保护利用寄生蜂、草蛉、蜘蛛等天敌，发挥天敌的自然控害作用。在棉铃虫产卵盛期释放赤眼蜂，每次22.5万头/hm²，每隔3~5d连续释放2~3次。使用棉铃虫核多角体病毒制剂5%棉烟灵，每公顷75mL。

（4）化学防治。防治适期在卵期和初孵幼虫期。长江流域棉区重点防治第4代。使用的药剂包括15%茚虫威悬浮剂、2.5%溴氰菊酯乳油、2.5%三氟氯氰菊酯乳油、40%丙溴磷乳油、50%辛硫磷乳油、20%灭多威乳油、1.8%阿维菌素乳油、5%氟啶脲乳油等。施药时，重点喷在棉株的嫩头、顶尖、上层叶片和幼蕾上。

（编撰人：王磊；审核人：王磊）

118. 如何识别柑橘溃疡病？

溃疡病是我国柑橘的检疫性细菌性病害，病原菌为一种黄极毛杆菌。

柑橘溃疡病是为害柑橘果实、枝、叶的主要病害，树体染病后出现落叶，枝条干枯，幼果脱落，果面产生病疤，严重降低商品价值。通常叶片染病后初期出现米黄色油渍状小病斑，继而在叶片正反面逐渐扩大后呈圆形斑且隆起，病斑中央开裂呈火山状，表面木栓化而粗糙，四周有黄色晕圈。叶片受害严重时脱落；老枝不易发病，新出的枝梢染病后，初期油渍状小病斑，病斑四周无黄色晕圈，扩大后病斑隆起，类似叶片上的病斑，呈圆形、椭圆形或连成不规则形，发病严重时枝条枯死；落花后果实发育初期到膨大期都有发生，果面病斑基本与叶片、枝条上的症状类似，病斑隆起，但病斑火山状开裂更明显，病斑也较大，木栓化程度更高，青果病斑四周有黄色晕圈，受害严重时脱落，果实成熟后晕圈消失。

柑橘溃疡病叶片症状　　　　　　柑橘溃疡病果实症状

★搜狐网，网址链接：http://m.sohu.com/a/227173047_820241
★腾讯网，网址链接：https://mp.weixin.qq.com/s?__biz=MzA3MjYwOTgxNw%3D%3D&idx =1&mid=2649840594&sn=7e0ce17afb9d47db6d7849e2869838a0

（编撰人：仲恺；审核人：仲恺）

119. 柑橘溃疡病是如何传播和为害的？

柑橘溃疡病的病原菌为一种黄极毛杆菌的细菌性病菌，生长适宜温度条件为20～30℃，发病最适温度为25～30℃，可在发病组织（枝、叶、果实）长期存活，冬季低温期间通常潜伏于叶片、果实和枝条内越冬。翌年春季温度、湿度适宜时从病斑溢出病菌，借助风雨、昆虫和枝叶交接等途径传播。

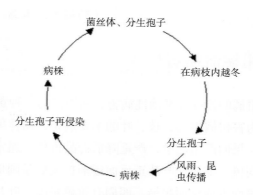

柑橘溃疡病流行和发病规律

★梁红，黄建昌.果树栽培实用技能[M].中山：中山大学出版社，2012

溃疡病近距离主要借昆虫、枝叶交接、风雨等传播，远距离则主要通过带病的种苗和其他繁殖材料及果实调进传播。病菌主要由枝、叶和果实表面的气孔、皮孔或伤口侵入，侵入后潜育3～10d后发病。高温多雨条件下易暴发流行，春梢期温度较低发病较轻，夏梢和秋梢期发病重，入冬温度降低后停止发病。一般降雨多而早的年份发病早而重，台风多的年份发病也比较重。幼龄树比老树发病重，偏施氮肥，长枝多抽梢不整齐的果园发病重，肥水管理得当、潜叶蛾防治好的果园发病轻。不同柑橘品种由于其组织器官表面的气孔、皮孔结构方面的差异性，对溃疡病的抗病性有差异，甜橙、柚类等品种类型发病比较重，而宽皮橘类的柑类和橘类品种类型则发病比较轻。

（编撰人：仲恺；审核人：仲恺）

120. 如何采用综合防治技术防除柑橘溃疡病？

（1）加强检疫，严格规范种苗和其他繁殖材料管理。从外地调进的种苗和其他繁殖材料必须进行检验检疫，不宜从病区调运苗木、接穗等繁殖材料及果实等，防止病源扩散。

（2）培育无病苗木。宜在无病区采集繁殖材料，或在有隔离措施的母本园采集；苗圃地与生产柑橘园隔离距离2km以上；砧木种子进行必要的消毒处理，可用5%高锰酸钾溶液浸种15min左右，再用清水清洗后晾干播种或沙藏保存。

（3）加强田间管理，合理平衡施肥，强壮树体，提高抗病力。积极防治潜叶蛾等害虫及蜗牛，以减少病菌从伤口侵入的机会。

（4）冬季修剪清园。剪除发病枝叶，清除田间地面病枝病叶病果，并集中烧毁，树体和地面喷施0.8～1波美度的石硫合剂。开展田间检查，发现有发病严重的植株，应当及时清除处理。翻耕压埋地面残枝（果）、落叶，彻底消灭病源。

（5）种植防护林，采用木（竹）桩固定枝条，减轻台风对树体的伤害，减少病菌从伤口侵入。

（6）药剂防治。喷药防治的重点时期是枝梢抽发期和幼果期。根据果园发病情况，轮换使用杀菌剂，药剂要喷施到叶、枝和果实，可选用的药剂种类及使用浓度：25%叶枯宁500～1 000倍液；20%叶青双400～800倍液；25%噻村唑（叶枝唑）或叶青双可湿性粉剂500～800倍液；50%加瑞农；50%甲霜铜500～800倍液等。发病严重的果园，隔7～10d，再喷药1～2次，可结合其他病虫害防治混合用药，减少喷药次数，提高防治效果。

（编撰人：仲恺；审核人：仲恺）

121. 如何识别柑橘黄龙病？

柑橘黄龙病又称黄梢病，是为害柑橘最严重的病害，也是柑橘生产的最主要的限制因素。柑橘黄龙病发生后植株、叶片和果实等都有明显的症状特征表现，初期发病树在春、夏、秋梢发生，新梢不转绿。主要症状表现如下。

（1）黄梢。植株发病初期，一般是几个新梢不转绿，叶片发黄或花叶。每季新梢均会发病，以秋梢最为明显。

（2）黄叶。植株感染黄龙病后叶片表现黄化，黄化类型有3种。

一是斑驳状黄化。叶片一般从叶脉附近到叶片基部和边缘开始发黄，黄绿相间，形成花叶状。

二是均匀黄化。叶片均匀黄化，叶主脉黄化更加明显，叶小、硬化而无光泽，通常易早落。

三是缺素状黄化。发病枝条上的叶片表现类似缺锌状或缺锰状黄化，叶厚而细小，通常称为"金花叶"。

（3）"红鼻子果"。发病植株开花早，花量大，落花落果严重，结果少，果实小而畸形。果实成熟时近果蒂处果皮呈红色、橙色或橙红色等成熟色，而其他部位仍然呈黄绿色，故称为"红鼻子果"或"青果"。"红鼻子果"是黄龙病的典型特征，是判断黄龙病最容易、最准确的症状。

红鼻子果

叶片斑驳状黄化

发病植株

叶片黄化

★曾令达，黄建昌.春甜橘优质丰产栽培彩色图说[M].广州：广东科学技术出版社，2017

（编撰人：仲恺；审核人：仲恺）

122. 柑橘黄龙病是如何传播和为害的？

（1）柑橘黄龙病的病原和传媒昆虫。黄龙病的病原属于韧皮部杆菌属细菌，其田间传媒昆虫为亚洲柑橘木虱，目前还没有证据证明土壤、水、风等因素会传播黄龙病。

（2）柑橘黄龙病的传播途径。柑橘黄龙病的传播途径基本有两种，就是通过苗木传播和柑橘木虱传播。苗木传播是柑橘黄龙病远距离传播方式，主要是通过在黄龙病树上采集枝条作为嫁接的接穗，嫁接繁殖苗木而传播。有病苗木无序的流向市场，盲目种植，是造成柑橘黄龙病远距离、大范围传播的主要因素。柑橘黄龙病的田间传播为柑橘木虱传播。柑橘木虱是柑橘黄龙病田间唯一传播媒介。目前还没有证据证明土壤、水、风、其他昆虫及动物能传播黄龙病。只要果园与发病果园隔离，有效防控好柑橘木虱，黄龙病就不容易传播扩散。

柑橘木虱是柑橘黄龙病在果园的 唯一非人为传播媒介	柑橘黄龙病远距离传播 ——苗木和接穗

★曾令达，黄建昌.春甜橘优质丰产栽培彩色图说[M].广州：广东科学技术出版社，2017

（编撰人：仲恺；审核人：仲恺）

123. 如何防治柑橘黄龙病？

柑橘黄龙病的防控是柑橘生产发展的关键。柑橘黄龙病可防可控，防控关键是群防群控，做到统一无病苗木，统一防治木虱，统一处理发病植株。主要防控措施如下。

（1）严格检验检疫，加强苗木和繁殖材料的管理，禁止从病区调运带病苗木及带病繁殖材料（如接穗等）。

（2）建立无病苗圃，规范种苗繁殖，培育无病苗木。

（3）加强肥水和树体管理。合理平衡配方施肥，增强树势，提高树体抗病力；加强枝梢管理，统一放梢。

（4）选择良好生态环境栽培，提倡大苗适度密植。

（5）加强柑橘木虱的防治，有效切断传病媒介。栽培管理上采用统一放梢，使所放出的秋梢整齐，统一防治木虱，便于有效防治柑橘木虱等病虫害。

（6）及时处理发病树，清除病源。黄龙病传播快，控制难度大，因此果园一经发现发病树，要及时处理，坚决挖除，集中烧毁。

防虫网室栽培模式　　　　　　良好生态栽培

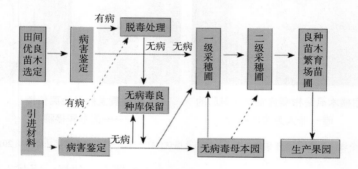

按照规范培养和种植无病苗木

★曾令达，黄建昌.春甜橘优质丰产栽培彩色图说[M].广州：广东科学技术出版社，2017

（编撰人：仲恺；审核人：仲恺）

124. 什么是柑橘缺素症？

柑橘缺素症由某种或几种营养元素缺乏引起。柑橘的正常生长发育和开花结果，需要足够的氮、磷、钾等大量元素，钙、镁、硫等中量元素，也需要锰、锌、硼、铜、钼等多种微量元素。如果某种或几种营养元素缺乏，都会引起柑橘生长异常，果实产量品质下降，叶片黄化或花叶、落叶，枝条生长衰弱，果实发育不良等症状，这就是柑橘缺素症。我国南方红壤地区普遍酸性重、pH值偏低，有机质含量少，黏性重，有效养分含量低，钾、镁、硼、锌等营养元素普遍缺乏。如果建园立地条件不足，施肥不足，不合理施肥，偏施化肥，容易引起缺素症状的发生。在进行施肥管理时，应当根据不同土壤、不同生长发育时期及产量实行测土配方施肥，做到因地制宜、因树制宜，适时、适量。叶片是反映树体营养状况的主要器官，树体各种营养的盈缺通常都会在叶片、果实、枝条等组织器官上表现，田间可以通过观察叶片的表现判断树体各种营养元素的盈缺，也可以通过叶片和土壤养分的分析结果判断树体各种营养元素的盈缺，作为指导施肥的依据，及时采取矫治措施。

柑橘缺素通常叶片表现黄化症状

★曾令达，黄建昌.春甜橘优质丰产栽培彩色图说[M].广州：广东科学技术出版社，2017

（编撰人：仲恺；审核人：仲恺）

125. 如何识别柑橘缺锌症？

柑橘缺锌为生理性养分缺乏病害。柑橘植株发生缺锌时，通常表现为新梢的叶片出现大小、形状不一的黄化斑块，主侧脉为绿色，称为"花叶"，也会表现出叶片窄小的症状，称为"小叶病"。"花叶"和"小叶病"是柑橘叶片缺锌的典型特征。柑橘植株缺锌时新梢短而纤细，落花落果多，果小、汁少、味酸。柑橘缺锌的表现如下。

（1）叶片症状。主要有两种症状表现，一是"花叶"，叶肉先黄化，初期黄绿色至黄色，叶脉及其附近叶肉绿色，出现大小、形状不一的黄色和淡黄色的黄化斑块，称为"花叶"。二是"小叶"，主要表现为枝条弱、节间短，叶片明显直立、窄长而小，故称为"小叶病"。

（2）枝梢症状。柑橘植株发生缺锌时，新梢短而弱，枝叶丛生，严重时随后落叶而枯死，小枝表现明显。

（3）果实症状。发生缺锌的植株，果实转色比较差，着色不良，果小，果肉木栓化，汁少而味淡。

柑橘缺锌花叶症状　　　　　柑橘缺锌小叶症状

★曾令达，黄建昌.春甜橘优质丰产栽培彩色图说[M].广州：广东科学技术出版社，2017

（编撰人：仲恺；审核人：仲恺）

126. 柑橘缺锌症是怎么发生的?

柑橘缺锌症是大多数果园普遍发生的锌元素缺乏引起的生理性养分缺乏病害，柑橘缺锌症发生的主要原因主要有以下几个方面。

（1）土壤锌元素的有效含量低。我国南方土壤主要为红壤或黄壤，肥力中下，土壤养分普遍缺乏，土壤锌元素的有效含量普遍比较低，特别是山地土壤锌元素的有效含量更低。多个地区的测土结果显示，我国南方大多数果园土壤有效锌含量普遍低于2mg/kg，远低于柑橘适宜生产所需要的5mg/kg水平。

（2）果园干旱或积水。果园水分管理不足，土壤干旱或积水，容易影响树体根系对锌元素的吸收而引起缺锌症的发生。

（3）施肥不合理。对土壤养分含量了解不足，没有根据柑橘生长发育的规律和特点施肥，没有根据树势生长状况、果实产量及土壤条件合理配方施肥，长期偏施化肥，有机肥施用不足，没有进行土壤改良，土壤结构差，影响土壤锌元素的有效利用而导致缺锌症的发生。

（编撰人：仲恺；审核人：仲恺）

127. 如何防治柑橘缺锌症?

有效防治柑橘缺锌症的发生，应当根据柑橘生长发育对肥料的要求，按树龄、树势、果实产量及果园土壤条件合理施肥，做到用地与养地结合、投入与产出平衡，实施测土配方施肥。防治柑橘缺锌症的主要措施包括以下几个方面。

（1）改良果园土壤，改良土壤结构，改善土壤环境，提高锌元素的利用率。

（2）以土壤测试和肥料田间试验结果为依据，根据柑橘生长发育对养分的需求规律，看树看产测土配方施肥。增施有机肥，有机肥与无机肥施用相结合。

（3）适时施肥，注意施肥方法，提高肥料利用率。施肥时需要注意的是，缺镁、缺铜会诱致锌养分的缺乏，单施锌盐效果不大，因此如果同时缺镁缺铜，应当配合施用含镁、铜和锌的肥料，以提高树体对锌的吸收效率，获得良好的矫治效果。

（4）施肥矫治。缺锌症发生轻微时，可在抽梢期和幼果期喷施1～3次叶面肥进行矫治，可单独喷施，也可结合喷药防治病虫害进行，一般可用0.05%～0.2%硫酸锌液（宜加0.1%～0.2%石灰）或0.1%～0.2%氧化锌喷施，或喷施多种养分混合叶面肥。缺锌症发生比较严重时，宜土壤施肥补充锌元素，防治柑橘缺锌症的发生。一般在春季到秋季施肥时，配合施用其他肥料，土施适量硫酸锌或其他含锌元素肥料。

柑橘缺锌症状

★凤凰网，网址链接：https://wemedia.ifeng.com/72374221/wemedia.shtml

（编撰人：仲恺；审核人：仲恺）

128. 如何识别柑橘缺钾症？

柑橘缺钾症在很多果园普遍发生。柑橘在生长发育、开花结果过程中对钾肥的需要量大，尤其是在抽梢期和幼果发育期，如果不及时施用钾肥，容易发生柑橘缺钾症。

柑橘植株缺钾，叶片症状表现明显，叶尖和叶缘先开始表现，褪绿黄化，变为黄褐色或黄绿色，俗称为"黄尖叶"，随后随植株缺钾程度加重黄化逐渐向叶片下方扩展，黄化区扩大，叶片向后卷缩，畸形，严重时出现大量落叶。柑橘缺钾时结果多的枝条上的叶片特别是果实下面的叶片显现黄化症状，新梢短小细弱，易枯梢；柑橘植株缺钾，花量少，落花落果严重，果实发育不良，果小而皮薄，易裂果，不耐贮藏。缺钾影响植株生长，生长衰，抽枝弱，也会使植株的抗旱性、抗寒性和抗病力降低。

（编撰人：仲恺；审核人：仲恺）

129. 柑橘缺钾症是怎么发生的?

柑橘对钾肥的需要量大，而且钾易流失，柑橘缺钾症是普遍发生的现象。柑橘发生缺钾症主要有以下几个方面的原因。

（1）土壤有效钾含量低。果园土壤尤其是有机质少、黏性重、结构差的土壤，缺钾普遍严重。红壤和黄壤酸性重、pH值偏低，有效钾含量不仅低还容易被固定，极易发生缺钾。多个地区的测土分析结果显示，我国南方大多数果园土壤有效钾含量普遍都低于90mg/kg，远低于柑橘良好生产所需要的140mg/kg水平。

（2）钾流失多。南方雨水多，沙质和有机质含量低的土壤钾元素容易流失而引起缺钾症的发生。

（3）果园土壤比较长时间的干旱或积水，不仅根系生长不良甚至出现烂根的发生，也会降低土壤钾的有效性而影响树体对钾的吸收而导致缺钾症的发生。

（4）果实采收带走一定数量的钾，丰产果园或植株如果钾肥施用不足，会导致土壤中钾含量不足而引起缺钾症的发生。

（5）施肥不合理。没有根据柑橘树体生长发育规律和特点及时施肥，没有根据树势状况适量施肥、没有根据果实产量及土壤条件合理施肥，都容易引起缺钾症的发生。长期有机肥施用不足，偏施化肥和氮肥，过多施用磷、钙、镁肥，产生元素拮抗，影响土壤钾的有效性。

柑橘缺钾症状

★搜狐网，网址链接：https://www.sohu.com/a/287636912_302209

（编撰人：仲恺；审核人：仲恺）

130. 如何防治柑橘缺钾症？

防治柑橘缺钾，关键是要根据柑橘生长发育对钾的需求规律和土壤有效钾含量的多少，做到看树看产看土施肥。主要措施如下。

（1）改良果园土壤，提高土壤性能。建园时宜挖大种植穴，施足基肥，种植1~2年的果园进行扩穴深翻压绿，改良果园土壤，提高土壤性能。

（2）测土配方平衡施肥。根据果园土壤养分盈缺，进行测土配方平衡施肥，增施有机肥，有机肥与无机肥结合施用。土壤有效钾含量低、产量高的果园，宜增施高钾肥。应当注意的是，柑橘是忌氯果树，对氯元素比较敏感，施钾肥不宜大量多次施用氯化钾，可土施硫酸钾等钾肥或草木灰等含钾高的农家肥。

（3）提高肥料利用率。注意施肥方法，适时施肥，提高肥料利用率，提倡采用"水肥一体化"管理。合理搭配各种肥料，避免和减轻元素间的拮抗。

（4）加强果园水分管理。多雨季节做好排水工作，旱季做好灌溉工作，树盘覆盖减少土壤水分蒸发，保持土壤湿润，防止土壤过于干旱。

（5）喷施叶面肥矫治。缺钾轻微的果园或植株，可喷施0.2%~0.5%的磷酸二氢钾，也可以用0.2%的硫酸钾或硝酸钾喷施，或1%~3%草木灰浸出液或其他含钾叶面肥进行矫治，也可结合病虫害防治，喷药时添加钾肥。缺钾比较严重的果园或植株，除喷施叶面肥矫治外，须增加土施钾肥。

柑橘缺钾症状

★搜狐网，网址链接：https://www.sohu.com/a/287636912_302209

（编撰人：仲恺；审核人：仲恺）

131. 如何识别柑橘缺硼症？

硼是柑橘生长发育所需的微量元素，对柑橘开花有良好的促进作用，也有利于柑橘生理代谢、花芽分化和根系生长，硼元素不足会影响植株生长和开花坐果，枝叶片生长异常。南方酸性土壤有效硼含量普遍低甚至极低，因此缺硼是柑橘较常见的缺素病。

柑橘缺硼症在植株及枝叶果实等组织器官上都有症状表现，柑橘缺硼症在叶片表现更加普遍明显。缺硼时成熟叶片和老叶的叶脉出现肿胀，逐渐木栓化而破裂成灰白色或褐色，叶面暗淡无光泽，向后扭曲，叶厚而脆；嫩叶在缺硼初期出现水渍状黄斑，后随叶片老熟叶脉表现肿胀木栓化，幼嫩枝梢容易枯死。缺硼在花期表现敏感，缺硼植株开花时花多而弱，大量落花，坐果率低，果实发育缓慢，幼果常有乳白色微凸起小斑、果面有褐色病斑出现，果实小且容易畸形，成熟果实的果皮粗糙，皮厚且硬，果汁少，果心和海绵层均有褐色树脂沉积。植株严重缺硼时，叶片黄化早落，枝条衰弱逐渐枯死，甚至整个植株枯死。

缺硼时叶片叶脉肿胀木栓化

★曾令达，黄建昌.春甜橘优质丰产栽培彩色图说[M].广州：广东科学技术出版社，2017

（编撰人：仲恺；审核人：仲恺）

132. 柑橘缺硼症是怎么发生的?

丘陵山地果园土壤有效硼含量严重缺乏，柑橘缺硼症发生普遍，土壤、施肥、水分管理状况、树势及果实产量等多个因素都有可能引起缺硼症发生，一般柑橘缺硼症的发生主要原因有以下几个方面。

（1）土壤有效硼含量低。水稻土和菜地肥力普遍比较高，有机质也比较丰富，缺硼症发生较轻微，而丘陵山地果园特别是新开垦的山地果园多为山地黄壤和山地红壤类型，土壤酸性重，肥力差，有效硼含量低甚至是极低；土壤pH值高的碱性土壤或石灰性土壤等，有效硼含量也普遍较低。多个地区的测土分析结果显示，大多数山地果园的土壤有效硼含量普遍低于0.5mg/kg，远低于柑橘良好生产所需要的有效硼含量。

（2）施肥不合理。没有根据土壤养分含量状况配方平衡施肥，施肥不足，长期偏施化肥，有机肥施用不足，都会容易引起柑橘缺硼症发生。施肥方法不当，肥料搭配不合理，肥料利用效率低，也容易引起柑橘缺硼症发生。

（3）果园水分管理水平低。干旱时不及时灌溉，硼酸分子不能溶于水中被根系吸收利用，引起柑橘缺硼。雨水多时，特别是暴雨期间，土壤中有效硼流失加重，引发土壤缺硼。

（4）花果管理水平低。丰产树挂果量过大，随果实采收带走相当数量的硼，没有及时补充适量的硼肥而造成硼的缺乏。

（编撰人：仲恺；审核人：仲恺）

133. 如何防治柑橘缺硼症？

（1）及时叶面喷施硼肥。花期喷硼是矫治缺硼的关键时期，也是矫治缺硼症，提高产量品质的重要措施。硼元素缺乏的果园或植株，可在开花初期叶面喷施0.1%~0.5%硼酸，每7~10d喷1次，连续喷施2~3次，迅速补充硼元素。喷施硼肥时宜加等量石灰，应做到均匀喷施，以提高喷施效果。也可在使用波尔多液防治病虫害时，把硼砂添加到波尔多液中，混合使用。

（2）土施硼肥，提高果园土壤有效硼含量。缺硼比较严重时，可春季施萌芽肥时土施硼肥。根据树体大小、土壤有效硼含量、果实产量及缺硼程度调整施用量，一般每株可施硼砂0.05~0.1kg，土施硼肥不宜过多，以免施硼过量引起毒害。

（3）测土配方施肥，合理搭配肥料。增施有机肥，合理搭配肥料，施肥时避免过多施氮肥和磷肥。

（4）改良果园土壤，改善土壤性能，促进柑橘根系生长发育，提高硼的利用效率。

（5）加强果园水分管理。旱季及时灌溉，雨季注意排涝，提高硼的利用效率，防止有效硼的流失。

柑橘缺硼症状

★曾令达，黄建昌.春甜橘优质丰产栽培彩色图说[M].广州：广东科学技术出版社，2017

（编撰人：仲恺；审核人：仲恺）

134. 如何识别柑橘缺镁症?

柑橘缺镁症是一种常见的营养元素缺乏病。镁是柑橘生长发育需要量较大的中量元素,缺镁对柑橘树体生长和花果发育有明显的影响。我国南方红壤(黄壤)有效镁含量普遍比较低,雨水多时土壤中镁流失也比较严重,果实采收又带走相当数量的镁,如果没有及时补充,就容易发生缺镁症。

柑橘缺镁时叶片、果实、枝条等都有症状表现,叶片的症状表现尤为明显。镁在植株体内移动性较强,镁随枝梢生长和幼果发育转移到幼嫩组织器官,因此老叶和果实附近的叶片通常表现缺镁症状明显,柑橘缺镁症的主要表现如下。

(1)叶片。缺镁初期,叶片的叶肉产生不规则的黄色斑点,引起叶片黄化,随后黄化向叶缘扩展,再向内褪色黄化,严重时叶片基部及叶脉绿色,叶片基部及主脉保持绿色形成一个倒"V"形或三角形,最后叶片全部黄化,提早落叶。

(2)枝梢。缺镁时枝条表现为细而弯曲,生长衰弱,易枯死。

(3)果实。缺镁植株上的果实明显偏小,转色差,汁少味淡。柑橘缺镁症状周年都有表现,以秋冬季果实成熟时症状表现最为明显,结果多的植株、结果多的枝条缺镁症状更加明显。

柑橘缺镁叶片绿色区保持一个倒"V"形或三角形,老叶片明显

★曾令达,黄建昌.春甜橘优质丰产栽培彩色图说[M].广州:广东科学技术出版社,2017

(编撰人:仲恺;审核人:仲恺)

135. 柑橘缺镁症是怎么发生的?

镁是柑橘生长发育需要量大的中量元素,柑橘缺镁症是普遍发生的现象。柑橘发生缺镁症的原因主要有以下几个方面。

(1)土壤有效镁含量低。有机质含量低、酸性重的红壤(黄壤)尤其是新开垦的丘陵山地果园，普遍严重缺镁。多个地区的测土结果显示，我国南方大多数丘陵山地果园土壤有效镁含量普遍都低于100mg/kg，远低于柑橘良好生产所需要的300mg/kg以上水平。水稻土、菜地等果园土壤有效镁含量相对较高。

（2）镁流失多。沙质和有机质含量低的土壤镁易流失，丘陵山地红壤pH值低，黏性重，土壤结构差，容易引起土壤镁的淋溶损失。

（3）果园土壤干旱或积水，不仅影响根系生长和吸收能力，也会降低镁的有效性而影响镁的吸收。

（4）果实采收带走相当数量的镁，如果镁肥施用不足，会引起缺镁症的发生。

柑橘缺镁症叶片

★百度百科，网址链接：https://baike.so.com/doc/4901832-5120277.html

（5）施肥不合理，镁肥施用不足，少施或不施有机肥，偏施化肥，容易引起缺镁症的发生。需要注意的是，钾对镁有拮抗作用，施用钾过多会影响树体对镁的吸收而引起缺镁。

（编撰人：仲恺；审核人：仲恺）

136. 如何防治柑橘缺镁症？

防治柑橘缺镁，重点是改善土壤性能，及时补充镁元素。防治柑橘缺镁症的主要措施包括以下几个方面。

（1）深翻扩穴压绿，改良土壤。丘陵山地果园在建园初期应当进行深翻扩穴压绿，增施有机肥，改善土壤性能，提高果园土壤有效镁含量，提高树体对镁的吸收利用效率。

（2）测土配方施肥，增施镁肥，补充土壤中的镁元素。施用钙镁磷肥或氧化镁、含镁石灰等其他镁肥，土施每株0.2～0.5kg，在施过冬肥、花前肥和促梢壮果肥时与腐熟的猪牛粪、饼肥等有机肥混合沟施，埋在树冠滴水线附近位置。由于钾对镁有拮抗作用，施肥时施钾肥要适量，避免施钾肥过多引起缺镁。

（3）喷施叶面镁肥，矫治缺镁症。可在新梢叶片展开后叶面喷施0.2%～0.3%的硫酸镁、氯化镁或硝酸镁等叶面镁肥或其他含镁叶面肥，每次枝梢生长期喷施1～3次，每次间隔10d左右。

在树冠滴水线开沟施镁肥　　　　深翻改土埋绿肥提高土壤肥力

★曾令达，黄建昌.春甜橘优质丰产栽培彩色图说[M].广州：广东科学技术出版社，2017

（编撰人：仲恺；审核人：仲恺）

137. 如何识别柑橘缺锰症？

锰是柑橘必需的微量元素，参与和维持叶绿体构成，直接参与光合作用，也是植物体内多种酶的活化剂，对多方面生理代谢有一定的关系。柑橘缺锰在叶片、枝条等组织器官上都有相应症状表现，叶片缺锰症状特别是幼叶缺锰症状更为明显。锰元素在植株体内移动性比较弱，所以植株缺锰一般从新叶开始发生，缺锰严重时新老叶片均有症状表现。

柑橘缺锰时，叶片大小和形状基本正常，叶片褪绿而逐渐变黄，开始叶出现叶脉间浅绿、发黄，叶片变薄，叶肉出现黄色斑点，叶脉仍保持绿色，随后叶肉黄色斑点扩大，在黄绿色的叶片基底上显示绿色网状叶脉，表现出明显的叶肉黄叶脉绿的典型症状特征，这是与其他缺素症状最容易识别的症状特征；植株缺锰严重时，新老叶片均有症状表现，叶片中脉区会出现黄色和白色小斑点，病叶变薄。植株缺锰时枝梢生长缓慢、弱小，部分小枝枯死。

缺锰叶片的叶脉保持绿色

★曾玉清.柑橘缺素症的诊断及矫治技术[J].现代农业科技，2015（10）：115

（编撰人：仲恺；审核人：仲恺）

138. 柑橘缺锰症是怎么发生的?

引起柑橘缺锰症发生的因素主要有以下几个方面。

（1）土壤因素。果园土壤锰含量低，不能满足树体生长发育需要。同时土壤中锰以多种形态存在，土壤中不同形态的锰被作物吸收难易程度不一，影响植株对锰的吸收。碱性土壤中锰多为不溶解状态，不易被吸收，易发生缺锰。酸性土壤中锰多为代换性或有效态锰，易被吸收，但流失比较严重，也会发生缺锰。

（2）温度和水分因素。土壤温度和土壤水分含量对锰的存在形态有影响，土壤温度偏低、水分含量较高时，土壤中锰易变为无效态，难以被植株吸收利用。

（3）施肥因素。没有根据土壤养分亏缺实施配方施肥，长期偏施化肥，有机肥施用少甚至不施，尤其是一些土壤锰含量低的丘陵山地土质果园，不合理施肥、不及时补充锰，则易发生缺锰症。长期偏施氮肥，或施石灰过多，也会影响植株对锰的吸收利用而引发缺锰症的发生。

柑橘缺锰症

★农化招商网，网址链接：http://www.1988.tv/bch/show-945.html

（编撰人：仲恺；审核人：仲恺）

139. 如何防治柑橘缺锰症?

（1）扩穴深翻压绿，改良土壤，改善土壤环境，提高土壤锰的有效性。丘陵山地土质瘦、肥力低的新开垦果园，挖大种植穴，埋足基肥，改善土壤性能，提高土壤锰的有效性。

（2）增施有机肥，实施测土配方施肥，有机肥与无机肥施用相结合，多施腐熟的堆制厩肥或沤制绿肥。土壤含锰量较少的果园，施肥时可用硫酸锰混合在其他肥料中施用。注意每次施用硫酸锰不宜过多，以免锰过剩而发生柑橘锰过剩症。

（3）加强水分管理，保持土壤湿润。雨季排水不良的果园开沟排水，干旱季节进行树盘覆盖，及时灌溉，保持土壤湿润，湿润土壤中锰多为溶解状态，有利于根系吸收。

（4）适时喷施叶面肥矫治柑橘缺锰症。果园或植株缺锰时，可在新梢和叶色变绿时期，叶面喷施0.05%~0.2%的硫酸锰（宜加等量石灰）或其他含锰的叶面肥1~2次。也可在使用石硫合剂或松脂合剂等防治病虫害时加0.1%的硫酸锰混合喷施叶面矫治柑橘缺锰症。需要注意的是，喷施硫酸锰叶面肥，不宜浓度过高或次数过多，不宜在高温时喷施，以免锰过剩而引发药害。

柑橘缺锰症

★世纪农药网，网址链接：https://www.nongyao001.com/insects/show-11261.html

（编撰人：仲恺；审核人：仲恺）

140. 如何识别柑橘裂果病？

柑橘裂果是果实在生长发育过程中果皮爆裂的现象，柑橘部分品种类型如贡柑、砂糖橘、脐橙等品种类型比较容易发生裂果，田间裂果率一般达到10%~20%，高的甚至超过30%，对果实产量有很大影响，严重影响收成。大多数品种裂果一般从6月开始出现，到11月基本停止，7—9月裂果最多，有的品种11月时还有裂果发生。

柑橘裂果的症状表现，多数是在果实近顶部位置外果皮开裂，开始果皮出现淡褐色小斑点，在斑点处开裂，果皮裂口逐渐扩大露出白色的中内果皮，俗称"露白"，再露出瓤瓣，随后瓤瓣亦相应破裂，露出瓤瓣内的汁胞，最后果实脱落或挂在树上干枯，雨水多时裂果在裂果部位发霉腐烂。据广东省农业科学院果树研究所李荣等观察，春甜橘裂果初期在果面顶部出现直径2~5mm的淡褐色小斑点，然后斑点处果皮从外向内逐渐坏死，随着果实的生长膨大，果实便在斑点处开裂。

砂糖橘裂果

★好农资网，网址链接：http://www.haonongzi.com/news/20170522/171259.html

（编撰人：仲恺；审核人：仲恺）

141. 柑橘裂果病是怎样发生的?

（1）树体营养水平。树体营养不足，偏施氮肥而少施硼、钾、钙肥等，树体内硼、钾、钙不足，使果皮发育不良变薄，原果胶变成可溶性果胶，果皮的弹性下降而产生裂果。果园土壤有机质含量低、养分含量少、根系不发达的果园或植株，裂果率高。

（2）树体激素水平。树体内源激素失衡，生长素类、赤霉素等促进生长的内源激素含量低，导致果皮生长不良，皮薄、韧度差，裂果率高。

（3）高温天气。夏秋季幼果发育时期，天气炎热，果实长时间在烈日下暴晒，果实在高温强日照下易受日灼伤害，随后日灼果实会在日灼斑处开裂而形成裂果。

（4）水分供给不均衡。夏秋季幼果发育时期，天气炎热多变，水分供给不均衡，骤晴骤雨，尤其是比较长时间干旱后出现大雨或灌水过多，果皮与果肉生长速度不一致，容易引起裂果。

（5）伤口。果皮受到伤害产生伤口，如机械伤口、病虫伤口、日灼伤口等，容易引起裂果。

日灼引起裂果　　　　　　　　　　　**病虫伤口引起裂果**

★曾令达，黄建昌.春甜橘优质丰产栽培彩色图说[M].广州：广东科学技术出版社，2017

（6）品种差异。果皮较薄、韧性差的品种如贡柑、砂糖橘等裂果率高，果皮较厚的柚类不易裂果，果皮韧性好的品种不易裂果。

（编撰人：仲恺；审核人：仲恺）

142. 如何防治柑橘裂果病？

防治柑橘裂果必须及时采取预防措施，加强肥水管理和树体管理，有效降低裂果，主要措施如下。

（1）合理平衡施肥。改良土壤，提高土壤性能，增施有机肥，实施测土配方施肥，适当增加磷肥、钾肥、钙肥，及时补充硼肥；酸性土壤增施石灰，不仅补充钙肥，也中和土壤酸性，提高施肥效率。

（2）及时喷施叶面肥。幼果期喷施磷肥、钾肥、钙肥叶面肥1~3次，可有效减少柑橘裂果。花期、幼果期结合喷药加入含锌、硼、镁、钙元素的叶面肥。7—9月，喷施0.3%~0.5%的硝酸钙，或用氯化钾100g加食醋100mL加石灰100g对水50kg喷洒树冠。

（3）加强水分管理，保持水分均衡供应。保持果园水分均衡供应是关键措施。幼果发育期间遇大雨或暴雨时，及时排除积水，干旱时树盘及时灌溉，保持水分均衡供应。实施树盘覆盖，减少土壤水分蒸发，降低裂果率。

（4）喷施植物生长调节剂。果实膨大初期喷施植物生长调节剂如保果防裂素等保果防裂药物，可有效预防裂果。

（5）地膜覆盖。地膜覆盖能够很好的减少土壤水分的散失，维持土壤水分的平衡供应，对预防裂果有良好的效果。

地膜覆盖预防裂果

★曾令达，黄建昌.春甜橘优质丰产栽培彩色图说[M].广州：广东科学技术出版社，2017

（6）加强土壤管理。提倡果园生草法管理，保持果园良好生态环境，避免土壤裸露，减少土壤水分蒸发，有效减少裂果。高温初期可结合施肥树盘内浅耕松，行间深耕，减少土壤水分蒸发，防止土壤水分失衡，避免果实吸收水分太多使内径膨胀，从而产生裂果。

（编撰人：仲恺；审核人：仲恺）

143. 柑橘日灼病是怎样发生和为害的？

夏秋高温季节，烈日暴晒，阳光直射果实，果皮表面温度急剧升高，如果高温持续较长时间，会导致果皮失水过多而受到伤害，即可引起灼伤的发生。柑橘日灼病的发生与树体水分有关，树体水分充足，水分蒸发会带走部分热能，减轻高温的影响；树体供水不足时，长时间高温暴晒，果实容易发生日灼。柑橘日灼的发生与枝叶生长也有关系，着生在树冠外围的果实，没有叶片遮住，长时间的高温烈日暴晒容易发生日灼。根系衰弱，水分吸收能力低，出现水分供给不足，加上长时间的高温烈日暴晒，也容易发生日灼。

日灼可为害未成熟果实、叶片及裸露的枝干等。果实发生日灼后，灼伤部位果皮失水，果皮干疤、坚硬粗糙，干疤下陷，形成所谓的"太阳疤"，果汁少，失去商品价值。成熟的老叶片和枝干一般不易发生日灼，幼嫩的枝叶易发生日灼，枝条发生日灼时树皮龟裂、翘起，木质部组织细胞死亡，雨后易感染炭疽病等病害；嫩叶发生日灼，叶面上产生黄色病斑，随后黄斑变褐，组织细胞死亡，雨后引发炭疽病等病害，引起大量落叶。

（编撰人：仲恺；审核人：仲恺）

144. 如何防治柑橘日灼病？

防治柑橘日灼病的发生，应当采取综合预防措施，有效减少日灼，降低经济损失，主要预防措施如下。

（1）加强施肥管理。深施有机肥，改良土壤，促进根系生长，提高根系吸收能力。实施测土配方施肥，注意补充中微量元素，做到营养均衡，幼果期注重钙、镁、钾、硼等元素的补充，强健树体，减轻日灼的发生。

（2）喷施叶面肥。枝梢萌发和生长期，喷施叶面肥，促进老熟，增强叶面抗晒能力，有效减轻日灼为害。

（3）合理修剪，留一定的枝梢遮挡阳光，保护果实，或放出晚夏梢给果遮阴，降低果实表面温度，防止果实暴晒，预防果实日灼。

（4）提倡生草法生态栽培管理，果树行间生草栽培，增加和维持果园田间小环境水汽含量使果园水分稳定，预防日灼。

（5）临近高温季节，对果实进行涂白，涂白一般用轻质碳酸钙加胶水增加附着力，用双面胶在果实当阳面贴纸，预防日灼。

（6）加强水分管理，补水降温。高温干旱时及时灌溉，保持土壤湿润，一般连续干旱一周以上就要灌溉一次水。

果实涂白预防日灼　　　　　　合理修剪，枝叶遮挡
阳光，保护果实

★刘干生，胡壮怀，莫国平，等.柑橘日灼病的为害及防治[M].中国南方果树，2003，32（3）：22-23

（编撰人：仲恺；审核人：仲恺）

145. 如何识别柑橘冻害？

冻害是在冬季低温期间所发生的植株或果实伤害甚至死亡的现象。柑橘是南方常绿果树，树体能够忍受的极限低温大约为-9℃，而且部分品种果实成熟采收期较迟，冬季依然处于挂果期，极易受低温冻害影响。柑橘冻害发生与冬季绝对低温和低温持续时间有关，低温持续时间越长，温度越低，受到低温造成冻害的影响程度越大。冻害的发生与组织器官老熟程度有关，未老熟的枝叶和果实容易受冻害的影响。不同品种类型耐寒能力有差异，耐寒能力依次为：宽皮橘类、橙类、柚类，温州蜜柑等抗寒能力强。

果实受冻后，果皮细胞破裂，随后干疤，形成"冻疤"，果实囊瓣失水收缩，与果皮分离，汁少渣多，味淡，干瘪，空壳，粒化，冻害严重时果实脱落，囊瓣汁液外流，变味腐烂，失去商品价值。叶片受冻后，开始为青灰色，后转为灰白色至浅褐色，随后凋萎、纵卷，赤褐色干枯脱落。枝梢受冻后，初期变黄，后转为浅褐色，顶端新枝梢干枯，最后枯死。冻害发生严重时，受冻枝条和大枝、主干出现裂皮，皮层腐烂，出现流胶、裂缝，树干干枯，上部死亡或整株死亡。

叶片受冻后症状

嫩枝受冻后症状

果实受冻后形成"冻疤"

果实受冻后大量脱落

★曾令达，黄建昌.春甜橘优质丰产栽培彩色图说[M].广州：广东科学技术出版社，2017

（编撰人：仲恺；审核人：仲恺）

146.柑橘冻害是怎样发生的？

柑橘冻害是温度下降使叶、枝、果甚至整个植株受害以致死亡。柑橘的汁液在−2.5～3℃开始结冰，细胞间隙中形成的冰晶随着温度降低而继续增多、增大，以致细胞质过度脱水，原生质结构遭到机械损伤，蛋白质变性凝固，酶类活性丧失，细胞生理性失水加剧，新陈代谢极度紊乱直至死亡。柑橘冻害的发生及其程度受多种因素的综合影响，低温、持续时间、柑橘品种、树势、地形地貌等都与冻害的发生密切相关。

（1）低温。冬季的低温是柑橘冻害发生的主导因子，冬季低温越低，柑橘冻害程度越大，−2℃为冻害发生的危险温度。

（2）温度下降速度和低温持续时间。冻害的发生程度与温度变化的快慢，低温出现的时间等有关，温度骤降、低温持续时间长、低温急剧升温，柑橘易受冻害影响。在温度相同的条件下，低温持续时间越长，则冻害越严重。在寒潮影响过程中，极端低温通常出现在天气转晴阶段，温差大，降温强烈，极易引起柑橘冻害的发生。

（3）柑橘种类品种。不同柑橘种类品种的耐寒性有差异，其耐寒能力依次为：宽皮橘类、橙类、柚类，耐寒能力最弱的是柠檬类。

（4）组织器官及老熟程度。未老熟的枝叶（如迟秋梢或冬梢）易受冻害影响，果实和叶片比枝干更容易受冻。

（5）地形地貌。果园附近有大水体或有自然屏障，冻害发生较轻。坡地比平地、低洼地冻害轻，北坡比南坡受冻重，坡顶、坡腰以及坡壁较陡的山地柑橘比山脚谷地受冻轻。

（6）树势。树势壮旺、养分积累充足、枝叶生长充实的受冻轻，幼年树、老年树比青壮年树冻害重。

柑橘冻害

★百度百科，网址链接：https://baike.so.com/doc/790365-836173.html

（编撰人：仲恺；审核人：仲恺）

147. 如何防治柑橘冻害？

（1）适时采果，分批采果。做到先熟先摘，后熟后摘，避免果实长时间留树遭遇冻害，关注天气预报，在低温来临之前及时采收，避免遭遇冻害造成经济损失。

（2）树冠覆膜。在冬季低温来临之前尽快搭架树冠覆膜（单株或连行搭架覆膜），以利保温。覆膜后如遇晴天，温度高时将底部膜掀开通风降温，温度低时重新覆上。

（3）加强管理，增强树势，提高植株的抗寒能力。促进枝梢及时老熟，11月初对未老熟的枝梢进行摘除处理，或喷施叶面肥促进老熟。秋梢抽生后控制氮肥和水分施用，控制抽发晚秋梢和冬梢，增强抗寒性。加强肥水管理，过冬之前以施肥，增施腐熟有机肥，叶面喷施有机液肥或高钾叶面肥，补充树体营养，增强树势，提高抗寒能力。在冬季低温来临之前喷施抑蒸保温剂，抑制水分蒸发，减少叶片细胞失水，起到防冻效果。

（4）树盘盖草，果园熏烟。树盘盖草，提高地温。有霜冻发生时，晚上用杂草、树枝、树叶等材料在果园四周熏烟，减轻冻害的影响。

（5）树干涂白，包扎防冻，保护主干。石灰浆涂刷（石灰5kg，硫黄粉0.5g，食盐0.1kg，食用油少许，加水15～20kg）。主干也可用稻草等包扎防冻。

树冠覆膜保护预防冻害

★曾令达，黄建昌.春甜橘优质丰产栽培彩色图说[M]. 广州：广东科学技术出版社，2017

（编撰人：仲恺；审核人：仲恺）

148. 脐橙在柑橘产业中的地位如何？

柑橘分甜橙、宽皮柑橘、柠檬、葡萄柚、柚等几大类。脐橙是甜橙类中的主要品种群，肉质脆嫩、化渣，风味浓甜芳香，品质优良，被誉称为"甜橙之王"。全世界有100多个国家和地区生产脐橙，主要生产国家是美国、巴西、中国、西班牙、意大利、摩洛哥等，全球脐橙生产面积约76.7万hm²，占柑橘总面积的10%，产量约900万t以上，占柑橘总产量的7.5%。

中国是脐橙栽培面积最大的国家，据统计，2016年栽培面积约18万hm²，产量为300万～320万t，江西、四川、湖北、重庆、广东、广西、湖南、福建等省（市、区）都有栽培。江西省赣州市为脐橙种植面积世界第一，年产量世界第三、全国最大的脐橙主产区，2013年赣州市脐橙面积超过10万hm²，年产量达百万吨。2003年，农业部正式发布《优势农产品区域布局规划》，将赣南列入赣南湘南桂北优势产业区，将成为我国重要的鲜食脐橙生产基地。2013年赣州市共有果业总面积282万亩，其中脐橙面积183万亩；水果年总产量194万t，其中脐橙产量150万t。规模种植带来的经济效益、社会效益日益凸显，果业成为农民致富的重要来源，让全市25万户果业种植户70万果农受益，解决了近100万农村劳动力就业。

脐橙

★陈亚艳，罗新祜.赣南脐橙出口现状及竞争力影响因素[J].贵州农业科学，2015（2）：217-222

（编撰人：仲恺；审核人：仲恺）

149. 如何做好大豆的播种决策？

（1）大豆播种方式包括条播、穴播和撒播等形式，其中条播和穴播是常用的播种方式。条播时行距可采用40～50cm，株距可采用10cm。穴播时穴行距可采用40cm，穴株距可采用30cm，每穴保苗3株。

（2）春种大豆，温度稳定在15℃以上即可播种，在广东南部可选择在1月底至2月初播种，广东中西部可选择2月播种，广东北部可选择2月底至3月初播种。夏播大豆可选择在6月中下旬至7月播种。

（3）大豆栽培密度需参照大豆品种特性进行。南方大豆品种通常分枝较多，枝繁叶茂，单株所占空间较大，大豆栽培密度相对较小，栽培密度通常在7 000～15 000株/亩，大多数品种可控制在12 000株/亩。

（4）大豆的种植制度有清种、间种和套种等。大豆清种是指同一块田地只种大豆一种作物，间种是指同一块田地里同时种植大豆和其他作物，套种是指在大豆生长中后期栽植其他作物的种植制度。在广东，大豆可以与茶树、香蕉及其他幼龄果树实行间种，种植密度可以参照清种的播种方式。大豆也可以与甘蔗、玉米和木薯等实行套种。

大豆单种　　　　　　　　　　大豆间作玉米

大豆种植制度（牟英辉 摄）

（编撰人：马启彬；审核人：马启彬）

150. 如何做好大豆的施肥管理?

大豆所需大量和微量元素能否从土壤中得到满足决定于土壤中元素的丰缺度和植株根部环境状态,在广东省土壤多为酸性红壤土,包括红壤、赤红壤、砖红壤等类型,土壤中酸性和铝毒较重、速效磷和速效氮含量相对不足,这些因素严重影响大豆的生长发育。如何做好大豆栽培的合理施肥,需要注意以下几点。

(1)微量元素拌种。用钼酸铵、硼砂拌种,每千克种子用钼酸铵3g,硼砂2g对热水0.1kg使其溶化,待晾凉后与种子拌和播种,对新种地块要用根瘤菌拌种,可促使根瘤发育良好。

(2)施用底肥。底肥最好用农家肥,在播种前整地时施用,一般每亩农家肥8~10m³,或饼肥40~50kg。施肥原则以磷肥为主,氮肥为辅,每亩施15kg三元复合肥或大豆专用肥25kg,随整地播种时施用。

(3)生育期追肥。生育期追肥应掌握的原则是:生育前期施磷增花,后期施氮增粒。大豆初花前5d左右要重施一次追肥,每亩可施尿素5kg,磷酸氢二铵10~15kg,氯化钾10kg,追施方法以结合中耕开沟条施为宜。

大豆施肥作业

★种地网,网址链接: http://www.zhongdi168.com/dd-info-7181.htm? t=1467011317370
★农机资讯,网址链接: http://www.nongji360.com/list/20117/8483833801.shtml

(编撰人: 马启彬; 审核人: 马启彬)

151. 如何做好大豆的水分管理?

水分是生产上影响大豆正常生长发育的环境因子之一,适时灌溉和排水是大豆生产水分管理的重要内容。大豆灌溉需要根据天气状况、土壤墒情和大豆对水分的需求加以确定。

(1)播前灌溉。广东春季雨水较多,土壤含水量大,应抢晴播种,注意排水,以免烂种影响出苗。夏季温度较高,又暴雨时常发生,因此,如遇到连续高温晴天需在播种沟内或播种穴内浇足水，湿土播种，盖土后需每天连续浇水，直至出苗。如播种后遇到暴雨天气，需用塑料薄膜覆盖，否则应重新播种。

（2）幼苗分枝期灌溉。这一时期一般应适当"蹲苗"，以抑制地上部分生长，促进根系下扎。因此，只要不是十分干旱且危及幼苗生长则不必进行灌溉。广东春天雨水多，注意及时排水，防止田间积水而影响大豆生长；夏大豆幼苗分枝期恰逢高温月份，水分蒸腾蒸发量很大，如遇干旱可小水灌溉。秋大豆出苗后一段时间内若天气干旱应予灌溉，采取"猛灌速排"方式。

（3）开花结荚期灌溉。南方春大豆开花结荚期正直雨季，一般不必灌溉。南方夏大豆在8月上中旬即开始开花结荚，此时常遇到高温干旱天气，应适时灌水。秋大豆开花结荚期灌溉不但可以促进大豆生长发育、增花保荚、提高产量，而且可以减轻豆荚螟为害，降低虫食率，提高商品品质。

（4）鼓粒期灌溉。广东春大豆鼓粒期正直雨季，雨水多要注意防涝渍害发生。广东夏秋大豆在鼓粒期都是高温干旱天气，如此时不能遇到雨水，则应及时灌溉，通常采用夜晚沟灌润湿，次日清晨及时排灌的方式进行灌水。

大豆灌溉作业

★都市宿州网，网址链接：http://news.ds0557.cn/suzhou/114836.html

（编撰人：马启彬；审核人：马启彬）

152. 如何诊断大豆植株缺氮症状？

大豆根瘤菌可以固定大气中的游离态氮素，但是只能提供大豆所需氮素的$1/3 \sim 1/2$，在大豆植株缺氮时，叶片变成淡绿色，生长缓慢，叶子逐渐变黄，其主要症状表现如下。

（1）大豆植株缺氮的外部症状。①先是真叶发黄，严重时从下向上黄化，直至顶部新叶。②在复叶上沿叶脉有平行的连续或不连续铁色斑块，褪绿从叶尖向基部扩展，乃至全叶呈浅黄色，叶脉也失绿。③叶小而薄，易脱落，茎细长。④顶端长成叶片含氮可用作大田生产氮素营养的诊断。

（2）大豆植株缺氮的内部症状。①苗期叶片含氮量低于3.5%表明植株缺氮，叶片呈黄绿色。②叶片含氮量4%～5%显示氮素营养状况较好，叶片绿色。③叶片含氮量高于5%，呈浓绿色，表示氮素营养丰富，要注意防徒长倒伏。

（3）防治措施。每亩追施尿素5～7.5kg或用1%～2%的尿素水溶液进行叶面喷肥，每隔7d左右喷施一次，共喷2～3次。

大豆缺氮植株与正常植株对比

★爱站网，网址链接: https://ss0.bdstatic.com/70cFvHSh_Q1YnxGkpoWK1HF6hhy/it/
u=28891310，4013746468&fm=27&gp=0.jpg

（编撰人：马启彬；审核人：马启彬）

153. 如何诊断大豆植株缺钾症状？

典型缺钾症状是在老叶尖端和边缘开始产生失绿斑点，后扩大成块，斑块相连，向叶中心蔓延，后期仅叶脉周围呈绿色，其主要症状表现如下。

（1）大豆植株缺钾的症状。①苗期缺钾，叶片小，叶色暗绿，缺乏光泽。②中后期缺钾，老叶尖端和边缘失绿变黄，叶脉间起，皱缩，叶片前端向下卷曲。③缺钾叶片黄化，症状从下位叶向上位叶发展。叶柄变棕褐色，根系老化早衰，根短、根瘤少，植株瘦弱。④叶缘开始产生失绿斑点，扩大成块，斑块相连，向叶中心蔓延，后仅叶脉周围呈绿色。黄化叶难以恢复，叶薄，易脱落。缺钾严重的植株只能发育至荚期。

（2）防治措施。每亩可追施氯化钾4～6kg或用0.1%～0.2%的磷酸二氢钾水溶液进行叶面喷肥，每隔7d左右喷施一次，共喷2～3次。

大豆植株缺钾的症状

★爱站网，网址链接: https://ss0.bdstatic.com/70cFuHSh_Q1YnxGkpoWK1HF6hhy/it/
u=881924408，3408612320&fm=15&gp=0.jpg

（编撰人：马启彬；审核人：马启彬）

154. 如何诊断大豆植株缺磷症状?

　　大豆缺磷时，植株早期叶色深绿，以后在底部叶的叶脉间缺绿，最后叶脉缺绿而死亡，其主要症状表现如下。

　　（1）大豆植株缺磷的症状。①植株形态小，叶小而薄，叶色浓绿，叶片狭而尖，叶厚，凹凸不平，向上直立。②开花后叶片出现棕色斑点，茎细长，茎硬。③开花期和成熟期延迟，种子细小，严重缺磷，茎及叶就暗红。④株体矮小，生长缓慢，严重缺磷者生长停滞，根系发育不良，根瘤发育不良，花荚脱落多。⑤缺磷症状一般从茎部老叶开始，逐步扩展到上部叶片，结实籽粒小。

　　（2）防治措施。每亩可追施过磷酸钙12.5～17.5kg或用2%～4%的过磷酸钙水溶液进行叶面喷肥，每隔7d左右喷施一次，共喷2～3次。

大豆缺磷植株和正常植株对比

★新浪网，网址链接: http://news.sina.com.cn/o/2018-08-23/doc-ihhzsnec6501067.shtml

（编撰人：马启彬；审核人：马启彬）

155. 大豆植株缺钼症状及如何防治?

大豆植株缺钼最先表现在老叶,叶片褪绿,出现灰褐色小斑并散布全叶,叶片变厚、发皱,有的叶片边缘向上卷曲成杯状,缺钼可引起豆科作物缺氮。大豆植株缺钼的防治措施如下。

(1)用钼肥拌种。常用的钼肥是钼酸铵。

(2)花期前后叶面喷施钼肥。叶面喷肥一般要喷洒2次以上。

(3)由于缺钼症状多发生于酸性土壤上,可通过施用适量石灰降低土壤酸度,提高钼的有效性。

(4)在给大豆施钼肥前,先要查清土壤是否缺磷,如果缺磷要补充磷肥,否则单施钼肥反而使根瘤减少。

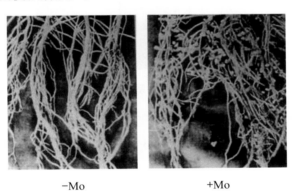

−Mo   +Mo

大豆根系对比

右为钼充足的大豆根系,与缺钼根系(左)相比,缺钼的根系根瘤菌数明显减少,而且根瘤也小,因此严重影响其固氮效率

★西班牙艾德拉网农业知识,网址链接: http://www.adlerchina.com/adl/nyzs/318.html

(编撰人: 马启彬; 审核人: 马启彬)

156. 大豆植株缺硼症状及如何防治?

大豆缺硼时顶芽停止生长下卷,成株矮小微缩,叶脉间失绿,叶尖下弯,老叶粗糙增厚,主根尖端死亡,侧根多而短,根瘤发育不良。开花后脱落多,荚少,多畸形。大豆缺硼的防治措施如下。

(1)硼肥作基肥。每亩用硼肥(硼砂或硼酸)0.2~0.5kg拌入基肥中施入,后效可维持3~5年,注意施用要均匀,以免局部浓度过高产生毒害作用。

（2）硼肥作追肥。于苗期或开花前期，叶面喷施0.05%～0.2%硼砂或0.02%～0.1%硼酸溶液。

（3）硼肥拌种。将0.2～0.5g硼酸或硼砂充分磨细后加少量温水溶解，边喷边拌，可拌0.5kg种子，阴干后播种。

（4）硼肥浸种。禾谷类种子用0.01%～0.1%浓度的硼酸或硼砂溶液浸种6～12h，捞出阴干后播种。

大豆根系对比

★耕种帮种植网，网址链接：http://www.gengzhongbang.com/article-2635-2.html

（编撰人：马启彬；审核人：马启彬）

157. 大豆植株缺铁症状及如何防治？

大豆早期缺铁，植株矮小，上部叶片脉间黄化，并有点卷曲，叶脉仍保持绿色。严重缺铁时，全部新叶失绿，新长出的叶子包括叶脉在内几乎变成黄白色，而且很快在靠近叶缘的地方出现棕色斑点，甚至坏死。缺铁使老叶变黄枯而脱落，根瘤菌的固氮作用减弱。大豆缺铁的防治措施如下。

（1）增施有机肥，每亩施用酵素菌沤制的堆肥或腐熟的有机肥1 000～2 000kg，可预防大豆多种矿质元素缺乏症，也是重要的增产措施之一。

（2）大豆花期保持土壤湿润。但田间灌水要防止大水串灌、漫灌，避免土壤养分流失。

（3）在有机肥不足的大豆产区，补充化肥及微量元素，可防治大豆缺素症。

（4）可用0.4%～0.6%的硫酸亚铁水溶液进行叶面喷肥。每亩喷施50kg 0.3%～0.5%的硫酸亚铁，可防治大豆缺铁症。

大豆缺铁的症状

★耕种帮种植网。网址链接：http://www.gengzhongbang.com/article-2635-2.html

（编撰人：马启彬；审核人：马启彬）

158. 大豆植株缺锰症状及如何防治？

（1）缺锰症状。大豆在生长发育阶段如果缺少锰素，叶片两侧就会产生橘红色斑纹，斑纹中存有1~3个针孔大小的暗红色点，而后随着大豆的生长发育，缺锰症状更加明显，暗红色斑点会沿叶脉逐渐转为均匀分布大小一致的褐点。在大豆的生长发育后期，新叶叶脉会产生针孔大小的黑点，而后新叶逐渐卷曲为荷花状，大豆叶面的颜色也会越加变黄，黑点逐渐消失，最后叶片脱落。如果缺锰情况严重，大豆植株的顶芽也会枯死，延缓成熟。

（2）大豆缺锰防治方法。

①作为应急处理方法，可叶面喷洒锰肥，缺乏症状出现时，每隔7d喷洒0.2%硫酸锰或氯化锰溶液，0.3%生石灰叶面喷施，2~3次即可治愈。

②经常出现缺锰症的碱性土壤，可施硫酸锰，每1 000m²施20~30kg，土壤为中性时施10~20kg，土壤pH值在5~6时，如仍出现缺乏症时则施用10kg。

③多施有机肥可提高土壤的缓衡力，不发生缺锰现象。

发病初期

发病后期

大豆缺锰的症状

★世纪农药网，网址链接：https://www.nongyao001.com/insects/show-6670.html

（编撰人：马启彬；审核人：马启彬）

159. 大豆植株缺锌症状及如何防治?

（1）缺锌症状。节间缩短，植株矮小，叶小畸形，叶片脉间失绿或白化。缺锌的临界水平是每千克干叶的含锌量低于15～20mg。双子叶植物缺锌的最典型症状是由于节间缩短造成生长矮化"簇生病"和叶片剧烈地减小"小叶病"。这些症状多半与明显或不明显的失绿症结合在一起。一般锌中毒症状是植株幼嫩部分或顶端失绿，呈淡绿或灰白色，进而在茎叶柄叶的下表面出现红紫色或红褐色斑点，根深长受阻。豆类中的大豆、蚕豆、菜豆对过量锌敏感，大豆首先在叶片中肋出现赤褐色色素，随后叶片向外侧卷缩，严重时枯死。

（2）施肥方法。主要以土壤施锌、种子处理、叶面喷施3种施用方法为主。土壤施锌锌肥既可以作基肥也可以作追肥施用。旱地作物一般每公顷施15～30kg硫酸锌，与150～200kg细土混匀后撒施、条施或穴施，作追肥时在苗期至拔节期（玉米）效果较好。在水稻上，锌肥可作为耙面肥，每公顷15～30kg硫酸锌均匀撒施；也可作育秧的苗床肥，每公顷45kg硫酸锌，于播种前3d撒施在床面；也可以作秧田"送嫁肥"，在拔秧前1～2d每公顷20～30kg硫酸锌施于苗床；还可以作追肥，在水稻移栽后7～20d，每公顷用15～30kg硫酸锌与干细土混匀后撒施。土壤施锌具有明显后效，不需要连年施锌。

发病初期　　　　　　　　　发病后期

大豆缺锌的症状

★世纪农药网，网址链接：http://zd.hi.lc/show/result/10188

（编撰人：马启彬；审核人：马启彬）

160. 大豆植株缺镁症状及如何防治?

镁是大豆叶绿素的组成成分，植株含镁总量的10%存在于叶绿素中。镁也是腺苷三磷酸、磷脂、核酸、核蛋白等含磷化合物的重要参与者。镁还是多种酶的活化剂，对碳代谢、氮代谢过程都有明显影响。缺镁这些过程都不能正常进行。大豆缺镁时，叶片的叶脉间部分变为淡绿色，再变为黄色，并伴有棕色小点。每亩施含镁量丰富的石灰75kg，可同时防止大豆缺钙和缺镁。

大豆缺镁田间症状

★耕种帮种植网，网址链接：http://www.gengzhongbang.com/article-2635

（编撰人：马启彬；审核人：马启彬）

161. 大豆植株缺钙症状及如何防治？

钙是大豆细胞壁的主要构成成分，也是精氨酸激素、琥珀酸脱氢酶、三磷酸腺苷酶等的激活剂，在碳代谢、氮代谢中起调节作用。大豆植株缺钙时会影响细胞分裂，植株生长受抑制，严重时幼嫩器官坏死。大豆开花期缺钙，花荚脱落率明显提高。每亩施含钙量丰富的石灰75kg，可同时防止大豆缺钙和缺镁。

正常　缺钙

大豆对比

★耕种帮种植网，网址链接：http://www.gengzhongbang.com/article-2635

（编撰人：马启彬；审核人：马启彬）

162. 如何防治大豆花叶病毒病?

大豆病毒病是由大豆花叶病毒（Soybean Mosaic Virus，SMV）侵染发病。发生程度与品种的抗病性、种子带毒率高低及传毒媒介蚜虫的数量关系很大。

（1）大豆花叶病毒症状。该病的症状一般表现为种类型即皱缩花叶型、顶枯型、矮化型、黄斑型。其中以皱缩花叶型最为普遍，但以顶枯型为害最重。

①皱缩花叶型。病株矮化，叶形小，叶色黄绿相间呈花叶状而皱缩，严重时病叶成狭窄的柳叶状，叶脉变褐色而弯曲，病叶向下弯曲。

②顶枯型。病株明显矮化，叶片皱缩硬化，脆而易折、顶芽和侧芽变褐，最后枯死，输导组织坏死，很少结荚。

③矮化型。节间缩矮，严重矮化，叶片皱缩变脆，很少结荚，或荚变畸形，根系发育不良。

④黄斑型。叶片产生不规则浅黄色斑块，叶脉变褐，多在结荚期发生，茎叶不皱缩，上部叶片多呈皱缩花叶状。

（2）防治方法。由于大豆病毒病初次侵染主要是带毒种子，田间病害以蚜虫传，所以防治该病应用无病种子、抗病品种和治蚜防病的综合防治措施。

①建立无病留种田，选用无病种子。

②推广和选用抗病品种。应在明确该地区花叶病毒的主要生理小种基础上选育和推广抗病品种。

③及时疏田、间苗、培育壮苗。大豆出苗后，对过稠苗和疙瘩苗应及早间苗、疏苗，减少弱苗和高脚苗，增强抗病能力。

④轮作换茬。在重病田要进行大豆轮作换茬。

⑤防治蚜虫。化学防治蚜虫的方法是用3%呋喃丹或40%乐果乳油1 000倍液叶面喷施，效果良好。

花叶病毒病植株　　　　病株叶片（李凯 智海剑 摄）

★知网，网址链接：http://kns.cnki.net/KCMS/detail/detail.aspx? dbcode=CJFQ&dbname

（编撰人：马启彬；审核人：马启彬）

163. 如何防治大豆锈病?

（1）大豆锈病症状。大豆锈病是由夏孢子侵染大豆而造成为害，大豆锈病菌是气传、专性寄生真菌，该病主要发生在叶片、叶柄和茎，严重者影响到全株，受侵染叶片变黄脱落，形成瘪荚。大豆整个生育期内均能被侵染，开花期到鼓粒期更容易感染。在发病初期，大豆叶片出现灰褐色小点，以后病菌侵入叶组织，形成夏孢子堆，叶片出现褐色小斑，夏孢子堆成熟时，病斑隆起，呈红褐色、紫褐及黑褐色。病斑表皮破裂后由夏孢子堆散发出很多锈色夏孢子。在温、湿度适于发病时，夏孢子可多次再侵染。在发病后期可产生冬孢子堆，内聚生冬孢子，冬孢子堆表皮不破裂，不产生孢子粉。

（2）防治方法。

①大豆抗锈病筛选和抗锈病育种。控制大豆锈病最有效的方法是应用耐、抗病品种，因此，许多大豆锈病重病区的国家开展了大豆抗锈病品种筛选和抗锈病育种研究。

②农业防治。合理密植，增加通风透光，降低田间荫蔽度，降低田间湿度，从而减轻大豆锈病为害。

③化学防治。在大豆锈病发生初期及时选择施用下列药剂：15%粉锈灵150倍液；75%百菌清750倍液；25%邻酰胺250倍液；70%代森锰锌500倍液，隔10d左右喷1次，连续喷2~3次。大豆结荚前后用70%甲基托布津粉剂800倍液喷雾2次。

大豆锈病感病叶片正面　　　　感病叶片背面锈病病菌
夏孢子堆

★单志慧，周新安.大豆锈病研究进展[J].中国油料作物学报，2007（1）：96-100
★知网，网址链接：http://kns.cnki.net/KCMS/detail/detail.aspx? dbcode=CJFQ&dbname

（编撰人：马启彬；审核人：马启彬）

164. 如何防治大豆白粉病?

大豆白粉病是一种区域性和季节性较强的病害，其易于在凉爽、湿度大、旱晚温差较大的环境中出现。此病普遍发生于美国东部和中西部、巴西的主要大豆生产区以及东亚等地区，能导致大豆减产。国内分布于河北、四川、吉林、广东、广西、贵州等地。

（1）大豆白粉病症状。此病主要为害叶片，叶上斑点圆形，具黑暗绿晕圈。逐渐长满白色粉状物，后期白色粉状物上长出黑褐色球状颗粒物。大豆白粉病主要为害叶片，不为害豆荚，叶柄及茎秆极少发病，发病先从下部叶片开始，后向中上部蔓延。感病叶片正面，初期产生白色圆形小粉斑，扩大后呈边缘不明显的片状白粉斑，严重发病叶片表面好似撒一层白粉病菌的菌丝体及分生孢子，后期病斑上白粉逐渐由白色转为灰色，最后病叶变黄脱落，严重影响植株生长发育。

外部形态观察：观察发病大豆叶片的症状，其中包括病斑的颜色、大小、形状等。

（2）防治方法。①选用抗病品种。②合理施肥浇水，加强田间管理，培育壮苗。③增施磷钾肥，控制氮肥。④化学防治方法。当病叶率达到10%时，每亩可用20%的粉锈宁乳剂50mL，或15%的粉锈宁可湿性粉剂75g，对水60～80kg进行喷雾防治；发病初期及时喷洒70%甲基硫菌灵（甲基托布津）可湿性粉500倍液防治。

大豆白粉病盆栽感病植株　　　　大豆白粉病田间感病植株
（李穆 摄）　　　　　　　　　（李穆 摄）

（编撰人：马启彬；审核人：马启彬）

165. 如何防治大豆疫霉根腐病？

大豆疫霉根腐病是由大豆疫霉菌（*Phytophthora sojae*）侵染引起的一种严重为害大豆生产的毁灭性病害之一。病害的流行严重影响大豆幼苗的生长，根据报道严重时可造成大豆减产10%～20%。

（1）大豆根霉病症状。出苗前引起种子腐烂，出苗后由于根或茎基部腐烂而萎蔫或立枯，根变褐，软化，直达子叶节。真叶期发病，茎上可出现水渍斑，叶黄化、萎蔫、死苗。侧根几乎全腐烂，主根变为深褐色（咖啡色）。这种深褐色沿主茎可向上延伸几厘米，有时甚至达第十节。成株发病，枯死较慢，下部叶片脉间变黄，上部叶片褪绿，植株逐渐萎蔫，叶片凋萎而仍悬挂植株上。后期病茎的皮层及维管束组织均变褐。耐病品种被侵染后仅根部受害，病苗生长受阻。抗病品种上茎部出现长而下陷的褐色条斑，植株一般不枯死。

（2）防治方法。大豆疫霉根腐病的防治策略是利用抗病和耐病品种，加强耕作栽培措施，做好种子及土壤药剂处理的综合防治措施。

①农业防治。早播、少耕、免耕、窄行、除草剂使用增加、连作和一切降低土壤排水性、通透性的措施都将加重大豆疫霉根腐病的发生和为害。合理轮作，尽量避免重迎茬。做到适期播种，保证播种质量，合理密植，及时中耕，增加植株通风透光是防治病害发生的关键措施。雨后及时排除田间积水、降低土壤湿度，减轻为害。

②应用抗病品种。选用具抵抗力的抗病品种。

③药剂防治。播种前分别用种子重量0.2%的50%多菌灵、50%甲基托布津、50%施保功进行拌种处理。瑞毒霉进行种子处理可控制早期发病，但对后期无效。利用瑞毒霉进行土壤处理防治效果好，有沟施、带施或撒施。

④加强检疫。因病菌可随种子远距离传播，各地要做好种子调运的检疫工作。

疫霉根腐病
（江炳志 摄）

疫霉根腐病死亡单株
（江炳志 摄）

（编撰人：马启彬；审核人：马启彬）

166. 怎样判定一种花卉是兰花？

兰花是人们对兰科植物的日常称呼，多年生草本植物，附生、地生或腐生，是中国和世界的著名花卉，高雅、美丽又带有神秘色彩，其主要识别特征如下。

（1）根。大多数兰花的根是肉质根，灰白色，肥大粗壮，常呈线形，分枝或不分枝。根组织内和根际周边常有真菌，称为兰菌，与根共生，提供兰花需要的养分。

（2）茎。有复茎类（每年侧面产生新芽）和单茎类（新叶从伸长的茎的顶端长出）两种类型。按生长方式可分地下茎和地上茎两种类型。地下茎主要有根状茎和球茎两种类型，地上茎主要有假鳞茎和直立茎两种类型。球茎、假鳞茎可以储存养分和水分。

（3）叶。国兰的叶片多为线形、带形或剑形。洋兰叶多肥厚、革质，为带状或长椭圆形。兰花的叶片也是很重要的观赏部位。

（4）花。兰花的花左右对称，由7个主要部分构成，其中有萼片3枚，包括1个中萼片，2个侧萼片，萼片形似花瓣；有花瓣3枚，包括2个花瓣，1个唇瓣，多数唇瓣特化，是花中最华丽的部分；有蕊柱1枚，蕊柱上有雌雄两部分性器官，是合生一体的繁殖器官，称合蕊柱。

（5）果实和种子。兰花的果实为蒴果，每个蒴果里有万粒种子，细如尘粒。由于兰花种子的胚发育不完全、没有胚乳，在自然条件下难以萌发。但兰菌能提供养分给兰花种子的胚，可以促进胚成熟，让其发芽生长，有利于种子萌芽。

兰花特化的唇瓣

★卢思聪.世界栽培兰花百科图鉴[M].北京：中国农业大学出版社，2014

（编撰人：陈田娟；审核人：郭和蓉）

167.兰花主要分布在哪些地区？

兰科植物分布十分广泛，地球上除了北极以外所有的大洲，都有兰科植物的分布。这也意味着兰花可以适应各种各样的生境，沙漠、沼泽、高山、平原等都有分布，但85%集中分布在热带和亚热带地区。

（1）热带和亚热带亚洲地区。此地区主要分布有虎头兰、兜兰、蝴蝶兰、万代和石斛兰5个属的兰花。

（2）热带美洲地区。主要分布有卡特兰属，原产地在北纬18°，南纬30°，东经40°～105°地区。

（3）热带非洲地区。主要分布有空船兰属、风兰属、豹斑兰属、拟蕙兰属，均产于海岸地带和森林地区。

在我国的热带和南亚热带地区，包括台湾大部、福建南部、广东南部、海南、广西南部、云南东南部与西南部、西藏东南部，这些地区气候温暖，雨量充沛，没有冬季或冬季很短，兰花种类十分丰富。其中，园艺价值高的属有石斛属、兰属、构兰属、兜兰属、和独蒜兰属等。种类多的属包括石豆兰属、石斛属、羊耳蒜属、玉凤花属和虾脊兰属等。

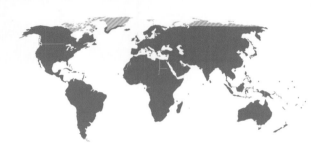

兰科植物的分布范围（墨绿色）

★维基百科，网址链接：http://wikipedia.moesalih.com/Orchidaceae

（编撰人：陈田娟；审核人：郭和蓉）

168. 兰花是如何分类的？

兰花有多种分类方式，主要按照民间习惯、用途和生态类型三种方式进行分类。

在我国，人们习惯上把兰花分为国兰和洋兰。国兰即中国兰花，是指兰属植物中原产于我国的一部分地生种，主要包括春兰、寒兰、墨兰、建兰、蕙兰、春剑、莲瓣兰七大品类。洋兰又称为热带兰，是相对中国兰而言的，它兴起于西方，受西洋人的喜爱，现已在世界各地栽培，成为兰花业的主要部分。是常见的洋兰有卡特兰属、蝴蝶兰属、兜兰属、石斛兰属、万代兰属等。

按照兰花的用途，可以将兰花分为观赏兰花和药用兰花两大类。观赏兰花是指具有观赏价值的兰花，包括国兰和洋兰。药用兰花则指主要用作药材、从中可以提取有效成分用于医疗的兰花，最常见的有铁皮石斛、霍山石斛、天麻、金线兰、白及等。

按照兰花的生态类型，可将兰花分为地生兰、附生兰以及腐生兰三大类。地生兰是指根系生长在富有有机质的土壤中的一类兰花，常见的如兜兰、白及、杓兰以及国兰类等。附生兰是指根系依附于岩石或树干之上、裸露而生的兰花种类，如蝴蝶兰、大花蕙兰、石斛兰、卡特兰、文心兰、万代兰等。腐生兰是指从其他生物体，如尸体、动植物组织或是枯萎的植物身上获得养分的兰花种类，如天麻、大根兰、虎舌兰等。

梳帽卷瓣兰　　　　　　见血青　　　　　　　　虎舌兰
（附生兰）　　　　　　（地生兰）　　　　　　（腐生兰）

（编撰人：陈田娟；审核人：郭和蓉）

169. 国兰有哪些特点？

春兰又名草兰、山兰、朵朵香和一茎一花，其假鳞茎卵球形，较小，包藏于叶基与鞘之内。花期在1—3月。

寒兰株体较高，假球茎大、长卵形，光滑、根粗。总状花序，萼片狭披针形，花瓣短于萼片，呈尖椭圆形，唇瓣发达，色彩艳丽。花期在7—9月。

墨兰又名报岁兰、丰岁兰，其叶片硕大而亮丽，花色多呈淡紫褐色，缀有深紫褐色条纹。多年生草本。花茎直立，高出叶面。花期在10月至翌年3月。

建兰又名秋兰、秋蕙和四季兰，其叶姿大多为直立性或斜立性，个别品种呈微垂半弓形，形成剑状，花期在7—8月，花梗和花瓣大多为淡黄色，唇瓣上有暗紫红点块，花清香。

蕙兰又名九节兰、九子兰和一茎九花，边缘有较粗的锯齿。花茎直立，花浅黄绿色，有香味，香味稍逊于春兰。花期在3—5月。

春剑叶姿挺拔苍健，秀气非凡，颇具风韵。花色有红、黄、白、绿、紫、黑及复色，艳丽耀目，容貌窈窕，风韵高雅，香浓味纯。花期在2—3月。

莲瓣兰叶子细窄，假球茎小，根却很粗壮。萼片披针形，花瓣呈长卵形。花期在1—3月，花朵绽开，清香四溢。

墨兰　　　　　　　　建兰　　　　　　　　莲瓣兰

★路鹏.兰花大观[M].北京：中国林业出版社，2015

（编撰人：陈田娟；审核人：郭和蓉）

170. 洋兰有哪些特点？

洋兰通常花大色艳、开花持久、花型奇特，并且种类繁多，千姿百态，充满了异国情调和神秘色彩，具有与其他花卉不同的特征，是观赏和装饰效果一流的花卉，常见的种类及特点如下。

（1）蝴蝶兰属。茎短，叶大，花茎一至数枚，拱形，花大，因花形似蝶得名。其花姿优美，颜色华丽，为热带兰中的珍品，有"兰中皇后"之美誉。

（2）卡特兰属。假鳞茎呈棍棒状或圆柱状，顶部生有叶1～3枚，叶厚而硬，花单朵或数朵，着生于假鳞茎顶端，花大而美丽，一年四季都有不同品种开花，在国际上有"洋兰之王"的美称。

（3）石斛兰属。兰科中最大的一个属，按花期分为春石斛系和秋石斛系，春石斛为节生花类，花芽着生于叶腋处，常做盆花栽培。秋石斛为顶生花类，主要用作切花。石斛兰被誉为"父亲之花"。

（4）文心兰属。花序分枝良好，花形优美，花色亮丽，近看形态像中国"吉"字，所以又名吉祥兰。同时盛开的小花宛如一群穿着衣裙翩翩起舞的女郎，是世界重要的盆花和切花种类之一。

（5）兜兰属。因其花朵上唇瓣变异成兜状，就像拖鞋一样，故又称为拖鞋兰。四季都有开花的种类，花色艳丽，花形奇特，单花开放时间长，是发展小盆栽产业的新兴品种。

（6）大花蕙兰。对兰属中通过人工杂交培育出的、色泽艳丽、花朵硕大的品种的一个统称。

蝴蝶兰　　　　　　　　　卡特兰

洋兰

★卢思聪. 世界栽培兰花百科图鉴[M]. 北京：中国农业大学出版社，2014

（编撰人：陈田娟；审核人：郭和蓉）

171. 国兰和洋兰有什么区别?

　　在形态上，由于国兰是亲缘关系相近的几种兰属地生兰，它们之间的差异比较小，都是常绿的带形、剑形或线形叶片，直立的花莛上着花1朵或数朵，花径多在4～6cm，花色比较淡素，鲜有红、橙等深色，通常有幽远的香味。而洋兰指的是兰科中的数百个属，不同种类在形态上差异是相当大的，叶有各种形状且质地不一，有的茎肥厚，如石豆兰、石斛兰。花器的形状色彩更是变化万千，花径大的有10cm以上，比如卡特兰，小的仅1mm多，如鸢尾兰。一些品种唇瓣囊化，更增加观赏趣味，如兜兰和杓兰。

　　在欣赏方面，也存在着很大差异。中国人受儒学的影响，对国兰的欣赏超越了国兰本身的形态美，更多的是追求兰花人格化的美，如兰花因香远益清、超群脱俗、被誉为"国香"，为高洁、忠贞之象征。叶参差不齐、疏密有致、刚中有柔，有"看叶胜观花"之感。而对洋兰的欣赏就比较直接，主要是追求直接的视觉效果。洋兰花形的奇特多姿、花朵的硕大、花瓣的质地、排列整齐、花色丰富都是吸引人们观赏的重点。

石斛兰　　　　　　　　　墨兰

洋兰和国兰

★路鹏. 兰花大观[M]. 北京：中国林业出版社，2015

（编撰人：陈田娟；审核人：郭和蓉）

172. 什么是杂交兰？主要栽培品种有哪些？

杂交兰（Hybrid Cymbidium）指具有国兰和大花蕙兰遗传物质的兰花新品种，一般由国兰和大花蕙兰或者具有大花蕙兰遗传物质的国兰品种之间杂交培育而成。主要的杂交兰品种如下。

（1）台北小姐。适宜热带，亚热带气候，中国台湾人工杂交兰，花大且多，花具淡粉红色条纹，唇斑红褐色斑纹，具淡淡的清香。花枝高70cm以上，每枝着生花朵数达10朵以上。

（2）黄金小神童。大花蕙兰与四季兰素心的杂交种，该品种集合了亲本大花蕙兰和建兰的优点，花型较一般的国兰品种要大，花色金光灿灿，鲜艳夺目，由于整个花朵毫无杂色，因而又被称为"黄花素"。

（3）红美人。株高约40cm，着花10余朵，花橘红色，唇瓣中间为黄色，有淡香。

（4）丹霞。花序高约60cm，着花10余朵，花玫红色，具有花朵大、花瓣宽、颜色艳红、气味香、花葶高等优点。

（5）夏日香水。株型美观、叶色深绿、叶质较厚；花期夏秋，开花性一般，单秆着花数9～13朵，花朵较大、花特香；成品株高约50cm。

（6）樱花。株高约60cm，花序高30cm，有花约10余朵，花紫红色，排列整齐、花大、花有清香。

（7）玉女兰。株型优美，花出架，平均着花10朵，花黄绿色，花径6.3cm，有香气。春节前后，花期1～2个月。

台北小姐　　　　　玉女兰

杂交兰

★木公. 杂交兰介绍[J]. 花卉，2014（12）：24-25

（编撰人：陈田娟；审核人：郭和蓉）

173. 国兰有多少种瓣型?

国兰瓣型理论内容非常丰富,不仅涉及国兰鉴别标准和方法,而且还包含了国兰欣赏的理论依据和态度。瓣型理论将花型分为"正格花""变格花"和"正格变异花"3类,"变格花"和"正格变异花"统称为奇花或奇瓣花。

传统上主要根据春兰和蕙兰的外三瓣和捧瓣形态,将其分为梅瓣、荷瓣、水仙瓣、素心瓣、奇瓣类等。

(1)梅瓣。指兰花花型外三瓣短圆、质厚,形似梅花的花瓣,捧瓣起兜,有白头,唇瓣舒展、坚挺而不后卷。国兰梅瓣代表品种很多,如宋梅、程梅。

(2)荷瓣。指兰花花型外三瓣肥厚、宽阔,形似荷花的花瓣,长宽之比小于3,以达到2:1为佳,有时接近1.618,收根放角明显,捧瓣不起兜,形似微开蚌壳,唇瓣比其他瓣型阔大。如郑同荷、美芬荷、享荷、中华荷鼎。

(3)水仙瓣。指兰花花型外三瓣比梅瓣狭长,且瓣端稍尖,收根放角比较明显,形似水仙花的花瓣,捧瓣有兜或轻兜,唇瓣下垂或后卷。如汪字、翠一品、宜春仙、杨春仙等。

(4)奇瓣类。指凡外三瓣、捧瓣的下半幅部位演变成唇瓣形或花形成多瓣或缺少或多唇瓣等均称为奇瓣。

梅瓣　　　　　　　　荷瓣　　　　　　　　奇瓣

兰花瓣型

★史宗义.国兰瓣形鉴赏标准[J].花卉,2015(7):32-34

(编撰人:陈田娟;审核人:郭和蓉)

174. 兰花的繁殖方式有哪些?

兰花种子发育不完全,没有胚乳,在自然条件下几乎不能实现种子繁殖,为了保护和培育兰花品种,在兰花的繁殖技术上,前人作出了大量的努力,总结起来主要可分为4个方面。

（1）分株繁殖。分株繁殖法在兰花的栽培中应用较多，为传统繁殖方法，一般在植物生长周期的开始阶段进行，将一株兰花一分为二。它的优点在于不需要特别的训练和仪器设备，可操作性强，易上手，且能确保品种的固有特性，不会引起变异。但繁殖周期长，繁殖系数较低。

（2）假鳞茎培养。假鳞茎培养法分为直接繁殖和扦插繁殖，直接繁殖法是将假鳞茎用清水洗净后直接栽植于小花盆中，每个老鳞茎能长出 1～2 枚新叶，而后在新芽基部生根成为新的植株；扦插繁殖法则是将假鳞茎剪成小段，扦插在用泥炭和苔藓做成的小插床上，待其长成新植株；假鳞茎培养法优缺点同分株繁殖。

（3）种子繁殖。兰科植物种子发育不全，在自然条件下萌发率极低，繁殖困难，因此一般采收果荚后通过无菌播种方式来提高种子的萌发率。将蒴果流水冲洗后去掉两端置于超净工作台内，然后用酒精和升汞对果荚表面消毒灭菌，无菌水冲洗干净再用滤纸吸干水分。用刀片剖开蒴果，将种子取出后视情况进行不同的处理，最后将种子均匀撒在培养基表面进行萌发。

（4）组织培养。组织培养技术是通过无性繁殖快速获得新植株的主要途径，也是目前兰花生产最常用的途径。此方法优点是繁殖系数高，周期短，能在短时间内获得大量植株。但此方法对设备要求较高，同时对工作人员的技术有一定要求。

组培苗

准备分株的老苗

（编撰人：吴忱；审核人：郭和蓉）

175. 兰花无菌播种的过程是怎样的？

国兰种子在自然条件下发芽率很低，通过无菌播种人工培养，能够在短期内获得大量幼小植株，是现阶段经济有效的快速繁殖方法，也是工厂化育苗的重要途径。兰花无菌播种的过程如下。

（1）果荚的预处理与播种。自来水冲洗无破裂的蒴果3min，刷洗表皮，用刀削除柱头、残留的枯瓣及表皮病虫斑，再用75%酒精擦拭；放入1%次氯酸钠溶液浸泡15min，移入到超净工作台上，用消毒过的镊子取出蒴果，用无菌水清洗2次，冲洗干净后用滤纸吸干水分；夹出蒴果沾上75%酒精后在点燃的酒精灯上消毒10s。用手指捏住果柄，使蒴果朝风口而手在后，另一手持消毒过的刀将果荚平切打开果皮，露出种子，用镊子直接夹取种子均匀撒播于培养基表面；或在无菌蒸馏水中摇匀，吸取摇匀悬浮液均匀分布滴到培养基上。

（2）种子萌发。以1/2 MS为基本培养基，添加不同浓度的6-BA、NAA和活性炭。

（3）根状茎的增殖与分化。选择生长状态相近的种子萌发形成的根状茎，在无菌条件下分切成长约1cm的切段，接种于MS培养基，添加适量6-BA+NAA+蔗糖+卡拉胶+活性炭。

（4）壮苗生根。选取长势较一致且健壮的长约3.0cm、具2～3片叶的小苗，接种于MS培养基，并添加适量的6-BA、NAA、卡拉胶、蔗糖和活性炭。

（5）试管苗移栽。将生根好的瓶苗移至温室内，打开瓶口进行炼苗，3～7d后将苗取出，并用清水洗净根部的培养基，然后植于通气保水性良好的基质上，保持一定的光照和湿度。移栽完后喷施0.1%的百菌清以防病虫害的侵害。

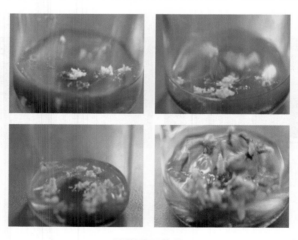

兰花种子萌发

★蓝炎阳，钟淮钦，陈南川，等.大花蕙兰与墨兰种间杂交种子无菌播种繁殖技术研究[J].中国农学通报，2017，33（2）：61-66

（编撰人：李晓红；审核人：郭和蓉）

176. 兰花组培快繁时如何选取外植体？

兰花组培快繁是依据细胞全能性的原理，选取兰花生长旺盛的部位进行培养从而达到快速繁殖的一种方法。兰花组织培养根据所选外植体的不同可分为茎尖和侧芽培养、叶片培养、根尖培养、花器官培养等。

（1）茎尖和侧芽。茎尖和侧芽是兰花组织培养研究中应用最广的外植体。茎尖和侧芽顶端部分分生区的细胞具有分裂能力强，易诱导，遗传稳定等特性。茎尖较适于复茎性兰花的快速繁殖，而对蝴蝶兰等一些单茎性兰花，用茎尖作外植体有可能会丧失母株。因此，除茎尖和侧芽外，种子、茎段、花枝茎节、花梗、叶片、根尖等外植体也是兰花组织培养中建立无菌系的重要来源。

（2）叶片。叶片作为外植体不但可以减少对母株的伤害，而且取材又不受季节的限制，且数量多，是比较理想的外植体材料来源。

（3）花梗和花梗芽。利用花梗或花梗芽进行快繁也是不必牺牲母株的一种方法。幼嫩花梗能够更有效的诱导得到再生植株。

（4）根。以根作外植体进行组织培养也在不同兰花中获得成功，但形成植株的能力较低。

（5）地下茎段。利用根状茎进行离体诱导得到小植株，具有简易可行的优点。根状茎可以通过种子诱导直接得到，也可以由假鳞茎上的侧芽诱导得到。

根状茎培养　　　　　　　　茎尖培养

★曹征宇，殷丽青，沈伟良.组织培养技术在兰花繁育中的应用[J].上海农业科技，2012（5）：95-96

（编撰人：李晓红；审核人：郭和蓉）

177. 组织培养中的污染种类有哪些？如何防治？

污染是指在植物组织培养过程中，培养基和培养材料滋生杂菌，最终导致培养失败的现象，在植物组织培养过程中，存在两种污染，一种是通常所说的污染，包括细菌性污染和真菌性污染；另一种是内源性污染。防治对策如下。

（1）细菌性污染。主要是由于外植体消毒不彻底和操作人员的操作不慎造成，除要求操作人员严格按照无菌操作顺序操作外，对外植体带菌引起的污染，还应结合预防内源性污染的对策。

（2）真菌性污染。一般多由接种室内的空气不清洁、超净工作台的过滤装置失效和操作不慎等原因引起。此类污染可通过按照严格的空间消毒措施改善培养环境等来克服。

（3）内源性污染。

①改进外植体消毒方法。结合不同的消毒剂和消毒时间，按照严格的消毒方法对外植体彻底消毒。

②选取合适的外植体。将离体枝梢在洁净空气条件下抽芽，然后从新生组织中取材接种。

③反复检查培养物。有的污染很长时间后才会表现，有的污染不经细致检查不易发现，所以在初代培养成功后要反复检查。

④使用抗生素。抗生素能抑制污染菌的生长，在使用初期效果较好，但抗生素不能完全杀死污染菌。

内源性污染　　　　　　　细菌性污染　　　　　　　真菌性污染

★尚宏芹.植物组织培养中的三大难题概述[J].生物学教学，2010，35（6）：64-66

（编撰人：李晓红；审核人：郭和蓉）

178. 组织培养中的褐化现象是怎样的？如何防治？

褐化是指外植体在诱导脱分化或再分化过程中，自身的创口面发生褐变，同时向培养基中释放褐色物质，使培养基颜色转褐，并导致外植体变褐死亡的现象，控制褐变的途径如下。

（1）选择适当的外植体。避免在野外直接取样，由于材料基因型限制，应选取褐变较轻的品种。尽量在休眠期或春季取样，避免高温季节取样，同时在接种时选择机械损伤小的材料。

（2）对外植体进行预处理。材料的预处理包括消毒、冲洗、热烫、抗褐防褐剂的浸泡等。在材料处理前或消毒后反复用水冲洗，可洗掉体外的部分酚类物质，减轻外植体的褐化。材料在接种到培养基之前，先用抗褐防褐剂浸泡，也可获得较好的防褐效果。

（3）合适的培养基和培养条件。不同兰花种类所适宜的培养基有差异，如春兰以无机盐浓度较低的为宜，而蕙兰、寒兰应采用无机盐浓度较高的培养基。采用液体培养时，通过伤口溢出的醌类等毒害物质可快速的扩散，减轻对材料的伤害，减轻褐变。植物生长调节剂的种类也会影响褐变，一般情况下生长素类如NAA可减轻褐变。培养初期适当的暗培养可减轻褐化，但暗培养处理时间过长，反而会加重褐化。在培养基中加入抗褐防褐剂如柠檬酸、抗坏血酸、聚乙烯吡咯烷酮和活性炭，其中聚乙烯吡咯烷酮的吸附性具有专一性，在不同植物体内的防褐效果差异较大。

（4）其他措施。频繁将外植体转入新鲜培养基中可减轻褐变，提高外植体的分化率和组织培养成活率。在转接过程中及时切除褐变部分也可减轻褐变对外植体造成的伤害。

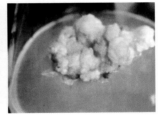

组培时材料的褐化现象

★李菲菲，易春，李青峰，等.兰花组织培养的褐化现象及控制研究进展[J].南方园艺，2014，25（4）：50-53

（编撰人：李晓红；审核人：郭和蓉）

179. 组培苗的玻璃化现象是怎样的？如何防治？

在植物组织培养中，常可以观察到一些半透明状的畸形试管植物，这类植物体被称为玻璃苗。这种现象称为玻璃化现象，又称过度水化现象，防止玻璃苗发生的途径如下。

（1）光照培养，适当提高光照强度，因强光有助于克服玻璃化。

（2）增加培养容器的通气度，降低瓶内湿度，可采用透气性好的棉塞、牛皮纸。

（3）适当低温处理，对于已经玻璃化的苗可采用昼夜变温交替处理。

（4）热激处理。研究发现40℃热激处理瑞香愈伤组织培养物，可完全消除再生苗的玻璃化。

（5）适当降低培养基中NH_4^+浓度，或及时转移，以免氨的积累，适当增加Ca^{2+}的浓度。

（6）适当增加蔗糖浓度，有试验表明蔗糖浓度为35g/L时，菊花玻璃化率明显下降。

（7）适当降低培养基中细胞分裂素和赤霉素的浓度，许多研究发现继代培养中所累积的高浓度的细胞分裂素是导致试管苗玻璃化的主要因素。

（8）活性炭对克服组培苗玻璃化有明显的效果，活性炭浓度在0.5～1.0g/L时对组培苗的生长和克服玻璃化现象有良好的作用。

 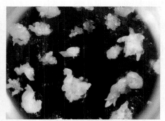

玻璃化的组培苗　　　　　　玻璃化的中间繁殖体

★组培网，网址链接: http://www.zupei.com/News_ny19244.html

（编撰人：李晓红；审核人：郭和蓉）

180. 兰花分株繁殖在什么季节进行?

兰花分株繁殖，是最为传统的繁殖方法，分株繁殖的时间应在休眠期前后。

我国古代，人们认为春分墨建，秋分春蕙。然而，在一般正常情况下，只要不是在兰花的旺盛生长季节，均可以进行分株，但比较适宜的时节还是在兰花的休眠期。同时，为了保证成活率，一般选择在气温12～30℃进行。如果在兰花春季新芽萌发后分株，操作会很不方便，稍不留心即会碰断、碰伤新芽；而秋分时节，即休眠期的早期分株，能使兰花较好地生长。在我国传统的二十四节气中，秋分的前十天和后十天是春兰、蕙兰的最佳分盆时间，而墨兰、建兰、寒兰在春分前后分株比较适宜。

然而，单纯从季节考虑兰花分株也是不合理的，要结合兰花生长实际情况。兰花分株的繁殖的原则是：不成熟的兰花不分株，弱的兰花不翻盆。

当兰花生长至秋后，叶脚下出现"手指环"时，有的人称为成熟兰花。"手指环"的出现，无疑是成熟兰花了，但未必是最佳的分株特定标志，应再让其生长约一个月，使其更为成熟，兰根更旺，这时分株也不迟。

消毒

换盆

★殷华林.兰花栽培小百科[M].安徽科学技术出版社，2014

（编撰人：陈田娟；审核人：郭和蓉）

181. 扦插繁殖适用于哪些类型的兰花？其过程是怎样的？

扦插繁殖一般用于大多数合轴型或单轴型的洋兰的繁殖，如石斛属、树兰属、万代兰属等洋兰通常用肉质茎或老茎段扦插。此外，一些洋兰的花序梗也可以用来扦插繁殖，如鹤顶兰属这类洋兰。以石斛类和鹤顶兰类的洋兰为例，扦插繁殖的过程如下。

（1）石斛类。在春季或夏季进行，以5—6月为好。插床基质可用腐殖质土、蛭石、树皮、水苔，选取2~3年生的健壮植株，取其饱满圆润、营养积累充足的茎段，每段保留3~5个节，长10~15cm。扦插时将石斛分成单株，每株1茎，按行株距10cm左右扦插于基质中，深度以茎不倒为度。插后要经常浇水，保持湿润，1~2个月后，在节的部位有新芽长出。3~4个月后，新芽下部形成根系后移栽上盆。

（2）鹤顶兰类。将花朵凋谢后剪除的花序梗整条横埋入沙床或水苔中，一段时间后，其开花的节间会长出带根的小苗，待其长至3~4片叶时可从茎节剥离上盆种植。

扦插的石斛　　　　　　　　鹤顶兰的花序梗

兰花扦插繁殖

★路鹏.兰花大观[M].北京：中国林业出版社，2015

（编撰人：陈田娟；审核人：郭和蓉）

182. 高芽繁殖适用于哪些类型的兰花？其过程是怎样的？

在兰科植物中，有些种类会在假鳞茎或花序梗的节上长出新芽，并在芽的基部长出新根，形成一株小植物，如石斛属、万代兰属的兰花；也有一些兰花可以在其花序梗上长芽并生根，成为新生植株，如某些品种的蝴蝶兰，这些长出的芽可以很方便地用于繁殖。

（1）石斛类。将石斛置于沙床上、树皮、水苔等基质上，室温、60%～90%空气湿度，经各种激素处理后培养120d。金钗石斛的隐腋芽可以萌发形成高位芽，并生长成根、茎、叶齐全的植株。一般3年生茎株发芽效果最好，然后依次为4年生、2年生、5年生和6年生。

（2）万带兰类。每年秋末采用腋间高芽来繁殖。当叶腋处生出高芽长至5～7cm时，用利刀从母株上切取下来，长根的可以直接栽植在基质中，不长根的可用浸泡过的水苔包扎后再栽入盆中，喷雾管护，等长根后再另外移栽。

石斛高芽　　　　　　　　　蝴蝶兰高芽

★乙引，陈玲，张习敏.金钗石斛研究[M].北京：电子工业出版社，2009

（3）蝴蝶兰。待花序梗上的高芽长出若干根系时，便可将之剪下移植。将高芽种植在适合的基质里，并且用铁丝固定。不久，高芽便能长成开花的蝴蝶兰。

（编撰人：陈田娟；审核人：郭和蓉）

183. 国兰生长对环境条件和土壤条件有什么要求?

国兰也称为中国兰花，是指原产于我国兰属的一些地生种类，原生于亚热带和温带的山林中。国兰的生长发育既决定于母株的遗传因子也受环境条件的影响，国兰生长对环境条件的要求如下。

（1）温度。在一定范围内，高温促进营养生长，低温有利于生殖生长，国兰营养生长比较适宜的气温是20~30℃，生殖生长比较适宜的气温是5~15℃，并且昼夜温差有利于兰花积累养分，理想的昼夜温差是12℃。

（2）光照。国兰喜阴畏阳，早晨可让阳光直射，但过后应用50%~90%的遮光网遮挡阳光。比较适合的光照强度为5 000~10 000lx。

（3）湿度。国兰栽培中，以保持基质湿度在盆间持水量的60%~70%为宜。控制水分是养好兰花的最根本条件。除发根、发芽期、快速生长期需要较多的水分外，其他时间消耗水分较少。另外，80%左右的空气湿度比较适宜国兰生长。

（4）土壤。兰花的根系大部分为肉质根，整体要求基质疏松透气、富有养分，浇水后能迅速排出，达到润而不湿的状态。国兰栽培基质，传统以含有大量腐殖质、疏松透气、排水良好、养分适宜、中性或微酸性、无病菌、无害虫或虫卵的土壤最为理想。而现在多采用诸如水苔、树皮、陶粒、砾石等非土质栽培基质，按照一定比例配制后使用，这些基质具有通气、排水性良好、不会板结的优点。

国兰栽培环境

基质

★路鹏. 兰花大观[M]. 北京: 中国林业出版社，2015

（编撰人：陈田娟；审核人：郭和蓉）

184. 洋兰生长对环境条件和土壤条件有什么要求?

洋兰指的传统国兰之外的兰科植物,有数百个属,种类繁多,其对环境条件要求大致如下。

(1)温度。原产于热带或亚热带低地的蝴蝶兰、蜘蛛兰等夏季日间温度为30~35℃,冬季日间温度平均21~24℃,夜间温度平均18~21℃;原产于亚热带或热带高山区的卡特兰、文心兰、石斛兰等夏季日间温度为26~29℃,夜间温度为21~24℃;冬季日间平均温度为20℃,夜间平均温度为15~18℃。分布于亚热带高山区或温带降雪区的杓兰、三尖兰、独蒜兰等夏季日间温为20~25℃,夜间温度保持在18~20℃;冬季日间温度为15~18℃。

(2)湿度。洋兰的生长环境空间湿度应保持90%以下。大部分洋兰一般掌握在70%~90%为好,而卡特兰、文心兰和兜兰所需的空间湿度稍低些,45%~65%即可。

(3)光照。洋兰虽然大多数种类原产热带,但不少种类仍是畏惧夏季直射阳光,而喜欢散射光照条件。

(4)基质。洋兰大部分为附生兰,在原生境根系多裸露在空气中,对基质透气性要求比国兰要更高,在生产上,一般采用树蕨根、水苔、松树皮、陶粒、椰壳等作为栽培基质。对于地生的种类常用腐殖土、泥炭、山泥等作为栽培基质。

兜兰　　　　　　　　　　　石斛兰

★黄泽华.兰花彩谱[M].汕头:汕头大学出版社,2005

(编撰人:陈田娟;审核人:郭和蓉)

185. 兰花栽培基质有哪些?

兰花的根系大部分为肉质,整体上要求基质疏松透气、富有养分,浇水后能迅速排出,达到润而不湿的状态。通常,在明确兰花生理特点的基础上,选择资源丰富,取材容易,价格低廉的几种基质按一定比例配制后使用。常见的兰花栽培基质如下。

（1）水苔。通气性和保水性良好，品质好的水苔干净、杂质少、不带病菌和虫卵，但注意现泡现用，不能使用有机肥，日常管理要以偏干为主。

（2）松树皮。重量轻、有机质含量高、保水性好、透气性强，非常适宜兰花生长。新鲜的松树皮不能用于栽培兰花，必须充分堆制发酵后才能使用。

（3）椰壳。分为椰糠和椰壳两大类。具保温、保湿、疏松透气、耐腐烂、使用寿命长等特性，但几乎不含养分，且毛细作用差，容易造成表层干燥下层湿润现象。

（4）植金土。质地轻、排水透气性极佳，清洁，不含养分，栽培兰花不易发生病害，是主要的国兰颗粒植料之一。

（5）仙土。纯天然的富含腐殖质的优质颗粒植料，保水透气性良好，结构稳定，使用前必须用清水浸泡一周以上。

（6）砾石。来源广、价格低廉，但容重比较大，不便搬运、清洗消毒，不含任何养分。

（7）珍珠岩、浮石。保水透气性良好，容重小，对植物根系固定作用差，一般配合其他植料使用。

此外，常见的兰花栽培基质还有塘基兰石、花生壳、蛇木、草炭、腐叶土等。

水苔　　　　　　　松树皮、泥炭、砾石混合植料

兰花栽培基质

★毕晓颖，雷家军.花卉栽培技术[M].北京：东北大学出版社，2010

（编撰人：陈田娟；审核人：郭和蓉）

186. 兰花栽培基质如何进行消毒灭菌？

为了防止基质中存在的病毒、真菌、细菌、线虫等为害兰花，通常对兰花基质进行消毒处理。基质消毒方法很多，可根据设备条件和需要来选择，通常使用的方法如下。

（1）物理消毒。常采用蒸汽消毒，即将100～120℃的蒸汽通入基质，消毒40～60min，或以混有空气的水蒸气在70℃时通入基质，处理1h，均可消灭基质中的病菌。对基质消毒要求不严格时，可采用日光暴晒消毒方法，尤其是夏季，将基质翻晒，可有效杀死大部分病原菌、虫卵等。

（2）化学药剂消毒。

①福尔马林消毒。用40％的福尔马林500mL/L均匀浇灌，并用薄膜盖严密闭1～2d，揭开后翻晾7～10d，使福尔马林挥发完后使用。②高锰酸钾消毒。用1 000mg/kg浓度的高锰酸钾溶液，将栽培基质用的砾石、树皮等浸泡30min，再用水冲洗3次后使用。③多菌灵消毒。每立方米的基质加入75％的多菌灵粉剂50～80g，掺均匀后可直接使用。④溴甲烷消毒。每立方米的基质加入200g溴甲烷，混合均匀用棚膜覆盖5d，风干10d后使用。

此外，常用的药剂还有氯化苦、硫酰氟、威百亩、棉隆、敌线酯、磷化氢、碘甲烷、二甲基二硫、氰氨化钙、阿维菌素、噻唑磷、丙烯醛、环氧乙烷、甲酸乙酯、二氯异丙醚等。

消毒灭菌

福尔马林

基质消毒灭菌

★路鹏.兰花大观[M].北京：中国林业出版社，2015

（编撰人：陈田娟；审核人：郭和蓉）

187.如何识别和防治兰花茎腐病？

兰花茎腐病病原菌是一种半知菌亚门尖胞镰刀菌的真菌。茎腐病是为害兰花最常见也最严重的的病害之一，一旦被感染，如处置不当，轻则满盆枯死，重及整个园子的兰花，以至于人们把茎腐病称为兰花的癌症、养兰杀手，其主要症状表现如下。

（1）兰花茎腐病的症状。

①外观表现为由内向外叶基部逐渐腐烂并蔓延向上，整株脱水，直至由黄转为褐色，腐烂叶片易拨出，拨出的腐烂叶基可看到白色小点。

②初期病苗根系看似完好，但切开病苗的假鳞茎，假鳞茎内部已经呈褐色，严重者甚至腐烂，同一盆内看似完好无病害的苗，其假鳞茎内部也已被感染变色。因此，兰花茎腐病的传播隐蔽性极强。

（2）兰花茎腐病的防治措施。

①及时处置兰株伤口，以防感染。分株后立即涂抹伤口愈合剂。同时，为预防土壤中的害虫咬伤假球茎造成感染，可以在土壤中施放杀虫剂。

②发现病苗，及时割除销毁。发病苗原来所用的植料、盆具，应全部舍弃不用，更换新的植料和盆具，切不可抱有侥幸心理。

③加强通风，充分消毒，兰盆不宜放置过密。

④坚持不懈地进行药物预防。开春回暖后，第一次使用兰花茎腐病防治专用药剂，建议连续浇灌3次，每隔一周一次，浓度为500～1 000倍液，有条件的第一次可以用浸盆的方法，连续浸泡一天或更长时间，浸泡时提盆几次以便换气，以后间隔一个月浇灌一次，8月以后可间隔更长时间浇灌。同时，注意每次使用药剂后不能用清水冲洗，一般坚持两三年后，如果不再发病，就可以停止用药。

防治时浸泡药剂　　　　　　发病株症状

★朱月波. 兰花茎腐病病原菌的分离与鉴定[J]. 浙江农业科学，2016（6）：860-861

（编撰人：吴忧；审核人：郭和蓉）

188. 如何识别和防治兰花炭疽病？

兰花炭疽病的病原菌是半知菌亚门胶孢炭疽菌，炭疽病是为害兰花栽培过程中普遍发生且严重影响其观赏价值的病害，兰花得病后，叶片为主要受害部位，不仅影响观赏价值，严重时还会导致叶片干枯脱落，其主要症状表现如下。

（1）兰花炭疽病的症状。

①初期。初期叶片上产生淡褐色凹陷的小斑点，以后病斑逐渐扩大成圆形，病斑颜色亦转变成褐色，叶斑形状各异，长为0.5～1.2cm，宽0.3～0.5cm，有的病斑周围具有黄绿色晕圈。

②后期。病斑上散生针头状小黑点（病菌分孢盘），经致病斑易破裂，引起叶枯黄段状枯死。

（2）兰花炭疽病的防治措施。

①加强兰花养护管理，室内要通风、透光，合理施肥，增施磷钾肥，增强兰花的抗病性。

②消灭病源。及时清理病叶、残叶并集中烧毁，以减少侵染来源。定期向地面、盆面、株上全面喷施0.5%～1%波尔多液。

③发病初期喷施50%炭疽福美可湿粉剂500倍液，隔10d喷1次，连续3～4次，即可控制病情；发病期可用50%复方硫菌灵可湿粉剂800倍液，每隔7～10d喷1次，交替喷3～4次，防治效果明显。

④定期喷药保护新生叶片。20%三环唑800倍液，隔7～10d喷1次，连续3～4次，防治效果较好。

| 发病初期 | 受害严重时 |

★陈洁敏.兰花炭疽病综合防治技术[J].北方园艺，2005（6）：94

（编撰人：吴忧；审核人：郭和蓉）

189. 如何识别与防治兰花细菌性软腐病？

兰花细菌性软腐病是胡萝卜软腐欧文氏菌致病变种（*Erwinia Carotovora* var. *carotovora*）侵染兰花后，引起植株出现叶变黄而落叶，全株软化腐烂而死的现象，其主要症状表现和防治方法如下。

（1）症状描述。主要发生在兰花蘖芽上，其次是叶片。初发病时，在芽基部出现水渍状绿豆大小病斑。2～3d后迅速扩展成暗色烫伤状大斑块，达到芽鞘外部，呈深褐色水渍状斑块，柔软，出现恶臭腐烂，新叶或新植苗容易拔起。石斛兰全株发病多从根茎处开始，受害处为暗绿色水渍状，迅速扩展为黄褐色软化腐烂，有特殊臭味。严重时，叶迅速变黄，接着腐烂处的内含物流失，呈干枯状。蝴蝶兰常叶上感染，2～3d可使之腐烂，在国兰类主要发生在幼芽上。

（2）病害防治。夏初阴雨季节，空气湿度较高时常发生。主要通过伤口感染，如碰折、虫咬等。应改善通风，降低温度和湿度，切除病部，如发病严重，可拔出病株，清除病芽和病叶，用0.1%～0.5%高锰酸钾溶液浸泡病株5min，再用清水洗净，用新植料上盆。在新芽伸长期和展叶期，分别喷0.05%的链霉素1～2次，可预防此病的发生。用农用硫酸链霉素或多抗生素的1 000倍液涂抹，涂后1周不浇水，可遏制此病蔓延，治疗用农用硫酸链霉素500倍液每周喷洒1次。

兰花细菌性软腐病

★李凡，陈海如.鲜切花主要病害及防治[M].昆明：云南科学技术出版社，2009

（编撰人：陈田娟；审核人：郭和蓉）

190.如何识别与防治兰花白绢病?

兰花白绢病是由真菌*Sclerotium rolfsii*侵染引起植株出现白色菌丝，受害严重时会逐渐凋萎，叶片变黄，枯死，其主要症状表现和病害防治方法如下。

（1）症状描述。病害从叶基部开始发生。初期近土壤的叶基部呈水渍状，逐渐变成褐色腐烂，不久即产生白色绢丝状菌丝体，大部分为辐射状长出，在根际土表处蔓延，最后使整个叶片枯死。病部产生油菜籽状约0.2cm的菌核，菌核初为白色，后为黄色，最终为褐色。

（2）病害防治。发现症状时，用刀切除有病斑的假鳞茎，连同栽植的盆器、植料一律销毁。留下健康的假鳞茎，将病株浸泡在50%多菌灵可湿性粉剂1 000倍液或1%硫酸铜溶液中消毒，消毒晾干后栽入新植料中，用70%甲基硫菌灵（甲基托布津）或50%多菌灵可湿性粉剂500倍液浇灌茎基，隔7d浇灌1次。浇施石灰水100倍液或撒草木灰于盆面，中和植料中的酸性也有一定的效果。

盆栽发病情况　　　　　　病叶基表面

兰花白绢病的症状

★李志，刘万代，景延秋. 农作物病害及其防治[M]. 北京：中国农业科学技术出版社，2008

（编撰人：陈田娟；审核人：郭和蓉）

191. 如何识别与防治兰花褐斑病？

兰花褐斑病是细菌*Pseudomonas cattleyae*侵染兰花后，引起植株出现叶片不规则角斑，然后变褐至黑，迅速扩大，致使整叶枯落甚至植株死亡的现象，其主要症状表现和防治方法如下。

（1）症状描述。一般而言，该病的初期症状为水渍状斑点，以后逐渐扩大成圆形、椭圆形或长条形病斑，病斑中间组织呈褐色或黑色坏死，周围环绕明显黄晕，用手触摸有明显的坚硬感，病害发展迅速，常引起大量幼苗死亡。在较老的植株上病菌可侵染叶的任何部分，发病严重时，整张叶片黄化或干枯，扩展到生长点则引起整株死亡，发病部位往往出现相当多的菌缢。在卡特兰类兰花上，病害在叶上的症状为凹陷，黑色水渍状病斑，一般局限于一片或少数几片叶上，而且不会使植株致命。

（2）病害防治。

①园艺防治。精心栽培，谨防造成伤口，注意浇水方法，避免当头喷灌，使水泼溅；及时清除病叶，消灭侵染源，植株之间放置不宜过密，改善通风条件，使兰叶表面不要过于潮湿。

②化学防治。喷洒Physan 1 500倍液是控制褐斑病的有效措施。如果腐烂已经扩展进入或接近植株的顶部，应将植株、花盆及其他可消毒的东西都浸泡在8-羟基喹啉硫酸盐或邻苯基苯酚钠2 000倍液中60min；用福美铁75%可湿性粉剂配成1 000倍药液喷洒病株及易感病植株及周围，常有显著效果。

兰花褐斑病病叶情况

★刘仲健.中国兰花观赏与培育及病虫害防治[M].北京：中国林业出版社，1998

（编撰人：陈田娟；审核人：郭和蓉）

192. 如何识别与防治兰花叶枯病？

兰花叶枯病是由*Cylindrosporium phalaenopsidis* Saw这种半知类真菌引起的病害，主要为害叶片，导致植株生长衰弱，不能正常开花，影响观赏，其主要症状表现和防治方法如下。

（1）症状描述。初期在叶片上产生褐色小点，后迅速扩展成圆形或半圆形（一般叶缘发病呈半圆形），边缘黑褐色，中间浅褐色病斑。病部正、反两面着生黄色小凸起，呈稀疏轮纹状排列，小点破裂后呈白色。病斑发生于叶的上、中、基部，而以中、基部为多。病斑横贯叶面，阻断水分养分输导，使病斑以上的部位枯死。严重时蔓延至整个叶片，最后枯萎掉落。

（2）病害防治。

①注意防寒流、暴雨。该病的防治要抓住关键时期，发现叶面上有浅褐色小斑点时应及时隔离，集中喷药防治，以严格控制住发病中心。喷药2~3次，间隔7~10d喷1次。同时，清除病残组织并烧毁，防止再次侵染。

②药剂防治。选用40%百可得可湿性粉剂1 500倍液、50%施保功可湿性粉剂2 000倍液、40%世高水分散颗粒剂3 000倍液、25%丙环唑乳油1 500倍液、12%腈菌唑乳油稀释3 000倍液喷雾。

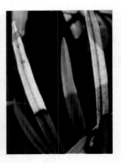

兰花叶枯病的症状

★肖启明，欧阳河. 植物保护技术[M]. 高等教育出版社，2002

（编撰人：陈田娟；　审核人：郭和蓉）

193. 如何识别与防治兰花拜拉斯病毒?

拜拉斯是一种过滤性的隐性病原体。被侵染的植株，多不在当代出现病毒病，而是要等到下一代或后代的新株中才显现病毒病征。有的长期不显现症状，但病毒照样在寄主株体内增殖扩散，其主要症状表现和防治方法如下。

（1）症状描述。对着亮光观察兰株叶片，有不规则的纵向线段样条形斑，斑界不整齐，有轻度扩散状，斑色浅黄或乳白而透叶背。发病初期，病毒斑附近的部分，常有轻度脱水样的褶皱，并伴有褶皱部分的叶缘后卷。发病中期，褶皱和卷缘很显眼，其病斑有轻度凹陷，斑纹没有光泽。发病晚期，斑纹色为赤褐色。对于病毒潜伏侵染，尚未显现病毒症的，肉眼无法识别，要借助电子显微镜才能发现。

（2）病害预防。

①加强植物检疫，在兰花的调运及兰展等兰花流通过程中，应严把关，防止病兰的混入。一旦发现病兰，应根据有关法规进行处理。

②提高保护意识。不随意引种，凡向外地或别人处新引进的品种应隔离种植2~3年后，确认无病毒感染时，方可与健康兰一起种植。

③注意防治兰花害虫，减少传毒媒介。蚜虫、线虫、红蜘蛛、蓟马等兰花害虫被认为可能传毒，一旦发生即要防治，可选10%吡虫啉（蚜风净）等农药防治。栽培兰花时，植株之间最好保持一定的距离，兰叶之间不要互相接触，分株繁殖或清除病叶，最好不用刀具，而用手剥分离，并立即用硫黄粉等杀菌药涂抹伤口。

④改善栽培环境，提高兰花抗病能力。使用清洁的腐殖土或其他无菌植料，加强水肥管理，不乱施肥，提高通风透光条件。分盆时使用的器具要进行消毒，特别是剪刀等要经火焰消毒或高温消毒。如果发现拜拉斯病兰，应立即将其用火烧毁，就连植料、盆具也切莫再用。

发病初期　　　　　　　　发病中期　　　　　　　　发病后期

兰花拜拉斯病毒的症状

★陆明祥.养兰金典：家养兰花实用技艺[M].福州：福建科学技术出版社，2013

（编撰人：陈田娟；审核人：郭和蓉）

194. 如何识别与防治兰花疫病?

兰花细菌性软腐病是棕榈疫霉（*Phytophthora palmivora*）与恶疫霉（*Phytophthora cactorum*）侵染兰花后，引起植株感病部位产生褐色病斑，终呈黑褐色，落叶、茎腐至整株死亡的现象，其主要症状表现和防治方法如下。

（1）症状描述。因其发生部位不同和产生的病症不同，分为黑腐病、心腐病、茎腐病、猝倒病等。该病感染初期出现小的褐色湿斑点，有黄色边缘。不规则的湿病斑多见于叶的下表面，然后逐渐扩展。较多与较大的病斑中央变为黑褐色或黑色，在挤压时会渗出水分，老病斑则变为干燥、黑色。受感染的叶变为黄色、枯萎、脱落，靠近叶的基部明显褪色，假鳞茎因受感染变为黑色。受感染的植物生长点很容易脱落。在极端潮湿的情况下，苗端也会出现感染。若感染花部，也会出现淡褐色（中央色更暗）湿斑点。但症状在不同种属与不同栽培条件下也不完全相同，有时先感染幼芽，使未成长的叶脱落；也有首先感染根部与根状茎，然后向上扩展至假鳞茎与叶基部的。此病最终导致整个植株死亡。

（2）病害防治。避免浇水过多或空气湿度太高，改善通风，光照充足。以保护伤口为主要目标，换盆时切勿伤害根系，栽培基质、用盆、伤口要进行消毒。

发病时，用66.5%霜霉威盐酸盐（普力克）水剂1 000倍液或50%乙膦铝（疫霉净）可湿性粉剂500倍液，幼苗每周喷洒1次，成株每月喷洒1次。

兰花疫病的症状

★陈宇勒. 新编兰花病虫害防治图谱[M]. 沈阳：辽宁科学技术出版社，2005

（编撰人：陈田娟；审核人：郭和蓉）

195. 兰花主要的虫害有哪些？如何防治？

害虫通常为害兰株的新芽、叶片、根系及花蕾等，常常传播病害和病毒，因此特别要注意防范。常见的虫害有蚜虫、蚧虫、红蜘蛛、蜗牛、蛞蝓、蟑螂、野鼠、蚂蚁等，其防治方法如下。

（1）蚜虫。少量可用毛刷刷除，治疗可用40%氧化乐果乳油200倍液，2.5%溴氰菊酯（敌杀死）乳油4 000倍液、灭多威2 000倍液或1.2%烟参碱（百虫杀）乳油1 500倍液等药剂喷施。

（2）蚧虫。可用渗透性高的农药喷洒，如45%马拉硫磷乳油1 000倍液，2.5%高效氯氟氰菊酯（功夫）乳油2 500倍液或10%吡虫啉可湿性粉剂2 000倍液等。

（3）红蜘蛛。时常观察叶背，有为害情形则立即消灭，可用各种杀螨剂喷洒，如48%杀螨特乳油2 000倍液或1.8%阿维菌素乳油2 000倍液。

（4）蜗牛、蛞蝓。清理栽培环境，除去堆积物，如杂草、碎砖砾、树木枝叶等，减少遮蔽物，避免潮湿，可用8%四聚乙醛（灭蜗灵）颗粒剂，每平方米用量约2.3～3.0g撒布在蜗牛、蛞蝓出没的地方。

（5）蟑螂、野鼠。清除脏乱的堆积物，减少其藏匿的机会。用10%顺式氯氰菊酯悬浮剂2 000倍液或2.5%溴氰菊酯（敌杀死）可湿性粉剂2 000倍液喷施蟑螂出没的地方，但勿喷到植株。

（6）蚂蚁。寄居盆内，将盆浸入水中驱除或淹死，用杀蚁剂如10%顺式氯氰菊酯悬浮剂2 000倍液全面喷洒。

蚧虫   蜗牛啃食过的石斛叶片

害虫为害兰花的现象

★路鹏.兰花大观[M].北京：中国林业出版社，2015

（编撰人：陈田娟；审核人：郭和蓉）

196. 红掌和白掌有什么区别?

红掌（*Anthurium andraeanum*）和白掌（*Spathiphyllum kochii*）均为天南星科多年生常绿草本，喜温暖和散射光充足的环境，在强光下生长不佳，是著名的室内观赏植物，主要观赏部位为叶片和佛焰苞。但二者有很大的区别，主要区别如下。

属名：白掌为白鹤芋属；红掌为花烛属。

原产地：白掌原产热带美洲哥伦比亚；红掌原产非洲南部和美洲热带地区。

叶：白掌叶长椭圆状披针形，两端渐尖，深绿色，叶脉明显，叶柄长，基部呈鞘状，叶全缘或有分裂。红掌叶片长椭圆状心脏形，鲜绿色，与白掌相比，叶片比较厚实而坚韧。

花：白掌又名白鹤芋、一帆风顺等，佛焰苞长椭圆状披针形，大而显著，稍卷，白色或微绿色，直立向上，包住一半的花葶；红掌又名花烛、安祖花等，佛焰苞蜡质，圆形至卵圆形，几乎是和花葶是垂直的，多为红色和粉红色，粉红色佛焰苞的又称为粉掌，如粉冠军。

红掌   **白掌**   **粉掌**

★刘燕.园林花卉学[M].北京：中国林业出版社，2009

（编撰人：陈田娟；审核人：郭和蓉）

197. 红掌的主要栽培品种有哪些?

红掌是天南星科花烛属多年生草本,同属植物有200多种,其中有观赏价值的有20多种,是世界著名的高档切花和盆栽花卉,主要栽培品种如下。

(1)粉冠军。佛焰苞粉红色,红掌盆花中的中小型品种。

(2)大哥大。又称火焰红掌,佛焰苞橙红色,花高出叶面。

(3)维他。佛焰苞深红色,中小型红掌品种。

(4)阿拉巴马。佛焰苞颜色鲜红偏深,花型好,中大花型品种。

(5)樱桃红。佛焰苞桃红色,属中大盆花型品种。

(6)粉公主。佛焰苞粉红色,是红掌盆花中的中小型品种。

(7)绿箭。为观叶红掌;叶片肥大,较厚;株型紧凑;根系发达;环境适应能力极强。

(8)彩霞。佛焰苞粉红色,宽卵圆形,是红色红掌中型盆花品种。

(9)朝霞。佛焰苞盛开时花序基部和先端的主要颜色均为红色,中型盆花品种。

(10)贵妃。为我国首创三倍体新品种,佛焰苞红色,阔椭圆形,是中型盆花品种。

(11)旭日。佛焰苞鲜红色,是红色红掌中型盆花品种。

(12)丰韵。佛焰苞红色,属红色系列中型盆花品种。

(13)小娇。佛焰苞红色,光泽度强,属红色系列小型盆花品种。

| 小娇 | 丰韵 | 粉冠军 |

★朱根发.花卉苗木栽培实用技能[M].中山:中山大学出版社,2012

(编撰人:陈田娟;审核人:郭和蓉)

198. 红掌对环境条件和土壤条件有什么要求?

红掌原产于南美洲的热带雨林,故喜欢温暖、潮湿的环境,对环境条件的要求如下。

（1）基质。红掌通常是附生于树干、岩石等，其气生根可以从湿润的空气中吸收水分，因此红掌对基质要求必须具有保水、保肥能力强、通透性好、不积水、不含有毒物质，并且能固定植株等性能。实际生产中，选用粗泥炭效果较佳。另外，基质的pH值不合适时将严重影响其正常生长发育，所以最好用具有通气、排水、纤维长度适宜、无病虫害、EC值小于0.5mS/cm、pH值在5.5~6.0的基质。上盆时要选择适宜的栽植深度，过深不利于发侧枝，过浅则后期易倒伏。

（2）湿度。红掌喜欢阴暗、潮湿、温暖的生长环境。干旱会引起植株叶尖干燥、伤根，而水分过多又会导致烂根和叶片黄化，空气相对湿度要求在60%以上，以70%~80%为最佳。旺盛生长时尤其喜欢湿润基质，基质忌排灌不良。

（3）温度。红掌生长的最适温度为日温20~30℃、夜温21~24℃，生长适宜温度为18~32℃，13℃以下容易出现寒害，导致叶片坏死甚至整个植株死亡，温度过高则植株生长不良，停止生长甚至死亡，花、叶畸形，影响其观赏价值。

（4）光照。红掌是一种喜阴的植物，理想的光照度为20 000~25 000lx，超过27 000lx可促进分株，使株型丰满，但可能会导致花、叶褪色。

红掌　　　　　　　　　　栽培基质

★董晓华，吴国兴. 花卉生产实用技术大全[M]. 北京：中国农业出版社，2010

（编撰人：陈田娟；　审核人：郭和蓉）

199. 红掌的栽培基质有哪些?

作为盆栽与切花市场上重要的观叶花卉，红掌喜富含腐殖质、肥沃、疏松、排水好的基质。其适合的栽培基质可分为有机基质与无机基质。

（1）无机基质。

①多酚泡沫塑料。多酚泡沫塑料中有许多小孔隙，可以较好地保持水分。加

工制成的多酚塑料泡沫的pH值很低，需要用石灰水冲洗以达到红掌所要求的水平，每立方米的多酚塑料泡沫需要1.5kg的碳酸钙（90%）淋洗。

②岩棉。红掌栽培使用的岩棉为颗粒状。岩棉的pH值相当高，一旦用于栽培以后颗粒会降值，但结构很稳定，盆栽的岩棉会部分解体。

③熔岩。熔岩具有较好地吸水性，熔岩的孔隙越多质量越轻，质量也更高。蒸汽消毒清洗后的熔岩可重复使用。

（2）有机基质。

①泥炭。泥炭有较强的保水保肥能力、缓冲能力强，质地疏松透气，能多年保持良好的结构。泥炭属于低pH值的材料，因此需要石灰洗涤。

②椰糠。椰糠具有较强的保水保肥能力，结构稳定，不易诱发根部病害，但其含盐量高，pH值也很高，建议使用前用净水冲洗多遍。

泥炭　　　　　　　　　　　　　椰糠

红掌的栽培基质

★食品产业网，网址链接：http://www.foodqs.cn/tradess/tradepage/trade_view_1623300.html

（编撰人：曾奕；审核人：郭和蓉）

200. 红掌的繁殖方式有哪些?

红掌是天南星科花烛属的观叶植物，常作盆栽、年宵花销售。其园艺品种繁多，美国夏威夷是其国际育种栽培中心。作为盆栽与切花市场上重要的观叶花卉，红掌的繁殖方式如下。

（1）播种。自交，需要人工授粉才能获得种子，收集新鲜成熟的种子，随采随播，播种方式为点播，发芽适温约25℃，2~3周可发芽。

（2）扦插。用于叶生长不旺盛的植株，摘下叶片，将茎切成小段，保留芽眼，直立种植在泥炭藓和沙均等混合物中，全部覆盖到顶，加地温25~35℃，2~3周即可生根出芽。

（3）分株。分株主要用于观花类，分萌蘖另行栽植即可。

（4）组织培养。花烛的茎尖、茎段、幼嫩叶片和叶柄均可作为外植体。用酒精与0.1%的升汞灭菌，无菌水冲洗，培养基用MS、1/2 MS或改良MS。接种后前几天适当遮光，用日光灯辅助光照8～10h，温度25℃。培养45d左右，出新芽或愈伤组织后，转瓶继代培养。增殖培养经过40～50d的诱导培养后，转瓶培养增殖和促进芽的形成。培养基可用MS或改良MS+30g/L蔗糖+7g/L琼脂+6-BA 0.5～1mg/L+NAA 0.5mg/L。根系形成后将苗取出，洗净苗上的培养基后可进行移栽。

红掌分株　　　　　　　　　红掌种子

红掌的繁殖方式

★百度百科，网址链接：https://www.huabaike.com/yhjq/976.html

（编撰人：曾奕；审核人：郭和蓉）

201. 如何识别和防治红掌炭疽病？

红掌炭疽病是炭疽菌（*Colletotrichum gloeosporioides*）侵染红掌后，造成红掌叶片枯萎，花器官腐烂的病症，从而使其降低或失去商品价值。该病症状比较复杂，可根据其外部症状和病原菌的形态学鉴定来进行识别。

（1）红掌炭疽病的外部症状。

①一种类型是沿叶脉发生近圆形或不规则形大病斑，直径20～25mm，褐色，外围有或无黄色晕圈；发病后期中央组织变为灰褐或灰白色，病斑易撕裂脱落。该类型还侵染花器官，受害花朵在花序基部出现无数褐色小斑点，病斑与叶上相似，引起花器官腐烂。

②另一种类型的症状多发生在叶缘、叶脉之间。初发病时为褐色小斑点，扩展后为圆形或半圆形病斑，褐色；发病后期病斑中央组织变为灰白色。

不论哪种类型症状，病斑往往融合导致叶片枯死。在枯死的病组织上生有黑色小点粒。

（2）炭疽菌形态学鉴定。炭疽菌初期菌落白色，后转灰绿色。菌落圆形，菌丝疏松絮状，气生菌丝茂盛，后期在培养基上产生球形菌核，有时连成块状，菌核大小不一，菌落表面易形成橘红色的黏孢子团，分生孢子柱状，一端稍尖，一端钝圆，分生孢子梗无色透明，具隔膜，成排生于分生孢子盘内。

（3）防治方法。常用药剂有50%施保功可湿性粉剂或50%使百克可湿性粉剂1 000倍液、25%炭特灵可湿性粉剂50倍液、60%炭必灵可湿性粉剂600倍液、10%世高水分散粒剂3 000倍液、25%溴菌腈乳油300～500倍液等。10d左右喷施防治1次。

红掌炭疽病的症状

★李丽，刘会香，郭先锋，等.切花红掌炭疽病和叶霉病的病原鉴定[J].山东农业科学，2014（6）：111-115

（编撰人：李晓红；审核人：郭和蓉）

202. 如何识别和防治红掌叶疫病？

红掌叶疫病亦称为细菌性叶斑病，主要由粉黛黄单胞杆菌（*Xanthomonas campestris* pv. *Dieffenbachiae*）引起，靠接触、水溅和污染的灌溉水传播，发展速度快，死亡率高。可通过其外部症状和检测病原菌来识别。

（1）红掌叶疫病的外部症状。主要为害红掌叶片和茎干。叶片发病初期呈现半透明水渍状凹陷斑，后期变为褐色或黑色，并逐渐干枯；侵染佛焰苞形成棕色或黑色的病斑；随病斑扩展，病菌沿维管束向下扩展至茎基部，维管束横切面呈褐色；当病菌侵入茎基部，造成整株死亡。

（2）红掌叶疫病病原菌的检测。利用Nested-PCR法对粉黛黄单胞杆菌分离菌株进行检测，虽操作步骤复杂，但灵敏度高。

（3）红掌叶疫病的防治。目前还无有效方法防治粉黛黄单胞杆菌引起的红掌细菌性叶疫病，因此对于该病以预防为主。①选用健壮无病的优质种苗，对种苗进行消毒处理。②严格生产区的消毒措施。③红掌生产温室尽量避免放置该病的寄主植物（如天南星科植物）。④经常检查整个生产环节的卫生状况，并对生产工具、运输工具定期消毒。⑤尽可能使用经消毒处理的水进行灌溉。⑥定期喷药对红掌植株进行预防性保护。⑦定期对温室进行消毒。⑧尽可能保持红掌植株干燥。

红掌叶疫病症状

★孟鹤，金茂勇，肖橘清，等.安祖花细菌性疫病的Nested-PCR检测[J].园艺学报，2011，38（10）：2 017-2 022

（编撰人：李晓红；审核人：郭和蓉）

203. 红掌主要的虫害有哪些？如何防治？

红掌常见的虫害有红蜘蛛、蚜虫、介壳虫、蜗牛、蓟马5种。

（1）红蜘蛛。主要为害幼叶和芽，使之呈现银白色斑点并枯萎。受害的佛焰苞常呈现棕色斑点。植株上有时可见蛛丝。红蜘蛛一般在高温干燥气候条件下容易发生。一般可用0.2～0.3波美度（夏季）的石硫合剂；75%克螨特乳油1 500～2 000倍液；20%绿威乳油1 200倍液；天霸800～1 600倍液；50%除螨灵1 000倍液喷施防治。

（2）蚜虫。受害时叶片失绿，严重时叶片卷曲、皱缩，易引起煤污病而影响光合作用。可用30%蚜虱绝800～1 000倍液，或10%吡虫啉可湿性粉剂2 000～4 000倍液，或粉虱治800倍液，或50%抗蚜威1 000～1 200倍液，每5～7d

喷施1次，上述药剂交替使用。

（3）介壳虫。主要为害茎和叶。除生物防治外，可选用50%杀灭威8 000～10 000倍液或25%谷硫磷600倍液，7d喷施1次。

（4）蜗牛。主要啃食根尖，为害叶片和芽。如果叶片上长有小泡，且下表面有棕色的木栓层，叶尖部的小泡呈黄色，就有可能是蜗牛舐食叶片下表面所致。蜗牛可用啤酒或马铃薯块诱捕，也可用4%灭虫威0.5g/m^{2}或6%聚乙醛0.7g/m^{2}或2种药剂1∶1混合液进行诱杀。

（5）蓟马。主要为害幼嫩的叶片、叶柄和佛焰苞片，为害后叶片和花上出现褐色条纹，严重时花和叶皱缩或畸形。用10%吡虫啉可湿性粉剂2 000～4 000倍液，或用1.8%阿维菌素2 000～3 000倍液、炔螨特1 000倍液、蓟马灵800～1 000倍液，4～5d喷药1次，几种药剂交替使用。

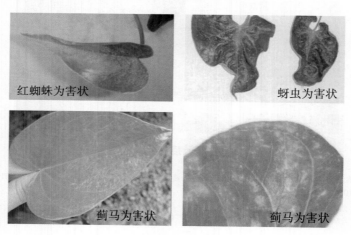

红蜘蛛为害状　　蚜虫为害状　　蓟马为害状　　蓟马为害状

红掌主要虫害为害症状

★花卉盆景网，网址链接：https://hhpj.net/yanghua-3480

（编撰人：李晓红；审核人：郭和蓉）

204. 白掌的栽培基质有哪些？

白掌栽培最适于用疏松、排水和透气性良好的基质，目前市面常用的基质由下面两类按比例混合而成（常用比例为8∶2）

（1）泥炭土。泥炭土是指在某些河湖沉积低平原及山间谷地中，由于长期积水，水生植被茂密，在缺氧情况下，大量分解不充分的植物残体积累并形成泥炭层的土壤。大体上可分为水藓泥炭地和沼泽泥炭地，泥炭土富含丰富的有机质，能为植物生长提供充足的养分。目前我国常用的泥炭土主要是东北泥炭和进口德国泥炭土。

（2）珍珠岩。珍珠岩是一种火山喷发的酸性熔岩，经急剧冷却而成的玻璃质岩石，因其具有珍珠裂隙结构而得名。栽培基质中常常混有一定含量的珍珠岩，以保证土壤的透水透气性。

泥炭土　　　　　　　　　　　珍珠岩

（编撰人：吴忧；审核人：郭和蓉）

205. 白掌的繁殖方式有哪些？

白掌为天南星科的多年生常绿草本植物，是目前市场上较为畅销的观赏盆栽，其繁殖方式有如下几种。

（1）分株。白掌的主要繁殖方式，白掌分蘖多，只要避开低温与高温期，几乎全年可进行，但在春、秋季结合植株换盆进行比较好。具体操作是，将母株从盆内倒出，利用刀具将植株分割为若干小植株，切割时顺着根系的走向以避免伤根，然后分盆种植，浇透水移至阴凉处，待根系恢复后再按常规养护即可。

（2）播种。白掌多数花粉退化，不易结籽，可进行人工授粉，种子采收后立即播种，不宜久存。播种温度25℃，温度过低，种子易腐烂。

白掌分株　　　　　　　　　　白掌组培

白掌的繁殖方式

★育花谷网，网址链接：http://www.yuhuagu.com/fanzhi/2017/0826/13633.html
★搜狐网，网址链接：http://www.sohu.com/a/210714394_243220

（3）组织培养。白掌通过组织培养可获得大量植株，且株丛整齐。白掌的茎段、茎尖、叶片和顶芽或花序均可作为外植体组织培养，都能成功繁殖生产大量种苗。以花序组织培养诱导容易分化出芽，组培苗增殖培养生长旺盛，断代接种后幼苗很快长满整瓶，增殖苗高度2cm以上可获得壮苗。

（编撰人：曾奕；审核人：郭和蓉）

206. 白掌的主要栽培品种有哪些?

白掌是天南星科重要的观叶植物，在市场上其商品名为一帆风顺。目前，白掌栽培品种有100多个，其中申请美国植物专利的白掌品种有60多个，市场上常见的白掌栽培品种有：香水（*Spathiphyllum* cv. *Mauma Loa*）、绿巨人（*Spathiphyllum* cv. *Sensations*）、神灯（*Spathiphyllum* cv. *Lymise*）、莫扎特（*Spathiphyllum* cv. *Mozart*）、甜芝（*Spathiphyllum* 'Sweet Chico'）、美酒（*Spathiphyllum* 'Mojo'）、挺叶多仔（*Spathiphyllum* 'Ceres Tailand'）、维克（*Spathiphyllum* 'Vicki'）、科丽丝（*Spathiphyllum* 'Chris'）、花叶（*Spathiphyllum* 'Variegata'）、天骄（*Spathiphyllum* 'Cordycolor'）、肖邦（*Spathiphyllum* 'Chopin'）、探戈（*Spathiphyllum* 'Tango'）、花香（*Spathiphyllum* 'Fragrance'）、碧绿（*Spathiphyllum* 'Picolino'）、卡拉里（*Spathiphyllum* cv. *Claire*）。

绿巨人

神灯白掌

白掌栽培品种

（编撰人：曾奕；审核人：郭和蓉）

207. 白掌对环境条件和土壤条件有什么要求?

白掌为天南星科的多年生常绿草本植物,株型美观,且可净化空气,是一种理想的观赏植物,其具体环境条件与土壤要求如下。

(1)温度。适宜的温度为20~28℃,最低温度不低于15℃,以防生长受阻或受冻害;而温度高于35℃,则生长停滞并出现灼伤现象。

(2)光照。较耐阴,喜散射光环境,忌强光直射。适宜的光照强度为8 000~20 000lx。生长期应增加光照强度。如果光照强度过低,会导致叶片暗淡,且有可能导致植株徒长。

(3)水分。水质要求洁净无污染,pH值在5.5~6.5,EC值不可超过0.7ms/cm。生长期间喜水分充足,保持盆土见干见湿、干湿循环。冬季保持盆土偏干,有利于安全越冬。

(4)湿度。湿度应保持在昼夜70%~80%。室内空气太干燥,新生叶变小,发黄,甚至脱落,因此发叶期可结合叶面喷水,增加大空气湿度。

(5)施肥。白掌对镁元素的需求量较高,宜采用缓效肥和全水溶性速效肥配合使用。

(6)土壤。适宜富含腐殖质、疏松、肥沃的土壤。应选择疏松透气、保水保肥、富含有机质的材料。其组成以泥炭:珍珠岩按体积比5:1混合配制较好,将基质pH值调整到5.5~6.5。

光照　　　　　　　　　　珍珠岩

白掌的栽培环境条件与土壤条件

★企讯网,网址链接:http://www.114my.cn/shopdetail/40584/products/1366105.html

(编撰人:曾奕;审核人:郭和蓉)

208. 如何识别和防治栀子花叶斑病？

栀子花叶斑病主要为害植株的中下部叶片。病菌多自叶尖或叶缘侵入，感病叶片初期，会出现圆形或近圆形褐色的斑块，淡褐色，边缘褐色，有稀疏轮纹；如感染在叶缘上，会出现褐色或者叶缘褐色，中间灰白色的斑块。后期病情严重的叶片会枯死，并出现较多小斑点。对于栀子花叶斑病的主要防治方法如下。

（1）秋、冬季剪除重病叶，清扫落叶，集中焚烧，减少侵染源。

（2）栽植不宜过密，适当进行修剪，以利于通风、透光。浇水时尽量不沾湿叶片，在晴天上午进行为宜。

（3）合理浇水、施肥，并喷施新高脂膜保墒保肥。浇水时尽量不沾湿叶片，在晴天上午进行为宜。

（4）可喷25%多菌灵可湿性粉剂200～300倍液，或70%甲基托布津可湿性粉剂1 000倍液。病情严重时，可喷65%代森锌可湿性粉剂800倍液。

栀子花叶斑病的症状

★中国园林网，网址链接：http://zhibao.yuanlin.com/bchDetail.aspx？ID=1336#xgtp

（编撰人：李焜钊；审核人：郭和蓉）

209. 如何识别和防治栀子花炭疽病？

（1）症状。主要为害叶片，发病初始从叶尖或叶缘上开始产生不规则形或近圆形褐色病斑，严重时整个叶片呈褐色，造成枝枯或整株枯死，高温、高湿、通风不良的植株发病尤重。病原菌为半知菌亚门的胶孢炭疽真菌，以菌丝体潜伏在病叶上越冬，翌年春气温适宜时产生分生孢子进行侵染。

（2）防治方法。

①种子带菌时，可用50℃温水浸种20min或5℃温水浸10min，捞出晾干后播种。也可用50%多菌灵可湿性粉剂500倍液浸种1h，消灭种子表面的病菌。

②栀子花发病后喷洒25%炭特灵可湿性粉剂500~600倍液，或50%苯菌灵可湿性粉剂800~1 000倍液、50%施保功可湿性粉剂800~1 000倍液，连续2~3次，交替使用。

栀子花炭疽病发病症状

★搜狗图片，网址链接：http://pic.sogou.com/d? query=%E8%D9%D7%D3%BB%A8%CC%B F%BE%D2%B2%A1&mode=1&did=10#did7

（编撰人：李焜钊；审核人：郭和蓉）

210. 如何识别和防治栀子花的缺铁黄化病？

（1）发病症状。发病首先在枝梢顶端，幼嫩叶片叶肉褪绿发黄，叶肉变为黄色或淡黄色，但叶脉及近叶脉的叶肉仍保持绿色，故形成了绿色网纹状叶片。黄化先由叶尖向下扩展，直至全叶变黄而成为黄叶。随病情发展，中下部叶片也都变为黄色，以致全株均表现为黄化叶。病情严重时，从叶尖叶缘开始出现褐色或灰褐色坏死斑，并向内向下扩展，最终导致全株焦枯、坏死。

（2）防治方法。

①园艺防治。选择微酸性基质土壤，遮阴，调节土壤酸碱度，多施腐熟有机肥、堆肥和绿肥，施铁肥。

②药剂防治。发病初期用0.1%~0.2%硫酸亚铁水溶液作叶面喷洒，如加入少许柠檬酸更佳，每20d左右叶面施肥一次，共2~3次，能使叶色转绿。缺铁现象已较明显时，可用1%硫酸亚铁即黑矾水进行土壤浇灌，每20d左右使用一次矾肥水。矾肥水的配制方法为硫酸亚铁5份，豆饼7份，水20份，或硫酸亚铁1份，豆饼5份，水10份，沤制发酵20d左右，至水发黑时加水稀释1~5倍使用，能使黄叶转绿。

整株发病情况　　　　　　　　病株局部

★百度，网址链接：https://timgsa.baidu.com/timg？image&quality=80&size=b9999_100 00&sec=1526214678&di=6d9bd3ab4fc20c33ecc167a9dacb4811&imgtype=jpg&er=1&s-rc=http%3A%2F%2Fp3.pstatp.com%2Flarge%2Fe4a000011408890e13a

★百度，网址链接：https://timgsa.baidu.com/timg？image&quality=80&size=b999 9_10000&sec=1525620129916&di=47634798fb8603a053a825d63f70229e&img-type=0&src=http%3A%2F%2Fwww.yangshengyinshi.com%2Fuploads%2Fal-limg%2F170108%2F093931T17_0.jpg

（编撰人：李焜钊；审核人：郭和蓉）

211. 栀子花叶片发黄的原因有哪些？可以采用什么防治措施？

（1）栀子花叶片发黄原因。

①缺铁黄化病。属生理性病害，由缺铁所引起。造成缺铁的原因有2种：一是长期浇带有碱性的水后土壤碱性提高，可溶性的铁不能满足栀子的需求；二是由于土壤黏重板结，或排水条件差，土壤湿度过大，栀子根部缺氧窒息，吸收铁元素的功能降低造成缺铁。

②肥黄。栀子花喜肥，肥力不足，则生长不良。但若突然施用生肥、浓肥，叶子一两天会变黄。

③晒黄。盛夏强烈的阳光暴晒，叶子也会变黄。

④浇水太多。栀子花在种植的过程中浇水不宜过多，浇太多水会使叶子生长缓慢、变枯黄。

（2）栀子花叶片发黄防治措施。

①针对缺铁黄化症。用0.2%的硫酸亚铁溶液，喷栀子的叶和浇根，5~7d1次，一般4~5次见效。

②针对肥黄。薄肥勤施，生长期间7~10d 1次，冬天不施肥。

③针对晒黄。烈日下适当的遮阴。

④针对水多。干燥的城市需要给花多浇水，且栀子花喜欢酸性环境，可以加一点柠檬酸或者食用醋。

栀子花缺铁黄化病　　　　　　缺水黄化

★百度，网址链接：https://timgsa.baidu.com/timg？image&quality=80&size=b9999_10000&sec=1526214678&di=6d9bd3ab4fc20c33ecc167a9dacb4811&imgtype=jpg&er=1&src=http%3A%2F%2Fp3.pstatp.com%2Flarge%2Fe4a000011408890e13a

★百度，网址链接：https://timgsa.baidu.com/timg？image&quality=80&size=b9999_10000&sec=1525622299139&di=4694a30c4c9a7d2c0aa55842ff8baece&imgtype=jpg&src=http%3A%2F%2Fimg4.imgtn.bdimg.com%2Fit%2Fu%3D1431001279%2C4035720405%26fm%3D214%26gp%3D0.jpg

（编撰人：李焜钊；审核人：郭和蓉）

212. 栀子花柿绵蚧、小灰蝶为害症状是怎样的？如何防治？

栀子花的害虫主要有柿绵蚧、小灰蝶、咖啡透翅蛾等，以柿绵蚧、小灰蝶为害较重。

（1）柿绵蚧。

①为害特征。为害多种花卉。主要以若虫、雌成虫为害枝、叶、果。被害后形成白色疮斑果，未红先脱落，影响观赏效果。

②防治方法。早春清除越冬若虫，萌发前喷施石硫合剂1次。根据各代若虫发生期，喷施90%敌百虫1 000倍液或50%杀螟松1 000倍液、40%速扑杀1 500倍液。每15d 1次，共喷2~3次。

柿绵蚧　　　　　　　　小灰蝶

★搜狗网，网址链接：http://www.doc88.com/p-4781311609177.html
★百度百科，网址链接：https://baike.sogou.com/v42076972.htm？fromTitle=柿绵蚧

（2）小灰蝶。

①为害特征。主要以幼虫蛀食花蕾、果实。每头幼虫可为害2~5个花蕾、果实，致使大量落花、落果。

②防治方法。花田管理注意观察发现虫花、虫蕾、虫果，并及时清除，集中烧毁。在现蕾初花期，喷施90%敌百虫1 000倍液或50%杀螟松1 000倍液。

（编撰人：李焜钊；审核人：郭和蓉）

213. 栀子花粉蚧为害症状是怎样的？如何防治？

在栀子花上寄生的粉蚧，它的寄生与周围环境通风透气不良、光线太差等因素有关，而花苞的萎蔫坏死，与该虫的花期寄生有一定的关系，但不是突发性枯死的根本原因。粉蚧类寄生为害会引起植株生长不良，致使其抵抗病虫害的能力下降，从而加速了花苞的萎蔫坏死。防治方法如下。

（1）将其从花盆中脱出，摘去所有的大小花苞，剪去枯死根系，并对其细枝也作适当的修剪，再将其重新栽好。

（2）对其枝叶上的白色蜡质残余物，可用湿布或细毛刷轻轻将其擦去（或刷去），包括将其黑色煤污层一并抹拭干净。再将其搁放于通风良好、半阴的凉爽处，维持盆土湿润，不要过多浇水，经常以喷水代浇水，促成植株尽快恢复生长。

（3）植株春季出房后，每半月喷洒一次25%的扑虱灵可湿性粉剂2 000倍液，连续2次，或用10%的吡虫啉可湿性粉剂2 000倍液喷洒叶片正反两面，每半月一次，连续2~3次。

栀子花粉蚧症状

（编撰人：李焜钊；审核人：郭和蓉）

214. 栀子花落蕾原因有哪些？可以采用什么防治措施？

（1）水分。缺水，栀子喜欢大水，只要盆土不积水，尽量增加水的供给。

另外显蕾后要适当控制浇水，表土现干时再浇。如果因水多已发生落蕾现象，要立即停水，同时将盆垫高，扒松盆土，尽快散湿。待盆土干透后，先浇几次小水湿润，然后再加大水量，同时又保持叶面湿润。

（2）施肥。栀子缺肥，树势生长较弱，即使结了花蕾也容易干枯脱落。在显蕾前可追施两次含磷、钾较多的液肥，在显蕾后要停止追肥。如果肥料不足，显蕾慢，只可追施充分腐熟且很稀的液肥，绝不可用生肥或浓肥。如果因施肥已经造成落蕾，要立即换盆土，并将盆置于阴凉处，促发新根。

（3）湿度。空气湿度较低，栀子是南方花卉，喜欢温暖、湿润的气候，显蕾其间如果空气湿度过低会造成落蕾现象，所以栀子养护过程中需让栀子生长在较高湿度的环境中，可用喷壶调成雾状经常喷洒叶面。

（4）病虫害。栀子由于缺铁而发生黄化症，由真菌寄生而造成叶斑病，以及由于红蜘蛛、介壳虫为害等都可以造成植株营养不良而落蕾。因而，在栀子显蕾前后，应及时防治病虫害。

栀子花落蕾

★结婚网，网址链接：http://www.wed114.cn/jiehun/zhiwu/20170314170380_2.html

（编撰人：李焜钊；审核人：郭和蓉）

215. 栀子花换盆后为什么大批落叶？

栀子花换盆后为什么大批落叶主要是由于换土时间不当引起的。

（1）孕蕾期，不宜换土。春夏之交是栀子花生长孕蕾时期，这时的栀子花不应翻盆换土，更不应捣碎泥团，去除旧土而重新上盆种植。否则它脱离了宿土（旧土）后，根系处于炎热的环境中，加上新土与根系吻合的时间不多，往往会造成脱水和失去营养供应，出现大批量落叶。

（2）休眠期，适宜换土。翻盆换土的时间，应在花木萌动时或生长前，这时植株正处于休眠期，对水肥要求不高，损坏一些根须，不会影响成活率，也不会造成落叶或大批落叶。如遇此类情况，应浇水防干，增加叶面喷水次数，同时应暂停施肥，不要盲目施用硫酸亚铁。经过一段时间的整理，就会停止黄叶脱落，恢复生机，并重新长出叶片来。

栀子花落叶

★腾讯网，网址链接：https://mp.weixin.qq.com/s？src=11&timestamp=1525657937&ver=861&signature=djitS6cfP2JzMubJKjxSiTKoEJDIuDYQwT0YHEj63WFeWnLjjoF81NZeUmWn1lbACV8DzRTkWyX9bN0EcRzlQ1dimmh*Ntgv8Efwwg04YVHupDkG4d3Vgq5*MsNmNcO1&new=1

（编撰人：李焜钊；审核人：郭和蓉）

216. 如何识别带病的茉莉花苗？

目前，苗木市场上，有些个体花木商贩常用带菌的伪劣苗木当成健康苗木出售，缺乏病苗识别能力的人很容易上当受骗。茉莉花苗健康苗病苗外观识别如下。

健壮的茉莉花苗，叶色翠绿，枝条有柔毛，叶面光滑无毛，叶片刚毅笔挺。

带病的茉莉花苗，茎基部有水渍状褐色斑，有的叶面上会有黑色粒状物或黄白色的小斑驳，叶面弯曲；有的叶片上有白色霉状物，叶片呈水渍状，多为白绢病为害所造成病苗。

茉莉花健康苗木

★搜狗网，网址链接：http://pic.sogou.com/pics？ie=utf8&p=40230504&interV=kKIOkrELjbgQmLkEmrELjbgNmLkEk7ELjbkRmLkElbYTkKIMkrELjboLmLkEk78TkKILkY=_1905966872&query=如何识别带病的茉莉花苗

（编撰人：李焜钊；审核人：郭和蓉）

217. 如何识别和防治茉莉花的白绢病?

茉莉花白绢病是齐整小核菌(*Sclerotium roflsii*)侵染引起,以侵染根部和茎基部为主。发病初期,根部及根际土壤产生白色绢丝状菌丝,植株叶片轻度黄化、萎蔫,新生叶片症状尤为明显。发病后期,植株生长缓慢,叶片黄化、萎蔫,在茎基部和周围土壤表层菌丝膜上形成球状菌核,菌核初期为白色,逐渐加深为黄色、茶褐色直到深褐色,呈油菜籽状。最终叶片大量脱落,全株枯死。可进行以下几种防治。

(1)园艺防治。实行轮作,病盆上集中处理;有机肥要充分腐熟;繁殖材料要从无病植株上剪取;温室越冬时避免密集堆放。

(2)化学防治。秋季移栽、春季新梢生长时或发病初期,松土后,选用50%啶酰胺水分散粒剂1 500倍液、25%吡唑菌酯乳油2 000倍液、40%菌核净可湿性粉剂400倍液等进行土壤消毒,然后喷雾防治2~3次,7~10d喷一次,病区周围2m范围内的健康植株也需施药预防。

(3)物理防治。盆上用加热方法灭菌。

(4)生物防治。施用几丁聚糖、氨基酸寡糖素等植物免疫诱导剂,并配合施微生物叶面肥、复合微生物肥等,为茉莉花提供各类营养成分,增强植株抗病能力。以菌治菌,利用哈茨木霉菌、寡雄腐霉菌等生防菌抑制茉莉花白绢病的蔓延。

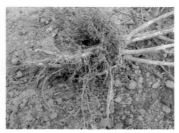

茉莉花白绢病的症状

★中国园林网,网址链接: http://zhibao.yuanlin.com/bchDetail.aspx? ID=669

(编撰人: 李焜钊; 审核人: 郭和蓉)

218. 如何识别和防治茉莉花的花叶病?

(1)识别。主要为害茉莉中上部新叶,发病后在叶片上出现黄绿相间或不规则褪绿斑块。典型症状是病叶上出现圆形、椭圆形或不规则形黄色环斑，环斑中央呈绿色，严重时病叶黄斑相连如一般花叶，病叶不皱缩扭曲。

（2）防治方法。注意防治蚜虫等刺吸式口器害虫；加强检疫，发现病株拔除销毁，不卖、不购买、不栽植病株；不从病株上采条扦插，或进行分株或压条繁殖。

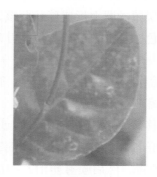

茉莉花花叶病

★覃丽萍. 广西茉莉花病害调查及主要病害的病原生物学特性和防治技术研究[D]. 南宁：广西大学，2005

（编撰人：李焜钊；审核人：郭和蓉）

219. 如何剪枝插种茉莉花?

茉莉花属于插枝栽培，而插枝要选择在合适的气温下才可以进行，一般20℃以上才可以进行，包括以下几个要点。

（1）插穗选择。选取生长健壮，组织充实的一年生枝条，也可选取整形修剪的枝条作为插穗的来源，此时要注意枝条必须无病虫害，同一枝条以中、下部最好。区别枝条好坏的标准是表皮呈灰白色，略带鸡皮皱纹（麻色），并有一定的粗壮度。这样的枝条组织充实，有利于成活。

（2）插穗修剪。首先除掉叶片，按10～15cm的长度剪截插穗，插条两端剪口须离腋芽1cm左右，顶端剪成45°左右光滑斜面，以防积水腐烂。下端要剪平，以便于扦插时识别上、下部，不致于倒插。上、下两端剪口离腋芽1cm左右，上端需防止水分散失而干枯，下端应促进早日愈合生根。

（3）插种方法。首先，准备好土质疏松、排水良好的培养土装盆，用喷壶将盆内淋透，至水渗出洞孔为止。扦插时，先用竹筷在盆内插一小孔，深度占插穗的2/3，再把插条插入孔中，留一个节位在上面（紧贴土面）。为避免浇水后入土节露出土面，要插至插条上的一对叶片贴上泥土为止。扦插完毕，立即浇足水，使插穗与泥土紧紧融合。

剪枝　　　　　　　　　　　　插种

茉莉花剪枝示意图

★搜狗网，网址链接：http://pic.sogou.com/pics? ie=utf8&p=40230504&interV=kKIOkrELjbg QmLkEmrELjbkRmLkElbYTkKIMkrELjboLmLkEk78TkKILkY=_-1910307879&query=如何剪枝插种茉莉花

（编撰人：李焜钊；审核人：郭和蓉）

220. 非洲菊主要育种方法有哪些?

非洲菊（*Gerber ajamesonii* Bolus）是菊科大丁草属多年生常绿宿根草本花卉，又名扶郎花，为世界五大切花之一。非洲菊花形奇特、色彩艳丽、花枝挺拔，有单瓣、半重瓣和重瓣栽培品种，是艺术插花、制作花束、花篮的理想材料。其主要育种方法如下。

（1）引种。不同的植物有着不同的生长适生范围和条件。对国外优质的非洲菊品种，对引进的非洲菊进行引种试验，并对试验结果进行综合评价，筛选出适合当地生产的品种类型，总结其优质高产的栽培技术。

（2）常规杂交育种（最重要育种方式）。非洲菊运用最早且最为常规的方法是杂交育种，育种目标多集中于花色、花型和花期的改变、保鲜期的延长和抗性育种方面。

（3）倍性育种。采用染色体加倍或染色体数减半的方法选育植物新品种的途径称为倍性育种。目前最常用的是整倍体，包括两种形式，一是利用染色体数加倍的多倍体育种，二是利用染色体数减半的单倍体育种。

（4）基因工程。蓬勃发展的基因工程为非洲菊花色的基础研究和新品种选育带来了新的思路和途径。非洲菊的花色改良一直是非洲菊育种工作者的一个重要目标。

粉色杂交种　　　　　橙粉色杂交种

非洲菊杂交育种新种

（编撰人：魏雪；审核人：郭和蓉）

221. 非洲菊主要病虫害有哪些?

（1）茎腐病。非洲菊的根茎部若长期潮湿和通风透气不良，易引起茎部腐烂，一旦发生，传染非常快，防治不及时可能导致毁灭性灾害。

（2）绵疫病。主要侵害非洲菊的地下部分，被害部分腐朽，渐渐消失，根茎部呈暗褐色枯死，在环境多湿时容易发生此病。病原菌为卵孢子和厚膜孢子，在受害植株或土壤中越冬。

（3）菌核病。春天侵害非洲菊植株的下部，使其变为灰白色而干枯或表皮腐烂，受害部分产生白色的菌丝体，后期可在茎秆内外见到鼠粪状的黑色菌核。病原菌以菌核状态越冬。春天孢子飞散传染，病菌发育的适宜温度为16～25℃。

（4）炭疽病。最先出现在非洲菊老叶的夜尖和叶缘，随后扩展到叶片中间，严重时嫩叶和茎秆均会感染。

（5）病毒病。非洲菊染病后，植株叶脉间失绿或全部变黄，形成不鲜明的黄绿色斑，新叶变窄。在高温时期斑纹不明显。染病的植株生长衰弱，开花数减少，品质下降，严重时植株会枯死。

（6）白绢病。非洲菊感染此病后，首先地际部分呈暗绿色水渍状软化，然后逐渐变褐枯死。根茎表面产生白色菌丝和褐色的小米粒大小的菌核。病原菌在土壤中以菌核状态越冬，翌年发生菌丝而感染。其发育的最适宜温度是32～33℃。

（7）叶斑病。是非洲菊常见的病害之一，主要发生在叶片上。被侵染的叶片开始出现紫褐色斑点，而后逐渐扩大成圆形、近圆形病斑，直径1～7mm，中央暗灰色，边缘紫褐色，病斑上着生黑色小点，有时病斑组织开裂形成穿孔。其病原有菊尾孢菌、菊叶点霉菌、壳针孢菌等真菌。

（8）蚜虫。主要为害非洲菊的心叶和花瓣等幼嫩组织。可用40%氧化乐果乳油2 000倍液喷杀。7d 1次，严重时可3d 1次，连续3次。平时以预防为主，而且要避免花期用药，否则影响花朵质量。

（9）螨类。虫体小，肉眼难辨，为害严重，可造成非洲菊的花瓣失色，甚至不舒展，全年均可发生。可用三氯杀螨醇、克螨特等药剂防治，还有哒嗪酮具有较好的杀螨效果。

（10）圆形盾蚧。常聚集在非洲菊的叶片背面的叶脉周围，成虫固定于老叶叶脉、叶柄和茎秆上。可用500～800倍液的万灵、甲胺硫磷或氧化乐果与敌百虫的混合液喷洒，并注意要充分喷洒到叶背和茎秆上；也可人工剪除虫害严重的枝叶。

（11）斑潜蝇。4—5月、10月至翌年1月为为害高峰期，可用1 000倍潜蝇净或含A～V菌素农药如爱福丁、阿巴丁或杀虫双加杀灭菊酯混合使用进行喷杀。

（编撰人：魏雪；审核人：郭和蓉）

222. 姜花多倍体的形成是怎样的?

姜花是我国华南地区重要的香型鲜切花，市场需求量大，具有较高的经济价值。但姜花鲜花瓶插时间短，仅2～3d，同时姜花的姜瘟病非常严重，是影响姜花生产和发展的制约因素，植物多倍体具有明显提高植物的抗性等特点，培育姜花多倍体可望得到抗性更强和花期更长的姜花新品种。

多倍化是植物进化变异的自然现象，也是促进植物发生进化改变的重要力量。多倍体植物形成主要有2种途径：①体细胞加倍（无性多倍化asexual polyploidization）。②未减数配子（2n配子）的产生和融合（有性多倍化sexual polyploidization）。过去认为体细胞加倍是多倍化的主要方式，而进一步的研究则表明自然界成功的多倍体可能来自未减数配子的作用。Harlan等在回顾整个植物界2n配子发生情况的基础上，得出了有性多倍化是自然界多倍体形成主要路线的结论，指出2n配子在自然多倍性形成中起着极其重要的作用。目前已经明确，自然界绝大多数多倍体是通过2n配子形成的。

植物减数分裂过程中平行纺锤体、八字形纺锤体或融合纺锤体的出现，中期I较多单价体存在，以及二分体或三分体的形成等异常减数分裂现象，可以作为判断2n配子产生的依据。在小孢子四分体阶段，二分体或三分体的出现是2n配子形成的最直接证据之一，而且通过计算各种分体比例来推算2n配子发生频率是最为准确的，特别是在2n花粉和正常花粉大小差异不明显的情况下。

姜花2n配子的形成主要受遗传因素的控制，不同基因型形成2n配子的能力相差很大。且杂交品种2n配子形成频率（27.52%）是非杂交品种形成频率（0.56%）的50倍以上，两者2n配子形成频率有极显著差异（$P<0.001$）。

二倍体　　　　　　二倍体　　　　　　四倍体

姜花

（编撰人：魏雪；审核人：郭和蓉）

223. 姜花主要种类有哪些？

姜花（*Hedychium coronarium* Koen）又名野姜花，姜科姜花属的淡水草本植物，从开花颜色来分主要分为以下3种。

（1）白姜花。高1~2m，花序为穗状，花萼管状，叶序互生，叶片长狭，两端尖，叶面秃，叶背略带薄毛。不耐寒，喜冬季温暖、夏季湿润环境，抗旱能力差，生长初期宜半阴，生长旺盛期需充足阳光。土壤宜肥沃，保湿力强。姜花有清新的香味，放于室内可作天然的空气清新器。色泽圆润，一般为白色花朵。盆栽可供观赏，白色花卉如蝴蝶，所以又称蝴蝶姜、白蝴蝶花等。原产亚洲热带，印度和马来西亚的热带地区，大概在清代传入中国。另外，姜花是古巴和尼加拉瓜的国花。

（2）金姜花（*Hedychium gardnerianum*）。姜科姜花属多年生草本植物。金姜花原为杂交品种，种植结果分离出金色花、粉色花两个不同花色类型材料。

（3）红姜花（*Hedychium coccineum* Buch.-Ham.）。姜科，姜花属多年生草

本植物，高可达2m。叶片狭线形，穗状花序多较稠密，圆柱形，花红色。蒴果开裂，种子红色。6—8月开花，10月结果。

| 白姜花 | 金姜花 | 红姜花 |

（编撰人：魏雪；审核人：郭和蓉）

224. 如何区分牡丹与芍药？

牡丹（*Paeonia suffruticosa* Andr.）与芍药（*Paeonia lactiflora* Pall.）同属毛茛科芍药属植物，它们都是我国的传统名花，外表十分相似，开花期时间也相差不多，因此长期以来被人们所混淆。但其实芍药与牡丹形态特征上有很多不同。

（1）牡丹的形态特征。

①形态及叶片。牡丹为落叶灌木，叶片为2～3回羽状复叶，小叶阔卵形或卵状长圆形，先端钝，先端常3～5裂，颜色较暗，无光泽。

②花。花冠15～30cm，花顶生，花柄较短，常藏于叶片之间，开花时间早于芍药半月左右，4—5月开花。

③根。肉质根，根系发达，颜色浅黄或灰黄。

④干。枝干木质化，棕褐色，春季从枝干上发芽，长叶，开花。

（2）芍药的形态特征。

①形态及叶片。芍药为多年生草本花卉，叶片为2～3回羽状复叶，小叶长圆形或披针形，先端长尖，色泽亮绿。

②花。花冠10～15cm，花顶生或生于腋出分枝顶端，花柄长，花朵开放于叶丛之上，5—6月开花。

③根。肉质根，根肥大，主根呈柱状，纺锤状或均匀的棍状，颜色黄褐或灰紫。

④干。枝条绿色，冬季枯死，春季从地下根颈处生芽，出土后直立生长，孕蕾，开花。

牡丹　　　　　　　　　　　　　芍药

★肖红强，段东泰.怎样区分牡丹与芍药[J].中国花卉盆景，2009

（编撰人：吴忧；审核人：郭和蓉）

225. 如何区分梅花与樱花?

梅花（*Armeniaca mume* Sieb. var. *mume*）与樱花［*Cerasus yedoensis*（Matsum.）Yu et Li］同属蔷薇科重要园林观赏植物，在表观上有很多相似的地方，常被人们混淆，但它们在树型、花、叶、果各方面都各有不同，表现如下。

（1）梅花鉴定特征。

①蔷薇科杏属小乔木，高4~10m，小枝绿色，光滑无毛。

②叶片卵形或椭圆形，长4~8cm，宽2.5~5cm，先端尾尖，基部宽楔形至圆形，叶边常具小锐锯齿，叶柄长1~2cm。

③花单生或有时2朵同生于芽内，直径2cm~2.5cm，香味浓，花梗短，长1~3mm，花萼通常红褐色，萼片卵形或近圆形，花瓣倒卵形，花期冬春季。

④果实近球形，直径2~3cm，黄色或绿白色，味酸，果肉与核粘连，核椭圆形，果期5—6月。

（2）樱花鉴定特征。

①蔷薇科樱属，乔木，高4~16m，小枝淡紫褐色，被疏柔毛。

②叶片椭圆卵形或倒卵形，长5~12cm，宽2.5~7cm，先端渐尖或骤尾尖，基部圆形，稀楔形，边有尖锐重锯齿，叶柄长1.3~1.5cm，密被柔毛。

③花序伞形总状，总梗极短，有花3~4朵，花直径3~3.5cm；总苞片褐色，椭圆卵形，苞片褐色，匙状长圆形，花梗长2~2.5cm，萼片三角状长卵形，花柱基部有疏柔毛，花期4月。

④核果近球形，直径0.7~1cm，黑色，核表面略具棱纹，果期5月。

梅花   樱花

★张艳芳.梅花与樱花的品种辨析[J].中国花卉园艺,2009

（编撰人：吴忧；审核人：郭和蓉）

226. 岭南中药材有哪些重要的种类?

岭南，是我国南方五岭（大庾岭、骑田岭、都庞岭、萌诸岭和越城岭）以南地区的概称，现在特指我国广东、广西、海南、香港、澳门，亦即是当今华南区域范围。广东是岭南地区的核心区域，自古以来出产许多中药材。重要的岭南中药材主要有以下种类。

（1）全草类药材。主要种类有广藿香、广金钱草、鸡骨草、青天葵、肿节风（九节茶）、穿心莲、石斛、凉粉草、溪黄草。

（2）根及根茎类药材。主要种类包括五指毛桃、巴戟天、毛冬青、两面针、何首乌、岗梅、南板蓝根、高良姜、牛大力、山豆根、葛根、地苓、莪术、郁金、金果榄、金线莲、千斤拔、半枫荷。

（3）茎木、树（根）皮类药材。主要种类有肉桂、沉香（白木香）、鸡血藤、钩藤。

（4）叶类药材。主要种类有枇杷叶、艾叶。

（5）花类药材。主要种类有山银花、霸王花等。

（6）果实、种子类药材。主要种类有砂仁、广佛手、化橘红、广陈皮、栀子、芡实。

广金钱草   凉粉草

两种岭南中药材种类（实地拍摄）

（7）树脂及其他内含物类药材。如芦荟。

（8）菌类药材。常见种类有灵芝等。

（编撰人：李倩；审核人：耿世磊）

227.《广东省岭南中药材保护条例》保护的中药材种类有哪些？

2016年12月1日广东省第十二届人民代表大会常务委员会第二十九次会议通过《广东省岭南中药材保护条例》。

第一章　总则

第一条　为了加强岭南中药材保护，规范利用岭南中药材资源，促进中医药产业健康发展，根据有关法律法规，结合本省实际，制定本条例。

第二条　本条例适用于本省行政区域内具有广东道地特征的岭南中药材的种源、产地、种植、品牌等保护活动。

第一批保护的岭南中药材种类包括以下八种：化橘红、广陈皮、阳春砂、广藿香、巴戟天、沉香、广佛手、何首乌。

省人民政府中医药主管部门可以根据岭南中药材保护实际需要，对符合广东道地特征的中药材经过统一遴选增加新的保护种类，报省人民政府批准后列入保护目录予以公布。

第三条　岭南中药材保护应当坚持政府引导与社会参与相结合、统筹规划与分类保护相结合、资源保护与质量提升相结合的原则。

（编撰人：李倩；审核人：耿世磊）

228. 广金钱草有什么药用价值？

（1）药材植物来源。豆科植物广金钱草［*Desmodium styraci folium*（Osbeck）Merr.］。

（2）药用部位。植物的地上部分。

（3）药材性味。味甘、淡，性凉。

（4）药材归经。归肝、肾、膀胱经。

（5）药材功效。清热除湿，利尿通淋。

（6）药材临床应用。可治肾炎浮肿、尿路结石、尿路感染、胆囊结石、黄疸肝炎、小儿疳积、荨麻疹、黄疸尿赤、热淋、石淋、小便涩痛、水肿尿少等症。广金钱草在广东和广西两地都有广泛的应用，在广东省各地，广金钱草常被人们用来煲凉茶，是广东凉茶的主要组成药物之一，具有清热、解暑、除湿的作用。广金钱草可制作成浸润片，这种浸润片就是可以用来治疗肾脏结石的中成药石淋通片。

（7）药材有效成分。主要含黄酮类、多糖类化合物，也含有生物碱类、萜类、酚酸类、挥发油等成分。

植株形态　　　　　　　　　　花序

广金钱草的植物形态

★中国植物图像库，网址链接：http://www.plantphoto.cn/sp/19018

（编撰人：李倩；审核人：耿世磊）

229. 广金钱草有哪些识别特点和生长规律？

（1）植物识别特征。广金钱草为灌木状草本植物。株高30～100cm，植株的茎呈圆柱形，幼枝上密被茸毛。叶常具单小叶或具3小叶，小叶厚纸质至近革质，圆形或近圆形至宽倒卵形，长、宽为2～4.5cm；叶柄密被毛。总状花序顶生或腋生，长1～3cm；花梗密被绢毛；花密生，且花小；花冠蝶形，紫红色，有香气；苞片及花萼皆被毛。荚果，线状长圆形，被毛。

（2）生长规律。每年4—6月，植株开始萌生侧蔓，在地面平铺生长；不定根由主蔓基部的节部及节间长出，扎入地下形成较长的根系。在8—9月，植株可高达1m，有侧蔓15～20条；此时侧蔓长势变缓，并开始开花。在10月初，果实逐渐分批成熟。进入11月后，植株开始落叶枯萎，最终以宿根越冬。

（编撰人：李倩；审核人：耿世磊）

230. 广金钱草种植对产地环境和土壤条件有什么要求?

（1）产地环境条件。广金钱草喜高温、湿润的环境，不耐严寒、怕霜冻，适宜在气候温暖或较炎热的环境中生长。温度：广金钱草最适的生长温度为20～25℃，夏季能忍受的最高温为35℃，冬季能耐-4℃的低温。湿度：广金钱草适宜在雨量充足的湿润环境中生长，但广金钱草忌积水，因此也要注意及时排水。日照：广金钱草为长日照植物，生长期的日照时间要求达到10h以上，在荫蔽环境下则生长不良，因此要忌荫蔽。广金钱草作为药材要种植在无污染的地区。

（2）土壤条件。野生广金钱草常生于荒坡、草地、丘陵灌丛或路旁，因此对土壤条件要求不严格，在红土壤、黄土壤、黑沙质壤土中都能生长，但以肥沃疏松、透水性良好且腐殖质较多的沙质黑壤土为好，在贫瘠土壤上生长不良。

（编撰人：李倩；审核人：耿世磊）

231. 广金钱草如何育苗? 如何进行苗期管理?

（1）育苗。

①种子育苗。选种：选择果粒大、饱满、无病虫害的植株留种；待果实成熟后，取出种子，晒干。浸种：播种前，可使用50%的白酒湿润种子、沙磨或热水浸种等方式处理种子，以提高发芽率；接着进行保湿，至种子露白。育苗：将露白的种子均匀播于苗床，盖上细土，浇足水，并保持苗床湿润。

②扦插育苗。苗床：择背风平地搭育苗棚，用黄黏土与沙以3∶1的比例混合作基土铺在苗床上。插条：择长势良好的枝条，剪成5～7cm长的插条，去除插条基部叶片，将末端切口与腋芽相平。扦插：将插条斜插于苗床，注意扦插深度为2cm，株距2cm，行距3cm；扦插后及时浇透水，在扦插后的前7d上、下午各淋水一次，7d后保持湿润。

（2）苗期管理。保温：苗期温度要控制在25℃左右，日照要达10h；若遇低温，可用尼龙薄膜覆盖保温。保湿：注意土壤保湿，忌积水。间苗：当苗长至3～6cm时，进行间苗。除草：勤除杂草，注意松土。施肥：苗高2～4cm时，施用淡粪水；之后每隔20d追施1次；移栽前追施2次2%过磷酸钙。防病：苗期易出现立枯病，发现病株立即拔除，并施50%退菌特可湿性粉剂；虫害主要有凤蝶为害，可用金云杀虫剂稀释1 000倍喷杀。移栽：当苗高6～7cm、有6～8片真叶时，择阴雨天移栽。

（编撰人：李倩；审核人：耿世磊）

232. 广金钱草的栽培技术要点是什么?

（1）整地。选择向阳、日照时间长、灌溉方便的无污染地方种植。秋冬进行翻耕，春季整地做畦，畦宽1.2m，每亩施用5 000kg的腐熟农家肥作基肥，施肥后浅耕耙匀。

（2）定植。春、夏、秋三季均可栽培，最好在午后2h定植。株行距为25cm×15cm。在整好的畦上开穴种植，每穴放1~2株幼苗。栽种后应及时浇灌定根水。定植后的3d内，每日淋水1次；在生长期要给足水，遇旱则浇水；忌积水，注意及时排除积水。缺株时应及时补同龄苗。

（3）中耕除草。在藤蔓封垄前，需中耕除草2~3次。

（4）施肥。在定植后10d左右，可结合中耕除草进行施肥；在苗高25~30cm时，施1次肥；之后，每隔30~40d施1次肥。在第2次施肥后，应适当培土、压住植株基部离地面10cm以内长的蔓条，使不定根进入土壤形成根系，增加植株的吸水、吸肥能力。注意防治病虫害。

（编撰人：李倩；审核人：耿世磊）

233. 广金钱草的采收加工技术要点是什么?

（1）采收技术。在8—9月，广金钱草枝叶茂盛，在地上茎蔓长至50~90cm，或基部侧蔓现蕾时可进行采收。一般每年可采收2次，第一次一般在7月采收，在离茎基部约15cm的地方采收，更利于萌芽；第二次一般在10月初采收，在离茎基部约5cm处采收。总的来说，采收时应遵循割大留小的原则，即把长的分枝割去，而将短小的分枝留下继续生长，以利再收割。

（2）加工技术。将割下的茎叶去除杂质，在不被暴晒的情况下进行晒干，或者鲜用。若要长时间放置，则需翻晒，以免受潮发霉。

全草干品可进行捆压成件，每件50kg，外边采用蒲席包裹，再用绳呈"井"字形捆牢；切制品可用麻袋或纸箱等进行包装；成品应放置在干燥通风处贮存。好的广金钱草商品应保证无豆荚、无杂质、无泥沙且无霉坏。

（编撰人：李倩；审核人：耿世磊）

234. 广藿香有什么药用价值?

（1）药材植物来源。唇形科植物广藿香 [*Pogostemon cablin*（Blanco）Benth.]。

（2）药用部位。植物地上部分。

（3）药材性味。味辛，性微温。

（4）药材归经。归脾、胃、肺经。

（5）药材功效。芳香化浊，开胃止呕，祛暑解表。

（6）药材临床应用。可用于治疗湿浊中阻、暑湿倦怠、寒湿闭暑、胸闷、腹痛、腹泻、痢疾、疟疾、鼻渊、头痛、口臭等症。广藿香温煦，且不偏于燥热，能祛阴霾湿邪、助脾胃正气，是湿困脾阳、倦怠无力、舌苔浊垢、饮食不佳者的首选药物，被历代医家视为治暑湿的良药。广藿香也是常用的芳香化湿药，是"藿香正气丸（水）"和"抗病毒口服液"等多种中成药的重要组成药物。从广藿香中提取的广藿香油，以及广藿香的其他提取物，是30多种中成药的主要原料。

（7）药材有效成分。主要含挥发油。

植株形态　　　　　　　花序

广藿香的植物形态（实地拍摄）

（编撰人：李倩；审核人：耿世磊）

235. 广藿香有哪些识别特点和生长规律?

（1）识别特征。广藿香为多年生草本或半灌木植物，有特殊香气。茎高0.3～1m，四棱形，多分枝，被茸毛。叶对生，圆形或宽卵圆形，长2～10cm，宽1～9cm，先端钝或急尖，基部楔状渐狭，边缘具不规则的齿裂，草质，上面深绿色，下面淡绿色，被茸毛；叶柄被茸毛。轮伞花序，多花，下部稍疏离，向上密集，排列成长4~7cm的穗状花序，顶生及腋生，密被长茸毛，具总梗，梗被茸毛；苞片及小苞片线状披针形，密被茸毛；花萼筒状，外被长茸毛，内被较短的茸毛，齿钻状披针形；花冠唇形，淡紫红色，长约1cm；花盘环状。小坚果，平滑。

（2）生长规律。广藿香定植后，由开始的生长较慢到后期生长加快不到1个月时间。幼苗的生长与种植的季节温度有很大的关系，若在冬季或早春定植，则广藿香苗返青慢，需要7~10d；在春季3—4月定植的广藿香苗返青快，只需3~5d。

（编撰人：李倩；审核人：耿世磊）

236. 广藿香种植对产地环境和土壤条件有什么要求？

（1）产地环境条件。温度：广藿香原产于东南亚热带地区，其性喜温暖、忌严寒、怕霜冻，因此要求在年平均气温20~28℃的地区生长；气温低于17℃时，生长缓慢；能耐短期的0℃低温。光照：广藿香不耐烈日、忌暴晒，种植时在幼龄期一定要有适当的荫蔽，但成龄植株要在全光照下生长。水分：广藿香喜湿润，宜在降水量1 600~2 000mm、降水分布均匀、相对湿度80%以上的地区生长，忌干旱。此外，广藿香植株脆弱，风大时易出现倒伏的状况，需在背风的地方种植或间种其他作物挡风。

（2）土壤条件。广藿香种植对土壤的要求较高，喜排水良好、土质肥沃、土壤疏松、土层深厚的沙质土壤，且以黑沙壤土最好；在保水不佳的石砾土、排水不良的黏土或低洼积水的地方则会生长不良。

（编撰人：李倩；审核人：耿世磊）

237. 广藿香如何育苗？如何进行苗期管理？

（1）育苗。在种植中，多采用扦插方式进行广藿香育苗。

①插条。选择当年生植株，以生长4—6月、茎秆粗壮、节密、无病虫害的枝条作为插穗；将枝条截成8~15cm的小段，每段留2~3个节；剪去插条下部叶片，仅留顶端一节的两片叶和心芽；枝条下端剪成马蹄形切口，剪折时有明显的响声和断髓部是白色的插条为最好，不老不嫩的枝条易于成活；可将插条用生长素溶液浸泡，以提高成活率。在春、秋两季扦插，成活率都较高。

②苗床。苗床使用细河沙作基质；在扦插前夜，将土壤淋湿；在畦上按行距10cm开横沟。

③扦插。将插条按6～10cm的株距斜依沟壁，其上端1/3～1/2露出土面，顶梢叶片要露出土面；覆土按紧，及时浇透水；在苗床上盖荫蔽度为50%的遮阳网，以防止阳光直射幼苗。

（2）苗期管理。遮阴：在定植前，幼苗忌阳光直射，需要遮阴，而荫蔽度以50%左右为好。浇水：苗期要保持土壤湿润，一般早晚淋水一次；干旱时，每天多次淋水，但不能有积水。施肥：扦插10d后插条生根、长出新叶时，便可施肥；可选择施腐熟的有机肥，如稀释的人、畜粪尿水等。

（编撰人：李倩；审核人：耿世磊）

238. 广藿香的栽培技术要点是什么？

（1）整地。广藿香适于种在温暖湿润、排水良好的沙壤土中。广藿香常与水稻轮作，稻谷收获后，翻土做畦。广州市郊和肇庆高要等地一般在清明节前后10d内进行广藿香的定植，海南等地每年可分为大春及小春2次栽种。

（2）定植。广藿香栽种时一般行距为40cm，株距30cm，带土移栽，并进行斜插，插植后填土压实，迅速淋水。若缺株，要及时补栽同龄苗，保证苗齐。

（3）中耕除草。春夏期间，雨水多，土壤易板结，要结合除草进行松土；经常给植物基部培土，可促进分支；立秋后是生长盛期，为防止被风刮倒，要大培土一次，使植物茁壮稳固。

（4）浇水。根据广藿香对水分的需要和土壤水分状况，要注意及时进行灌溉和排水。

（5）施肥。广藿香周期短，产量高，是需肥量较大的植物，在施足基肥的情况下，合理追肥；因广藿香的药用部位是地上部分，整个生长期以施氮肥和复合肥为主，一般整个生长期施3～5次肥和1次麸水。

（6）遮阳防冻。广藿香在定植初期应遮阳，可搭盖遮阳网或套种高秆作物达到遮阴的目的。需过冬的广藿香，到了冬初应盖草或搭棚防霜冻。广藿香可适当摘取顶芽，促进其多分支生长，也可保证已有枝叶生长粗壮。

（编撰人：李倩；审核人：耿世磊）

239. 广藿香的采收加工技术要点是什么？

（1）采收技术。在广藿香枝叶生长旺盛的时期采收，此时花序刚抽出，还未绽放，质量最佳。采收时宜选择晴天露水刚干后，剪割地上部分或把植株全株挖起，除净泥土和须根。

（2）加工技术。

①初加工。广藿香采收后，及时摊晒数小时，使叶片稍呈皱缩状态，收回，捆扎成把，每把7.5～10kg；然后分层交错堆叠一夜进行发酵，堆叠时不能将叶与根部混叠，堆上用草席覆盖，再用塑料薄膜盖面，将叶色闷黄；第二日，将闷黄后的药材取出晾晒，晚上再堆至发汗，这样反复几日，直到药材全干。干燥后，按质量进行分级，然后进行打包，大包50kg，小包25kg，用机器压直压紧，用草包包装。

②炮制。取出干燥后的药材，除去杂质及残根，然后抖下叶，筛净，接着将茎段洗净、润透、切段、晒干，最后将茎段与叶混匀即可。

③商品规格。商品应将根除尽，保证无杂质、无霉变及虫蛀，断面呈白色，气香纯。药材贮藏时，应存放于干燥处，防止回潮、霉变和虫蛀。

（编撰人：李倩；审核人：耿世磊）

240. 鸡骨草有什么药用价值？

（1）药材植物来源。豆科植物广州相思子（*Abrus cantoniensis* Hance），又名猪腰草、红母鸡草等。

（2）药用部位。植物的干燥全株。

（3）药材性味。味甘、微苦，性凉。

（4）药材归经。归肝、胆、胃经。

（5）药材功效。利湿退黄，清热解毒，疏肝止痛。

（6）药材临床应用。常用于治疗黄疸、胁肋不舒、胃脘胀痛，也可用于治疗急、慢性肝炎、乳腺炎等症。在鸡骨草胶囊、鸡骨草肝炎丸、结石通片、鸡骨草叉等中药中都有加入鸡骨草这味药。常用处方：取鸡骨草全草100～150g，若是给小孩服用，鸡骨草的量需折半，瘦猪肉100g，加水1 000mL，煎服，可治疗急性传染性肝炎；鸡骨草100g，红枣7～8枚，煎服，可治黄疸；鸡骨草3kg，豨莶草2kg，研成末，炼蜜为丸，丸每粒重5g，每次服用2丸，每日3次，连续服用

2~4周，可治疗瘰疬。

（7）药材有效成分。主要含有三萜、黄酮、生物碱类物质。

植株形态　　　　　　　　　　花序

鸡骨草的植物形态

★中国植物图像库，网址链接：http://www.plantphoto.cn/sp/38054

（编撰人：李倩；审核人：耿世磊）

241. 鸡骨草有哪些识别特点和生长规律？

（1）识别特征。藤状多年生小灌木。主根粗壮，根状茎结节状。茎丛生，深红紫色，幼嫩部分密被黄褐色毛。偶数羽状复叶，小叶7~12对，倒卵状矩圆形，长5~12mm，宽3~5mm，膜质，先端截形有小锐尖，基部浅心形，上面疏生粗毛，下面被紧贴的粗毛；托叶成对着生，线状披针形。总状花序腋生，花3~5朵聚生于花序总轴的短枝上；花冠蝶形，淡紫红色。荚果矩圆形，扁平，疏生淡黄色毛，先端有尾状凸尖；种子4~5粒，矩圆形，扁平，光滑，成熟时黑褐色或淡黄色，有明显的种阜。

（2）生长规律。每年2—3月，当气温高于18℃时，鸡骨草的种子开始萌芽出土。4—8月植株进入生长阶段，当平均气温达21~28℃时生长迅速，高于35℃则生长受到抑制。7—11月为根的生长增重期。8月上旬为初花期，9—10月为盛花期。10月果实开始成熟。12月植株开始落叶，细藤蔓枯死，基部粗壮藤蔓及根则进入休眠期。冬天，气温低于6℃时嫩叶易受冻害。3月开始重新萌发，长出新枝。

（编撰人：李倩；审核人：耿世磊）

242. 鸡骨草种植对产地环境和土壤条件有什么要求？

（1）产地环境条件。温度：鸡骨草喜温暖、弱光、潮湿的环境，怕寒冷，要求在年平均气温为21～22℃的地方生长，最适生长温度为22～30℃；当温度达到35℃以上时，植物的生长会受到抑制；当温度在17℃以下时，其生长缓慢；在6℃以下时，容易受到冻害。水分：鸡骨草宜生长在年降水量为1 200～1 500mm、空气相对湿度为80%左右的地方。

（2）土壤条件。鸡骨草喜湿润环境，怕旱、忌涝，在干旱地带生长植株弱小，若雨水过多时易导致根叶腐烂，因此鸡骨草在疏松、肥沃且保水性和通透性好的壤土、沙壤土、轻黏土、腐殖质多的壤土或黄泥土上均生长良好；在土质瘦瘠、板结黏重、通透性差、湿度过大的土壤中则会生长不良，并容易发生病害。pH值5～6.5的微酸性土壤环境较适宜其生长。

（编撰人：李倩；审核人：耿世磊）

243. 鸡骨草如何育苗？如何进行苗期管理？

（1）育苗。育苗时间一般在2—5月，当气温上升到20℃时就可以进行。育苗方法有育苗移栽和直播种植两种。

①育苗移栽。苗床：选择富含腐殖质的沙质壤土作苗床，深翻土壤达30cm以上，清理整地后耙平苗床。浸种：采用沙擦、热水浸种或沙擦温水浸种等方法，除去种子表面的蜡质，以提高发芽率。播种：在畦上开行沟、撒播，撒播时可将种子与细沙混匀后直接撒到已整好的苗床上，每亩用种子1.5～2kg。管理：播后需及时浇水、盖草以保持湿润，或盖一层拱形塑料薄膜来保温保湿，以提高种子发芽率。育苗移栽法的用种量少、产量高，但收获的鸡骨草多主根不明显、侧根多、藤茎过长。

②直播种植。在大田的畦上，按行距2～3cm开穴；直接点播，每穴中放2～3粒种子；然后覆细土或过筛的火烧土，土层厚度为1.5～2cm。直播育苗用种量较多、产量偏低，但药材主根明显、侧根少，产品规格和质量较好。

（2）苗期管理。播种后要保持土壤湿润，若久晴无雨，应适当淋水，以利于种子发芽和幼苗生长。雨季要加强排水，防止湿度过大或积水而引起根部腐烂。

（编撰人：李倩；审核人：耿世磊）

244. 鸡骨草的栽培技术要点是什么？

（1）整地。选择向阳、近水源、无污染、排灌方便、土壤湿润的土地；深翻30cm，耙地2~3次，清除草根杂物，施草木灰或土杂肥作为基肥，将地整平后做成高畦，以待种植。

（2）定植。当苗长至高10~12cm时，可移栽到大田种植；直播苗在苗高10cm时可进行修整。定植宜选择在阴天或晴天下午进行，起苗时带少许根泥，随起随栽；按30cm×40cm的株行距将幼苗种于挖好的穴内、盖3~4cm的土、稍压实并及时浇足定根水，可在行间进行遮阴。若是直播苗，在苗高10cm左右可进行间苗和补苗。

（3）中耕除草。在整个生长期间要进行多次中耕除草，并结合进行追肥。

（4）施肥。在生长前期可施氮肥、农家肥，在中后期需施复合肥、磷肥、土杂肥等有机肥以利增产，在10月后可停止中耕追肥。

（5）除芽搭架。在植株初露花芽时应及时摘除花芽，可促进营养物质积累和主根的膨大。待苗高20~30cm时，以每3株的距离插上1支长2m的竹竿，以利于植株攀援，这样既方便管理、减少病虫害发生，又可提高产量。

（编撰人：李倩；审核人：耿世磊）

245. 鸡骨草的采收加工技术要点是什么？

（1）采收技术。鸡骨草在种植1~2年后便可进行采收，在第二年11—12月采收的药材质量较好；若在种植当年采收，则药材的主根小、侧根多，药材产量和质量都不佳。采收时，将植株连根挖起，去除根上的泥土、杂质，且务必除去荚果，因其种子含相思子毒蛋白，有剧毒。将采收的藤茎捆扎成束，或将数十株藤蔓扭结成"∞"字形的小捆。

（2）加工技术。将捆成束或扎成把的鸡骨草堆放在太阳下晒干，或晒成八成干后，发汗再晒至足干；用竹片夹或席草包裹，捆压成件，每件30~50kg。鸡骨草制作饮片时，取鸡骨草原药材，除去杂质，喷洒上清水，闷润2~4h，直到药材内外湿度相一致，然后将药材切长段，接着进行干燥，再筛去碎屑即可。

（编撰人：李倩；审核人：耿世磊）

246. 青天葵有什么药用价值？

（1）药材植物来源。兰科植物毛唇芋兰［*Nervilia fordii*（Hance）Schltr.］。别名：青莲、独脚莲、独叶莲、珍珠叶等。

（2）药用部位。全草或植物的叶。

（3）药材性味。味甘，性凉。

（4）药材归经。归心、肺、肝经。

（5）药材功效。润肺止咳，健脾消积，清热凉血，散瘀解毒。

（6）药材临床应用。可治疗肺结核咳嗽、支气管炎、小儿肺炎、疮疖肿痛、跌打损伤、血热斑疹、疮毒等症。广东人常用青天葵泡茶喝，可用于消暑解热。广州医学院第一附属医院用青天葵、款冬花、法半夏、五味子、熟附子、白芥子等十多味药材制成的天龙咳喘灵胶囊具有化痰止咳、平喘的作用，可提高机体免疫力，并且可用于治疗慢性、喘息性支气管炎，哮喘，肺心病等症。

（7）药材有效成分。主要含黄酮类、生物碱类、氨基酸等成分。

植株形态 　　　　　　　花序

青天葵的植物形态

★中国植物图像库，网址链接：http://www.plantphoto.cn/sp/38651

（编撰人：李倩；审核人：耿世磊）

247. 青天葵有哪些识别特点和生长规律？

（1）识别特征。多年生宿根小草本，高10~27cm，全株光滑无毛。块茎圆球形，肉质，白色。叶1枚，在花凋谢后长出，淡绿色，质地较薄，干后带黄色，心状卵形，长约5cm，宽约6cm，先端急尖，基部心形，边缘波状。总状花序，花冠下垂，不整齐，5片，披针形，唇瓣1片，白色，有紫红色脉纹，内面被茸毛，雄蕊与雌蕊合生成合蕊柱。蒴果椭圆形，多数。种子微小，极多数，粉尘状。花期春季。

（2）生长规律。青天葵的生长期有6个月左右，其余时间地下部分均处于休眠期，因此其最大特点之一就是休眠期长。青天葵的越冬块茎于4月开始萌动，4月底至5月中旬幼苗出土，较大的块茎先抽薹、后开花，花先于叶开放。花期在5—9月，果期在6—8月。5—6月是青天葵叶片生长最快的阶段；9月中旬至月底，叶片枯萎。

（编撰人：李倩；审核人：耿世磊）

248. 青天葵种植对产地环境和土壤条件有什么要求？

（1）产地环境条件。青天葵是阴生植物，种植时，荫蔽度需达到60%～70%。青天葵植株喜温暖湿润的环境，尤其喜生长在日照及雨量都很充足的地方。研究表明，青天葵需种植在年平均日照时数为1 875～1 960h的地区，且种植地的年平均气温要达到20～28℃，此外，种植地的年降水量应到达1 600～2 000mm且无霜期在300d以上。在生长期，青天葵对水分十分敏感，既怕干旱，也怕积水，要注意保湿。青天葵作为中药材，在人工种植生产时，宜选择大气、水资源等皆无污染的地方种植。

（2）土壤条件。青天葵野生植株常生于背阳坡的石缝中、草丛中、石块旁或树林下潮湿的腐殖土中。青天葵喜排水良好、土质肥沃、土壤疏松、土层深厚的沙质壤土，且土壤pH值应保持在5.5～8。

（编撰人：李倩；审核人：耿世磊）

249. 青天葵如何育苗？如何进行苗期管理？

（1）育苗。由于青天葵种子纤细、呈粉末状，难以萌发，生产上多采用块茎进行繁殖。选种：在4月底5月初，挖取新鲜的青天葵块茎，或已经萌发的带块茎的植株；按大小将其进行分级；选较阴凉的地方，用新鲜河沙进行保存。播种：种植前将块茎取出，放在阴凉通风处晾置1～2d，选晴天播种；采用点播法播种，按行株距10cm×15cm、深5cm进行挖穴，每穴中放1个块茎。留种：在栽后的当年9—10月，割取地上部分作为药材，而将新长出的块茎留在地里过冬；至翌年4月，再将块茎挖起作种。

（2）苗期管理。块茎播种、覆土后，可在畦面上覆盖一层落叶进行保湿。遇干旱天气时要及时淋水；在多雨季节要及时排除积水。同时，应及时松土，以免土壤板结，并结合松土进行除草。

（编撰人：李倩；审核人：耿世磊）

250. 青天葵的栽培技术要点是什么?

（1）整地。选择水源充足、土质肥沃的平地，除去杂草，深耕细耙，开好排水沟，将其做成宽80cm、高20cm的畦，并施足基肥；搭建荫蔽度达60%～70%的遮阴棚。

（2）定植。种植可在晴天进行，一般采用点播法，按行距10cm×15cm、深5cm挖穴，在每穴中放一株幼苗，每亩播种量20 000株；播种后应及时给足定根水，并盖好遮阳网，保证荫蔽度在60%～70%。

（3）田间管理。移栽后，若出现缺株情况要及时进行补苗，应及时进行松土除草、防治土壤板结。因青天葵的生长期短，在施加了基肥的基础上，后期也要根据叶色变化追加有机肥，以利于植株更好地生长。青天葵的主要病害是斑点病，选择无病株的块茎繁殖、与其他作物进行轮作可防治病害，若开始发病，及时喷洒农药。

（编撰人：李倩；审核人：耿世磊）

251. 青天葵的采收加工技术要点是什么?

（1）采收技术。在7月下旬，青天葵生长已枝叶茂盛、颜色翠绿、植株饱满，在此时采收较为适宜。青天葵的传统采收方式是采收全草，但为了保留地下块茎作为种源，在采收时一般是仅剪取青天葵植株的地上部分，或将整株挖起，取下连着母块茎的植株作为药材，而去除较小的子块茎，留作种源。

（2）加工技术。将收获的青天葵叶片或植株洗净，在太阳下摊开、晾晒，并时常翻动；晒至半干时，用手将叶片搓成粒状，边晒、边搓，当搓成团的叶片不再松开时即可停止，然后继续晒至全干。在加工过程中，若遇阴雨天气，要将青天葵放在室内通风处摊开，不能堆放，否则易变黄腐烂，可用炭火烧烤，及时进行加工。青天葵药材在干燥后应装入干净的布袋、麻袋或塑料编织袋，放置在阴凉、干燥、通风处存放，并注意防潮防虫。

（编撰人：李倩；审核人：耿世磊）

252. 九节茶有什么药用价值?

（1）药材植物来源。金粟兰科植物草珊瑚 [*Sarcandra glabra* （Thunb.）Nakai）]。别名：肿节风、观音茶、接骨木、驳骨茶、骨风消等。

（2）药用部位。植物全株。

（3）药材性味。味辛、苦，性平。

（4）药材归经。归肺、心、肝经。

（5）药材功效。抗菌消炎、祛风除湿、活血止痛、清热解毒、通经接骨等。

（6）药材临床应用：可用于治疗各种炎症性疾病，如肺炎、急性阑尾炎、急性胃肠炎、细菌性痢疾、脓肿等症，也常用于治疗绦虫病、类风湿性关节炎、跌打损伤、骨折等症。九节茶的挥发油、浸膏还具有抗肿瘤的作用。常用处方：用九节茶3钱、防风2钱、沙氏鹿茸草1钱，并加适量白砂糖制成5mL的糖浆，将所制成的糖浆服下，每次服用所制作好的5mL糖浆，连服3d，有预防感冒的作用。

（7）药材有效成分。主要含黄酮苷、挥发油、香豆素、鞣酸等成分。

植株形态　　　　　　　　　果序

九节茶的植物形态（实地拍摄）

（编撰人：李倩；审核人：耿世磊）

253. 九节茶有哪些识别特点和生长规律？

（1）识别特征。多年生常绿半灌木，高50～120cm；茎枝均有膨大的节。叶革质，卵状长圆形，长6～17cm，宽2～6cm，顶端渐尖，基部尖或楔形，边缘具粗锐锯齿，两面均无毛；叶柄长0.5～1.5cm，基部合生成鞘状；托叶钻形。穗状花序顶生，通常分枝，连总花梗长1.5～4cm；苞片三角形；花小，黄绿色。核果球形，直径3～4mm，成熟时亮红色。花期6月，果期8—10月。

（2）生长规律。播种需30～40d出苗，扦插要40～50d出苗；苗期播种苗和扦插苗均长出4～6片真叶。在苗期，九节茶生长缓慢，地上部分直立生长，通常不分支。播种苗在定植后的第2年可开花，从开花到果实成熟一般要4～5个月；在华南地区九节茶一般在6月开花。从开花至采收前，枝条仍然能继续生长。九节茶基部的萌蘖能力强，可在生长旺盛的季节追肥，促进萌蘖，增加产量。

（编撰人：李倩；审核人：耿世磊）

254. 九节茶种植对产地环境和土壤条件有什么要求？

（1）产地环境条件。九节茶对气候适应性广，易栽培。温度：九节茶喜温暖湿润气候，在生长的前期九节茶要求较高的温度，有利于植株营养生长；根茎生根萌芽的适宜温度为20~30℃；植株生长的最适温度也为20~30℃。光照：九节茶为耐阴植物，在散射光条件下生长良好，忌强光直射，种植时应搭建遮阴棚。水分：九节茶喜湿润，怕积水，栽培时若出现低洼积水，那么易出现根烂苗死的情况。

（2）土壤条件。九节茶常分布在山坡灌丛或溪间边，对土壤的适应性广，在沙土、沙质壤土和壤土等土壤上均可种植，但以腐殖质多、有机质丰富、土壤疏松、保水性强、排灌性好、pH值为5.5~6.8的微酸性的沙壤土为好，忌在易板结、易积水的黏土中种植。

（编撰人：李倩；审核人：耿世磊）

255. 九节茶如何育苗？如何进行苗期管理？

（1）育苗。九节茶有多种繁殖方式，在生产上多采用扦插繁殖进行育苗。

①种子繁殖。在整好的苗床上，按行距20cm，开宽3cm左右的播种沟，将种子均匀播于沟内，用细土覆盖畦面，盖草，并搭遮阴棚。

②扦插繁殖。时间：常在春季或秋季进行。插条：从生长健壮的植株上选取枝条，除去叶片，剪成长10~15cm、具2~3节的茎段作为插穗；将插条在生根粉溶液中浸泡2~3min。扦插：在苗床上按5cm×10cm的株行距开沟；将插条斜倚沟壁，覆土按紧使土壤与插条紧密接触；浇透水，搭遮阴棚。

③分株繁殖。九节茶基部的分蘖能力强，可进行分株繁殖。先从离地面10cm处割下枝条入药或作插条，然后挖起根兜；按茎秆将根兜分割成多个带根系的小株；按株行距30cm×30cm进行栽培；栽植后，浇足水。

④压条繁殖。在茎枝生长成熟时，在接近地面的基部枝条处堆土，或将母株枝条下部弯曲埋入土中，待形成不定根后，再将其切离母株进行种植。

（2）苗期管理。无论是种子繁殖还是扦插繁殖，在苗期都要经常松土除草、适时追肥、注意遮阴、保持土壤湿润，但不能有积水。

（编撰人：李倩；审核人：耿世磊）

256. 九节茶的栽培技术要点是什么？

（1）整地。选择土壤湿润、排灌便利的田地，深翻除草，在种植前整平耙匀，并做畦、挖好排水沟。

（2）定植。待播种苗长至10cm以上或扦插苗萌发的新芽有4~5对新叶时可进行移植。移栽宜选择健壮、长势好的苗，在阴天或晴天傍晚进行。移栽时，可采用穴栽，或开沟种植，宜合理密植，按30cm×40cm左右的行株距种植；种植后要覆盖细土、适当压实，立即浇透定根水。移栽后要加强管理，若发现缺株应立即带土补栽，保证苗齐、苗全、苗壮。

（3）田间管理。苗期要及时清除田间杂草、适时中耕松土；一般每年应进行3~4次中耕。在生长过程中，要及时摘除老叶、病叶，以利于通风透光、减少病虫害发生；同时要保持土壤湿润。在生长期应及时施肥以促进植株生长、提高抗病能力，一般在每年春、夏两季应各追肥一次；在冬季可结合培土施一次农家肥或复合肥，即可保温防寒，又能促进翌春植株生长。九节茶具较强的耐阴性，喜散射光，要适当遮阴。

（编撰人：李倩；审核人：耿世磊）

257. 九节茶的采收加工技术要点是什么？

（1）采收技术。在九节茶种植1年左右，当植株高90cm左右时进行采收，此时九节茶处于枝叶旺盛的生长期，产量和质量都较高；采收一般在夏季晴天进行；采收时，割取地上茎叶，注意应割大、留小，将刚萌发的枝条留下继续生长，而将较老且较长茎枝在离地5~10cm处割下。

（2）加工技术。将收割后的九节茶去除杂草、污物，剔除腐烂变质部分，清洗干净后立即晒干。晒干后，待叶片回软时，将药材扎成把，再捆压成件。选择通风、干燥、清洁、阴凉、无异味、无污染的地方贮藏，并注意彻底灭虫，防止霉变和虫蛀。也可将新鲜摘取的九节茶在除去杂物、洗净后直接做成浸膏，交给制药厂作为生产中成药的原料，或者用于提取挥发油。

（编撰人：李倩；审核人：耿世磊）

258. 穿心莲有什么药用价值？

（1）药材植物来源。爵床科植物穿心莲［*Andrographis paniculata*（Burm. f.）

Nees.）]。别名：春莲秋柳、一见喜、苦胆草、榄核莲、斩龙剑、四方莲、金香草、金耳钩等。

（2）药用部位。植物全草。

（3）药材性味。味苦，性寒。

（4）药材归经。归心、肺、大肠、膀胱经。

（5）药材功效。清热解毒，凉血消肿。

（6）药材临床应用。可用于治疗肠道及呼吸道感染、感冒发热、咽喉肿痛、口舌生疮、钩端螺旋体病、蛇虫咬伤、小儿消化不良、菌痢、肝炎、胆囊炎、麻风病、血栓闭塞性脉管炎等症；还可用作兽药，以治疗猪、牛肠胃炎、菌痢、鸡白痢等症。将穿心莲粗粉用85%乙醇热浸提取，浓缩，呈稠膏状，干燥，压制成片，包上薄膜衣，即可制得穿心莲片，具有清热解毒，凉血消肿的作用，可用于感冒发热，咽喉肿痛，热淋涩痛，毒蛇咬伤等症。

（7）药材有效成分。主要含二萜内酯类、黄酮类、多酚类化合物。

植株形态　　　　　　花序

穿心莲的植物形态

★PPBC中国植物图像库，网址链接：http://www.plantphoto.cn/sp/30509

（编撰人：李倩；审核人：耿世磊）

259. 穿心莲有哪些识别特点和生长规律？

（1）识别特征。一年生草本。株高50～80cm，茎直立，4棱，下部多分枝，节膨大。单叶对生，纸质，叶披针形或长椭圆形，长4～8cm，宽1～2.5cm。花序轴上的叶较小，总状花序顶生和腋生，集成大型圆锥花序；苞片和小苞片微小；花萼裂片三角状披针形，长约3mm，有腺毛和微毛；花冠小，下唇带紫色斑纹，外有腺毛和短柔毛，2唇形，上唇微2裂，下唇3深裂，花冠筒与唇瓣等长。蒴果扁长圆形，疏生腺毛；种子多数，细小。花期9—10月。

（2）生长规律。穿心莲种子经温汤浸种或摩擦处理，播种后约15d出苗。在初期，幼苗生长缓慢；当苗高10cm后，生长加快，并长出分枝；6—8月，为穿心莲的生长旺盛期；9月，植株横茎生长变缓慢；9月下旬，株高停止增长。10月上中旬，气温降至8℃时，叶变成红紫色；10月下旬植株开始枯萎。

（编撰人：李倩；审核人：耿世磊）

260. 穿心莲种植对产地环境和土壤条件有什么要求?

（1）产地环境条件。温度：穿心莲喜温暖的环境，穿心莲幼苗生长的最适温度为25～30℃；当气温下降到15～20℃时则生长缓慢；气温降到8℃时，植株生长停止，叶片呈现紫红色。水分：穿心莲喜湿、怕旱，在相对湿度为70%～80%时利于其生长。光照：穿心莲为喜光植物，在荫蔽条件下会出现植株徒长、容易倒伏、叶片变薄、茎秆纤弱等情况，但用12h的短日照处理幼苗则能促进开花。养分：穿心莲极为喜肥，一般每亩可施有机肥3 000～5 000kg，需进行多次追肥。

（2）土壤条件。穿心莲适宜栽培在肥沃、疏松、排水良好、微酸性或中性沙壤土上，若在贫瘠的沙土地上种植则植株生长缓慢、叶色发黄，在黏质土壤中则易感病。此外，因穿心莲喜湿，土壤的含水量宜保持在25%～30%，有利于植株生长。

（编撰人：李倩；审核人：耿世磊）

261. 穿心莲如何育苗? 如何进行苗期管理?

（1）育苗。

①种子育苗。多采用种子育苗移栽方式，也可进行种子直播。

选地和整地：选择地势平坦、背风向阳、肥沃疏松、排灌良好的土地进行育苗和栽种；育苗前或直播前，要施基肥、整地做畦、开排水沟。播种：播种前将苗床灌透水，将经温汤浸种或摩擦后的种子与草木灰拌匀，撒播于苗床上；播后覆盖细土，厚度以刚好盖没种子为宜；喷水使盖土湿透，再盖上碎枝叶或薄锯末以保持土壤水分；适宜条件下，6d出苗。若直播，则将处理过的种子按行距20cm、深约0.5cm挖浅沟，进行条播，将土与种子稍压紧，在畦面上盖草以保温保湿。

②扦插育苗。若种苗不足而又需大量繁殖时可采用扦插方式繁殖。将枝条剪成长10cm的小段，除去下部叶；按行距15cm、株距6cm将插条斜插入苗床内，土中至少需留一个节以便生根；适当荫蔽，早晚浇水保湿，13～15d后可移栽到大田。

（2）苗期管理。需保持苗床湿润，以相对湿度70%～80%、土表不干燥发白为宜。苗出齐后可减少浇水次数，控制土壤湿度以防猝倒病。苗床温度以25～30℃为宜，可在傍晚加盖保温，第二日揭开通风降温。当出苗达50%～70%时，应及时揭除覆盖物，并在苗期结合除草进行浅中耕。对于直播苗，需在苗出齐后进行间苗，按株距9～12cm留一株壮苗。

（编撰人：李倩；审核人：耿世磊）

262. 穿心莲的栽培技术要点是什么？

（1）整地。整理种植地，使畦面平整、表土细碎疏松；按株距15cm左右、行距25cm挖穴，各穴呈"品"字排列。

（2）移栽。在播种育苗1个月后，幼苗高约10cm、具3～5对真叶时即可将其移栽到种植地。

（3）定植。每穴内栽1株苗，使根系舒展、垂直向下。移栽后应及时浇水，缓苗前要保持土壤湿润疏松，以利于幼苗扎根。幼苗移栽1周后，可浇1次稀粪水，覆土压实。缓苗后，宜浅松土1次，经常保持土壤湿润。

（4）田间管理。中耕除草：在定植初期，要勤除杂草、松土，每15～20d需中耕除草一次；中耕宜浅，在植株根部适当培土，促使不定根生长，加强吸收水、肥能力。施肥：穿心莲需大量氮肥，必须适时追肥，一般不少于3次；留种地在封垄后应停止追施氮肥，而增施磷、钾肥，以利于花果生长。摘顶芽：穿心莲以全草入药，当苗高30～40cm时摘取顶芽，促进侧芽生长。间作：为减少病虫害，穿心莲要进行间作，忌连茬栽培。

（编撰人：李倩；审核人：耿世磊）

263. 穿心莲的采收加工技术要点是什么？

（1）采收技术。穿心莲在花蕾期和开花初期时，穿心莲的内酯含量最高，此时也是植株生长最茂盛的阶段，而在盛花期，叶子有少部分脱落，会影响产量和质量。因此，穿心莲的采收应在花蕾期和开花初期进行。当穿心莲开花现蕾时，齐地割取全草，或将植株连根拔起，再除去根系。

（2）加工技术。将收割的穿心莲地上部分摊开，摊成薄层，进行晾晒，并随时翻动，以使阳光照射均匀；翻动时应注意动作要轻，以免叶片脱落而影响质量。待茎秆晒至发脆时，将其扎成把，即可入库贮藏。对穿心莲进行炮制时，取穿心莲原药材后要去除杂质、洗净泥沙，将药材切段，晒干或低温烘干。穿心莲应存放在阴凉干燥处；注意药材应先进先出，若贮存时间过长，会散失气味影响质量。

（编撰人：李倩；审核人：耿世磊）

264. 石斛有什么药用价值?

（1）药材植物来源。兰科植物金钗石斛（*Dendrobium nobile* Lindl.）。

（2）药用部位。植物的干燥茎。

（3）药材性味。味甘，性微寒。

（4）药材归经。归胃、肾经。

（5）药材功效。益胃生津，滋阴清热，润肺益肾，明目强腰。

（6）药材临床应用。可用于治疗热病津伤、口干烦渴、胃阴不足、食少干呕、阴虚火旺、目暗不明、筋骨痿软等病症，具有抗肿瘤、抗衰老、增强机体免疫力、扩张血管及抗血小板凝集等作用。铁皮石斛用开水冲泡，当茶饮用，并连渣一同食用，具有开胃、健脾、降火、理气作用，可治疗慢性咽炎等症。将铁皮石斛洗净，切碎，加其他中药材加水煎汁，浓缩，加冰糖，熬制成膏状饮用，对治疗体虚劳损、肢节疼痛、体乏无力、盗汗等症有较好的作用。将鲜铁皮石斛加工成铁皮枫斗，临床研究显示，铁皮枫斗的制剂能改善气阴两虚、肺癌患者的症状；铁皮枫斗的颗粒制剂和铁皮枫斗制成的胶囊也能有效改善慢性萎缩性胃炎的症状。

植株形态

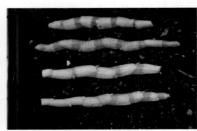
茎

金钗石斛的植物形态

★PPBC中国植物图像库，网址链接：http://www.plantphoto.cn/sp/39106

（7）药材有效成分。主要含石斛多糖、石斛碱、氨基酸等。

（编撰人：李倩；审核人：耿世磊）

265. 石斛有哪些识别特点和生长规律？

（1）识别特征。多年生附生草本，丛生但不分枝。茎圆柱形，铁青色或灰绿色，长10～50cm，粗0.2～0.4cm，基部稍有光泽，节间长1.5～3cm，具纵纹，节位深褐色、有环痕。叶互生，矩圆状披针形，稍带肉质，长2～4cm，宽0.5～1.8cm，先端略钩转；叶片绿色，叶鞘呈灰白色、膜质、具紫斑。总状花序，花2～5朵、有香气；花苞片干膜质、浅白色、卵形；萼片和花瓣黄绿色，近相似，长圆状披针形；唇瓣白色，卵状披针形，中部反折。蒴果倒卵形。

（2）生长规律。铁皮石斛的分蘖能力强，在适宜环境中全年均可分蘖新茎。一年生新茎下端萌生须根，3月中至6月中旬、9月中至11月上旬，是根生长的旺盛期。二年生茎主要是积累营养和孕花。花期为3—6月。开花后，从茎基部长出新芽并发育成新茎，老茎逐渐皱缩；新茎在秋季开始进入休眠期，以利于越冬花芽的形成。种子成熟期为11月至翌年2月。

（编撰人：李倩；审核人：耿世磊）

266. 石斛种植对产地环境和土壤条件有什么要求？

（1）产地环境条件。铁皮石斛自然生长于湿度较大并有充足散射光的亚热带深山老林中，因而喜温暖、潮湿、阴凉的环境，气温过高或太低都不利于其生长，其最适宜的生长温度为20～28℃。铁皮石斛是有气生根的兰科植物，环境空气湿度与其生长有密切关系，其适宜生长在年降水量1 000mm以上、空气相对湿度80%以上的地方。光照太强或太弱都会影响铁皮石斛生长，在夏季高温季节要覆盖遮阳网，在冬季要揭开遮阳网以增加光照强度。此外，在栽培过程中适当追肥，可促进植株生长、提高抗逆力。

（2）土壤条件。铁皮石斛喜潮湿环境，因而要求栽培基质既要有良好的保水性，又要有一定的通风透气性。铁皮石斛的栽培基质包括水苔、碎石、花生壳、苔藓、椰子皮、松树皮、木屑、木炭、木块等，在生产中常用树皮、木屑，或树皮、木屑、碎石、有机肥混合物作栽培基质。

（编撰人：李倩；审核人：耿世磊）

267. 石斛如何育苗？如何进行苗期管理？

（1）育苗。

①苗床。铁皮石斛为附生植物，靠气生根在空气中吸收养分和水分，因而需要岩石、砾石或树干等作载体。可用砖石砌成高15cm的高厢，将腐殖土、细沙和碎石拌匀，填入厢内，平整厢面，在其上搭建约1.2m高的荫棚。

铁皮石斛的育苗方法有多种，还可利用种子、茎尖及茎节进行无菌培养。

②分株繁殖。宜在3月底或4月初进行繁殖；选择长势良好、无病虫害、根系发达、萌芽多的植株作为种株，将其连根拔起，除去枯叶和断枝、减掉过长的须根；按茎数分成若干丛，每丛有茎4～5枝作为种株。

③扦插繁殖。以5—6月为宜；选取3年生健壮的植株，剪成长15～25cm的茎段，每个茎段保留4～5个节，插于蛭石或河沙中。

④高压繁殖。多在夏季进行；选择3年以上的铁皮石斛，其茎上每年都要萌发腋芽并长出气生根，成为小苗；当小苗长到5～7cm长时，就可割下进行移栽。

（2）苗期管理。铁皮石斛多在大棚中栽培，大棚要能通风、遮阴、挡雨、有防虫网；栽培时应注意通过覆网、浇水等方式调整光照、温度、湿度、通风，要求保持基质湿润、空气湿度保持在80%以上；不能有积水，浇水时最好采用喷灌或滴灌，不得冲灌。

（编撰人：李倩；审核人：耿世磊）

268. 石斛的栽培技术要点是什么？

（1）建棚。搭建温度、湿度、光度可调节的大棚，营造通、透、漏的立地条件。移栽前，将基料浸泡消毒，按厚度约10cm将其铺在花床上；整平，经常浇水，使基料踏实、保湿。

（2）种植。选在春季（3—4月）、秋季（8—9月）进行种植；适宜丛栽，株间距以15cm×13cm为宜。

（3）日常管理。铁皮石斛生长要求严格的生态条件，人工栽培时要勤管理。应根据空气温度和湿度变化适时喷水保湿，用淋洒和喷雾方式浇水；水源最好是泉水和河水，不能用井水。铁皮石斛耐肥力弱，施肥要遵循"勤施、薄施、适时、足量"的原则，用液态肥进行床面喷施；幼苗移栽后，在第7～10d开始喷第1次，之后每7d喷一次。定植后，每年应除草2次，并清除枯枝落叶，第1次在3月中旬到4月上旬，第2次在11月；高温季节不除草。生长期间要注意调节荫蔽度，适时揭盖棚。每年春季发芽前或采收时要及时剪取老枝、枯枝和生长过密的枝。若已经栽培多年，要进行翻蔸。

（编撰人：李倩；审核人：耿世磊）

269. 石斛的采收加工技术要点是什么?

（1）采收技术。铁皮石斛可全年进行采收，但以秋后采收的药材质量最佳。采收时，用剪刀或镰刀从植株基部将老茎剪下，剪口位置为茎基部的第2节；注意采老留嫩的原则，使嫩枝能继续生长和收获。

（2）加工技术。

①鲜石斛的加工。将采收的铁皮石斛除去须根和枝叶，用湿沙贮存备用，也可平装在竹筐内，盖蒲席贮存，注意通风，沾水易腐烂。

②干石斛的加工。有水烫法、热炒法和"枫斗"加工法。水烫法：将鲜石斛除去叶和须根，在水中浸泡数日，用刷子刷去茎秆上的叶鞘膜，晾干水汽后进行烘烤；烘干后，用干稻草捆绑使其不透气，再均匀烘烤；至七八成干时，揉搓一次并烘干；取出药材，喷少许沸水，接着顺序堆放，用草垫盖好使颜色变成金黄色，再烘至全干。热炒法：将按上述方法得到的干净铁皮石斛置于炒热的河沙锅内，用热沙将石斛压住，翻动，至叶鞘干裂时取出，揉搓，用水洗净泥沙，在烈日下晒干，夜露之后反复揉搓；如此2~3次，直至药材色泽呈金黄、质地紧密、干燥。"枫斗"加工：需经过原料整理、低温烘焙、卷曲加工和产品干燥4个步骤。

（编撰人：李倩；审核人：耿世磊）

270. 凉粉草有什么药用价值?

（1）药材植物来源。唇形科植物凉粉草（*Mesona chinensis* Benth.）。别名：仙草、仙人草、仙人冻、薪草等。

（2）药用部位。植物地上部分。

（3）药材性味。味甘、淡，性寒。

（4）药材归经。归脾、肾经。

（5）药材功效。清热利湿，凉血解毒。

（6）药材临床应用。可用于治疗中暑、糖尿病、高血压、黄疸、泄泻、痢疾、肌肉疼痛、关节疼痛、急性肾炎、风火牙痛、烧烫伤、丹毒、梅毒和漆过敏等症。市场上销售的多种凉茶的主要原料就是凉粉草，如加多宝、王老吉、和其正等凉茶。两广地区常在夏天将凉粉草做成凉粉食用，具有清热、解渴的作用。称取凉粉草6两（1两=50g，全书同），将其蒸数次，加连毛的生麻雀8只，浸在2kg双料酒中，浸20d，然后每次服3两左右，可治花柳毒入骨之症。

（7）药材有效成分。主要含多糖、黄酮类化合物。

植株形态　　　　　　　　　花序

凉粉草的植物形态（实地拍摄）

（编撰人：李倩；审核人：耿世磊）

271. 凉粉草有哪些识别特点和生长规律？

（1）识别特征。直立或匍匐草本。株高15～100cm，茎四棱形，被毛。叶对生，狭卵圆形至阔卵圆形，长2～5cm，宽0.8～3cm，先端急尖或钝，基部渐收缩成柄，边缘具齿，纸质或近膜质，两面均有疏毛。轮伞花序多数，组成顶生总状花序，花序长2～13cm；花萼钟形，密被白色疏柔毛；花冠唇形，淡红色，长约3mm，外被微柔毛，冠筒极短，喉部极扩大，冠檐二唇形，上唇宽大，具4齿，下唇全缘，舟状。小坚果长圆形，黑色。

（2）生长规律。凉粉草的生育期约180d。当日平均气温达到20℃以上，又有适合的肥水条件时，植株生长旺盛；当日平均气温在15℃以下时，则生长缓慢；当气温在0℃以下时，植株的地上部分将被冻死，以宿根过冬。当土壤干燥时，植株生长状况差，产量低。

（编撰人：李倩；审核人：耿世磊）

272. 凉粉草种植对产地环境和土壤条件有什么要求？

（1）产地环境条件。凉粉草自然生于水沟边及干沙地草丛中，喜温暖湿润气候。凉粉草在日平均气温20℃以上时，生长旺盛；在15℃以下时则生长缓慢；在10℃以下时则停止生长；在0℃以下时，地上部分枯死，以宿根越冬。因此，种植凉粉草需要在年平均温度18～22℃、绝对最低温度大于-5℃、1月平均温度大于8℃、年有效积温6 000℃以上的地方。凉粉草喜湿润、忌干旱和积水，在其生长发育期若雨水充足常能达到高产，但若积水浸泡超过2d就会造成烂根。

（2）土壤条件。凉粉草对土壤条件的要求不严，但以肥沃、疏松、湿润、土层深厚、活土层在30cm以上且富含腐殖质的沙壤土为好；若在干旱贫瘠土壤上种植，则植株矮小、生长缓慢。

（编撰人：李倩；审核人：耿世磊）

273. 凉粉草如何育苗？如何进行苗期管理？

（1）育苗。凉粉草的根、茎或种子均可作繁殖材料，但种子发芽率低，故生产中常采用扦插繁殖进行育苗。

①苗床。选择无污染、土层肥沃、排灌方便的地块，施有机肥作基肥，将地整成宽1.5m的畦。

②扦插时间。扦插育苗一般在3月进行，当新叶开始展开时就可育苗，至移种栽植前可育苗2～3次。

③插条。选择生长健壮凉粉草，取新鲜或半老枝条作为插穗，将其剪成长8～10cm、具4～5片叶的茎段；立即将插条用生根粉溶液浸泡。

④扦插。在畦上开深约10cm的小沟，按6～8cm的株距将插条斜放在沟里；覆细土、轻压，使土壤与枝条接触；及时浇透定根水。当气温高时，苗床上需搭拱架、覆盖遮阴网，并注意浇水保湿。

⑤分株繁殖。一般在秋末植株休眠前或早春植株生长至10～15cm高时进行；从去年无病害的母株根际，选取萌蘖或根部新枝条，将根切开，用来繁育。

（2）苗期管理。苗期需注意保持土壤湿润、及时除去杂草。种植8～10d后，可浇一次稀薄有机粪水或浓度为1%～1.5%的稀薄尿素水。育苗时间一般为15～30d；当新苗长至20～25cm长、地下新根茂密时，即可将幼苗移栽到大田中。

（编撰人：李倩；审核人：耿世磊）

274. 凉粉草的栽培技术要点是什么?

（1）整地。选择水源充足、土壤肥沃、排灌方便的田块，种植前深耕细耙、除草、做畦、挖排水沟、施基肥；然后，在畦面上覆盖黑地膜。

（2）定植。在清明前后进行移栽。先在苗床上灌起苗水，带土挖出幼苗；按行株距30cm×30cm定植，移栽后要及时淋透定根水。在移栽后7～10d进行全面检查，若发现苗弱或有死苗，及时清除并补种同龄苗，以保证全苗种植。

（3）田间管理。凉粉草在生长期需水量大，应及时灌水。凉粉草不耐积水，雨季应及时排涝。在种植35～45d植株将要封行时，将黑地膜除去；中耕除草1～2次；在去除黑地膜15d后，追施复合肥，此后每隔20～30d施1次复合肥，全年需追施2～3次肥。留种的凉粉草，在过冬遇低温时要盖上塑料膜。

（编撰人：李倩；审核人：耿世磊）

275. 凉粉草的采收加工技术要点是什么?

（1）采收技术。应在植株开花前完成对凉粉草的采收。采收时，用镰刀将离地面2～3cm的凉粉草植株割起，并注意收割时尽量不沾泥带土，注意尽量不割到杂草及根部，这样能减少药材中带根、泥沙和杂草的概率。

（2）加工技术。收割后，不能直接将凉粉草放在阳光下暴晒至干，而应放置在不被太阳光直射的地方阴干，期间要注意防止雨淋而导致药材发霉。当凉粉草晾晒到五成干时，将凉粉草堆起，并用薄膜覆盖，闷24h，然后再晒至干燥。

对药材进行精选时，除去其中的杂草、泥沙及发霉的药材；将选好的药材捆压成捆，每捆50kg；用不易破损，并且干燥、清洁、无异味的麻袋或纸箱等进行包装；将装好的药材放置在防潮、防水、防暑、防晒的库房中贮存。

（编撰人：李倩；审核人：耿世磊）

276. 溪黄草有什么药用价值?

（1）药材植物来源。唇形科香茶菜属植物线纹香茶菜 [*Rabdosia lophanthoides*（Buch.-Ham. ex D. Don）Hara]。别名：熊胆草、血风草、黄汁草、土黄连等。

（2）药用部位。植物的干燥全草。

（3）药材性味。味苦，性寒。

（4）药材归经。归肝、胆、大肠经。

（5）药材功效。清热解毒，利湿退黄，凉血散瘀。

（6）药材临床应用。可用于治疗湿热、黄疸、急性黄疸型肝炎、急性胆囊炎、肠炎、痢疾、疮肿、跌打淤肿等病症。溪黄草在广东各地的临床应用中都较普遍，已经开发出了溪黄草冲剂、溪黄草袋泡茶等保健产品，这类保健品一般具有防治肝炎的作用。中药溪黄草也是消炎利胆片、胆石通胶囊、复方胆石通胶囊等成药的原材料之一。此外，溪黄草配酢浆草、铁线草，水煎，服用后可治急性黄疸型肝炎。

（7）药材有效成分。主要含黄酮类、萜类、酚酸类等化合物。

植株形态　　　　　　　　　　叶

溪黄草的植物形态（实地拍摄）

（编撰人：李倩；审核人：耿世磊）

277. 溪黄草有哪些识别特点和生长规律？

（1）识别特征。多年生草本，株高60~100cm。茎直立，四棱形，具槽；根茎肥大，密生纤细的须根。叶对生，卵圆形或卵圆状披针形，长3.5~10cm，宽1.5~4.5cm，先端近渐尖，基部楔形，边缘具粗大内弯的锯齿；揉之有黄色汁液。花细小，淡紫色，聚伞花序顶生或腋生，长7~20cm，宽3~6cm；花序梗短，密被毛；花萼钟状，结果时外面有红褐色腺点和短毛；花冠2唇形，上唇短，下唇船形、全缘。小坚果卵圆形。花、果期8—9月。

（2）生长规律。溪黄草生长约90d即可收割。从种子萌发到露出第1片真叶需要约10d；幼苗期为从第1片真叶到7~8片真叶展开，时长约1个月；壮苗期为从幼苗移栽、定植后到出现花蕾，时长约需60d，其适宜的温度为20~30℃，并需要充足的肥水和光照；从开花、结籽直到种子成熟、采收，需要80~100d。

（编撰人：李倩；审核人：耿世磊）

278. 溪黄草种植对产地环境和土壤条件有什么要求?

（1）产地环境条件。在自然条件下，溪黄草常成丛生长在山坡、田边、溪旁、河岸及草灌丛中，喜生于沟边、溪旁或林下等潮湿处。溪黄草是长日照植物，喜光照，阳光充足的条件下，种子发芽好，且茎叶易生长，有利于健壮植株的形成。溪黄草对温度的适应性强，在5～35℃范围内都能生长，其根茎在5～6℃时就能萌发，产生新苗，而植株生长的最适宜温度为20～30℃。溪黄草是全草类药材，生长期可相对多施些氮肥。

（2）土壤条件。溪黄草对土壤的适应性较广，在pH值5.5～7的沙土、沙质壤土和壤土中均能种植，但以富含有机质、保水性好、疏松肥沃、排灌性好、pH值6左右的沙壤土为宜。溪黄草怕积水、泥土板结，若土壤出现低洼积水现象，则易引起烂根，且易发生病害。

（编撰人：李倩；审核人：耿世磊）

279. 溪黄草如何育苗? 如何进行苗期管理?

（1）育苗。

选择阳光充足、排灌方便、湿润肥沃的沙质壤土作育苗地，清除杂物后，将土壤充分耙细、做畦、开沟。溪黄草繁殖育苗可采用种子繁殖、扦插繁殖和分株繁殖。

①种子繁殖。播种时间应选在春季雨水充足、气温回升时进行，或在秋季果实成熟时进行；播种时，先用细沙按5∶1的比例与种子拌匀，撒播；播后覆一层细河沙，再盖稻草以保温保湿；播后即浇水，须洒匀、浇透。

②扦插繁殖。一般用嫩枝扦插。选择健壮枝条，将其剪成长10～15cm、具3～4个节的插条；剪去插条基部的叶片，将其下端剪成马蹄形切口，用生根粉浸泡；在畦上开横沟，将插条斜依沟壁，覆土压实；扦插完后浇透水，上盖荫蔽度50%的遮阳网，防阳光直射。

③分株繁殖。把当年收获后的匍匐根茎集中密植，作为留种田；冬季需防寒保湿；翌年春天，匍匐根茎上长出许多分蘖，用这些分蘖作种苗移植。

（2）苗期管理。种子繁殖时，在出苗后可施稀肥水1～2次；根据出苗情况，去弱留强，及时间苗；待苗长至10cm以上、具8～10片叶时，进行移植。扦插繁殖时，要常浇水，保持土壤湿润；幼苗一般在扦插一周后开始发根，15d后可移植。苗期均需注意保湿、去除杂草、合理追肥。

（编撰人：李倩；审核人：耿世磊）

280. 溪黄草的栽培技术要点是什么？

（1）整地。在大田中施足基肥，将畦面耙细耙平；按20cm×20cm的行株距挖穴或开沟。

（2）定植。移栽应在阴天无风或晴天傍晚进行；移栽时，要切断幼苗主根，以使苗株产生更多的侧根，形成发达的根系而有利生长。移栽后，覆土压实，要及时浇透定根水。

（3）田间管理。在整个生长发育期要注意肥水均匀，及时排水防涝，保持土壤湿润，及时防治病虫害。移栽定植后10d，可追施氮肥1次，以促根早生快发；移栽15～20d后，再施稀人、畜粪尿1次；以后每月可施有机肥1～2次；植株封行后，可改施颗粒复合肥1～2次。移植后，早晚需淋水，早春则用地膜覆盖以保温保湿；苗期要注意浇水保苗，促进根系下扎；植株封行后，耗水量增大，要经常灌水以保持土壤湿润。中耕除草一般在封行前实施，每年中耕3～4次，以减少水肥消耗、保持清洁、防治病虫害滋生；溪黄草的根系较浅，中耕宜浅。每次收割后都要松土施肥，这样有利于植株的萌芽抽枝成活。

（编撰人：李倩；审核人：耿世磊）

281. 溪黄草的采收加工技术要点是什么？

（1）采收技术。溪黄草每年可收割2～3次。春季种植的溪黄草，在生长大约90d后，即可收第1次；如果肥水充足、管理恰当，在首次收割70～80d后，可第2次收割；入冬前植株停止生长时，可第3次收割。采收通常选择在晴天进行；收割时，用镰刀在植株基部离地面2～3cm处割下茎叶，这样有利于分蘖萌芽。

（2）加工技术。收割后的溪黄草应除去杂草污物、剔除腐烂变质部分，将其清洗干净后再晒干。溪黄草的含水量高，收割后应及时干燥，可根据天气情况选择进行晒干、阴干或烘干。晒干后，待叶片回软时再将药材捆压成件，即成商品。

炮制时，除去杂屑、残根老梗，将药材扎成小把，用清水洗干净后捞起，沥干余水；润透后，将药材铡成1cm长小段，晒干或用文火烘干，筛去灰屑。

（编撰人：李倩；审核人：耿世磊）

282. 五指毛桃有什么药用价值?

（1）药材植物来源。桑科植物粗叶榕（*Ficus hirta* Vahl.）。别名：五爪龙、五指牛奶、土北芪等。

（2）药用部位。植物的干燥根。

（3）药材性味。味甘、辛，性平。

（4）药材归经。归脾、肺、肝经。

（5）药材功效。健脾补肺，化湿舒筋。

（6）药材临床应用。可治肝炎、脾虚浮肿、食少无力、肺痨咳嗽、水肿、盗汗、风湿、白带、产后无乳等症。研究显示，由五指毛桃、矮地茶、百部、桑白皮、白及等中药可制成抗痨丸，这种抗痨丸具有滋阴、降火、补肺、止咳等作用。此外，由五指毛桃根、麻黄、五味子、桂枝等中药制成的口服小儿喘咳液具有治疗哮喘的作用。

（7）药材有效成分。含氨基酸、糖类、甾体、香豆精及酚性成分等。其中补骨脂素是五指毛桃的重要有效成分，为呋喃香豆素类化合物，具有抗凝、抑制肿瘤、免疫调节等功能。

植株形态 　　　　　　　　　　　　花序

五指毛桃的植物形态

★PPBC中国植物图像库，网址链接：http://www.plantphoto.cn/tu/585894

（编撰人：李艳平；审核人：耿世磊）

283. 五指毛桃有哪些识别特点和生长规律?

（1）植物识别特征。灌木或落叶小乔木，全株被黄褐色短硬毛，具白色乳汁。根浅黄色，根皮柔韧，有香气。叶互生，纸质，长圆状披针形或广卵形，长10～34cm，常具3～5深裂片，基出脉3～5条，中脉两边的侧脉有4～7条，端短尖或渐尖，基部钝圆或心形，叶缘有锯齿，叶柄较长；叶两面粗糙，常有凹点。

隐头花序球形，成对生于叶腋；花小，黄绿色，单性，雄花生于花序近顶部，雌花生于另一花序内。瘦果内藏，椭圆形，表面有瘤状凸起。

（2）生长规律。五指毛桃多单株散生，很少成片生长；主要以扦插的方式进行繁殖；在春季2—3月，当苗高30～40cm时最适合定植。五指毛桃一般为自花授粉，果实极易掉落。五指毛桃一般在种植3～4年后进行采收，此时产量较高且质量较佳。

（编撰人：李艳平；审核人：耿世磊）

284. 五指毛桃种植对产地环境和土壤条件有什么要求？

（1）产地环境条件。五指毛桃多生长在光照良好的向阳坡地或半阳坡地，或者生长在旷野、山地灌丛或疏林中，温度、水分、光照等条件对五指毛桃的生长发育起着重要作用。温度：五指毛桃喜温暖环境条件，五指毛桃的适宜生长温度为20～28℃；一般五指毛桃对生长地的要求年平均气温约为20℃、夏季平均气温为28℃、冬季平均气温为10℃。水分：五指毛桃喜湿润环境，需生长在年平均降水量为1 400～1 800mm且水分适中的亚热带地区。光照：五指毛桃的生长要求种植地的年日照时数为1 770h左右，年总辐射量为454.7J/cm²左右。此外，五指毛桃的种植地需远离居民区和交通要道，要求种植地无大气、水质和土壤等污染。

（2）土壤条件。五指毛桃适宜生长于土层深厚、富含腐殖质、排水良好、疏松肥沃、保水、保肥能力强的土壤。

（编撰人：李艳平；审核人：耿世磊）

285. 五指毛桃如何育苗？如何进行苗期管理？

（1）育苗。

①扦插育苗。苗床：选择在光照良好、近水源、避风、肥沃疏松的缓坡地，土壤经翻耕后做成畦，在其上搭设荫棚。插条：选择长势良好的枝条，截成长15～18cm的插条，插条上部需留饱满的芽。扦插：以行距为15cm、株距为3cm将插条斜插于苗床，每个插条在地面上至少露出一个节。

②种子育苗。选种：采收2～3年生健壮植株的成熟果实，取出种子，将种子消毒后与湿润细沙按体积比1∶3进行混合，并拌适量的草木灰。育苗：将种子均匀撒播于苗床上，覆上一层细土或薄草，以保持土壤湿润，然后浇水。

（2）苗期管理。保湿：苗期需保持土壤湿润，应及时浇水；雨季应注意排除积水。除草松土：要勤除杂草，注意松土。间苗：当扦插苗长至高20cm以上、播种苗形成第二片真叶时，进行间苗。施肥：苗期可适量施用农家肥，扦插苗第二次追肥可施用复合肥，种苗长出3～4子叶时采用叶面施肥。病虫害防治：苗期易出现炭疽病，可喷施稀释1 000倍的高效生物免疫杀菌剂或稀释1 000倍的50%可湿性多菌灵；苗期虫害主要有卷叶虫和黏虫，可用2.5%鱼藤精乳油稀释800～1 000倍液进行喷杀。移栽：当苗高约30cm时可进行移栽，起苗时需注意不伤皮、不伤根。

（编撰人：李艳平；审核人：耿世磊）

286. 五指毛桃的栽培技术要点是什么？

（1）整地。选择光照良好、近水源、土层深厚、肥沃疏松的地段，翻耕、消毒后做畦，并开好排水沟。在翌年春天挖穴，穴的规格为30cm×30cm×25cm，穴内施用以腐熟农家肥为主的基肥。

（2）定植。一般在春季土壤解冻后或在秋季，选择阴雨天气进行种植，每穴栽1株健壮、无病虫害的苗木，填土压实后浇定根水。

（3）保湿。定植后可在畦面覆盖薄草，以保持土壤湿润疏松，也可以减少杂草生长。

（4）施肥。在定植后的返青期和壮苗期，要薄施氮肥，每亩施尿素3～5kg；此后，每隔一个月施一次复合肥，用量为每亩10kg，连施3次。植株成年后，在每年4月中旬、7月上旬、10月，沿树冠外缘挖对称的穴坑施生物有机肥，坑直径20～30cm，深10cm；或施五指毛桃叶面专用肥。

（5）修剪。根据植株生长情况可摘除顶芽，以促进分枝生长。为减少养分损耗，在5月下旬至7月下旬，可剪除主干分枝以下的萌条，剪短分枝上的侧枝，并摘除花果枝。

（编撰人：李艳平；审核人：耿世磊）

287. 五指毛桃的采收加工技术要点是什么？

（1）采收技术。在种植3～4年后，适宜在秋季进行采收。挖取时，宜采用轮流挖采的方法，即挖一侧的根、留一侧的根，并保留植株基部的1/3～1/2。将挖取的根部进行后续加工；留下的老根可在下年进行挖采；对留下的植株应及时进行培土施肥，加强田间管理，以利基部萌出新根，2~3年后可再次进行采收。如此轮流采收，可缩短采收间隔期和减少重新种植的成本，既可保证高产稳产，又可保护环境。

（2）加工技术。将挖取的根部进行清洗，除去泥土等杂质；按根的直径大小进行分级，将细根和须根切下后捆成小扎，将粗大的根趁鲜切成厚片。要将整理好的五指毛桃及时晒干，防止颜色变暗；遇上阴雨天气可用低温烘干，切忌用高温，以免散失香气。

（编撰人：李艳平；审核人：耿世磊）

288. 巴戟天有什么药用价值？

（1）药材植物来源。茜草科植物巴戟天（*Morinda officinalis* How）。别名：鸡肠风、黑藤钻、三角藤、兔儿肠、糠藤等。

（2）药用部位。植物的根。

（3）药材性味。味甘、辛，性微温。

（4）药材归经。归肾、肝经。

（5）药材功效。补肾助阳，强筋壮骨，祛风除湿。

（6）药材临床应用。可治阳痿遗精、子宫虚冷、月经不调、少腹冷痛、小便不禁、风湿痹痛、腰膝酸痛等症。常用处方：将6~15g巴戟天煎汤内服，或制成丸，浸酒，熬膏，都有治遗精，宫冷，月经不调，风湿痹痛等的作用。将巴戟天3两，良姜6两，紫金藤16两，青盐2两，肉桂4两、吴茱萸4两磨成末，接着酒糊为丸，用暖盐酒或盐汤下药，早晚各服用20丸，可治疗子宫久冷，月经不调，赤白带下等症状。

 植株形态　　　　　　　　　　　果实

巴戟天的植物形态

★PPBC中国植物图像库，网址链接：http://www.plantphoto.cn/tu/

（7）药材有效成分。主要含蒽醌、黄酮类化合物。

（编撰人：李艳平；审核人：耿世磊）

289. 巴戟天有哪些识别特点和生长规律?

（1）植物识别特征。缠绕或攀缘藤本。根茎肉质肥厚，圆柱形，结节珠状，表面有不规则横纹，断面呈紫红色，外皮鲜时淡白色，干时暗褐色；茎圆柱状，有纵条棱，灰色或暗褐色。叶对生，长椭圆形，长3~14cm，基部钝或浑圆。头状花序呈伞状排列，通常顶生，具花2~10朵；花萼倒圆锥状，先端有不规则的齿裂或近平截；花冠肉质，白色，通常4深裂；花冠管的喉部收缩，内面密生短毛。核果近球形，成熟后红色，顶端有宿存的花萼。

（2）生长规律。巴戟天在定植的第1年，主根、主藤开始生长；主藤在每年12月以后进入休眠期，在翌年4月继续生长，同时抽生出果枝。在定植的第2年，主根开始膨大，形成一次性根，并长出侧根。在第3年，春季果枝现蕾，秋季果实成熟；期间，侧根膨大形成二次根，进行物质积累。在第4年，植株开始进行分枝生长；在第3年形成的支根则膨大成三次根，以此类推。一般在前三年，根深长度比根幅直径大；三年后则相反，且主根生长减缓。

（编撰人：李艳平；审核人：耿世磊）

290. 巴戟天种植对产地环境和土壤条件有什么要求?

（1）产地环境条件。温度：巴戟天喜温暖、怕严寒，在萌芽生长旺盛期要求年平均气温在21.5℃，不能低于19.5℃；生长环境的最冷月气温在12.6℃，不能低于9.3℃。光照：野生巴戟天对光照的适应性强；人工栽培的巴戟天怕强光，需要荫蔽，但随着植株的生长，后续需要较充足的阳光，一般需要2 000h以内的日照时数。水分：在热量满足的条件下，水分对巴戟天的生长起主导作用，因此巴戟天适宜在雨量较充沛、土壤较湿润的环境下生长，但忌积水，通常在年平均降水量1 600mm左右、相对湿度80%左右的地区生长发育良好；干燥度宜在1以下，不能超过1.23。

（2）土壤条件。巴戟天是深根性植物，土层厚度达80cm以上方能满足根系生长的需求。土质贫瘠、容易板结的土壤限制肉质根的生长，过于肥沃、氮素过多的稻田土则会引起地上部徒长，造成肉质根低产。种植时，应以钾肥和腐殖质较多的微酸性至中性沙质壤土或黄壤土为好，有利于肉质根的生长和其产量的提高。

（编撰人：李艳平；审核人：耿世磊）

291. 巴戟天如何育苗？如何进行苗期管理？

（1）育苗。

①扦插育苗。苗床：选择适宜的育苗地，翻耕土壤后做成宽1m、高20cm的畦，在畦上铺干稻草并烧成灰，可起消毒和保温作用。插条：选取长势良好的枝条，将其截成长5cm、具有2~3个节的插条作为插穗；在插穗的上端，挨着节将插穗剪平，在第一节上保留3~5片叶；在插穗的下端剪成斜口。扦插：在苗床上按15~20cm的行距开沟，将插条按1~2cm的株距斜放于沟内，覆上消毒过的细土；压实土壤后应马上浇水。

②种子育苗。选种：采收健壮、无病害的植株的成熟果实，选取红色、饱满、无病虫的种子。播种：按3cm×3cm的株行距进行点播，而后用筛过的黄心土或火烧土进行覆盖，盖土厚度约1cm。

（2）苗期管理。保湿：及时浇水，保持苗床湿润，以保证插穗成活。遮阴：苗期应搭设荫棚遮阴，早期的荫蔽率宜达70%以上；注意，随着苗木成活和生长，需逐步增大透光度，后期的荫蔽率应控制在30%左右。打顶：待苗高20cm左右时，应将顶芽摘去，以促进分枝生长、枝条强壮，这样可缩短苗期，提高移栽的成活率。

（编撰人：李艳平；审核人：耿世磊）

292. 巴戟天的栽培技术要点是什么？

（1）整地。宜选择土层深厚、肥沃疏松、有稀疏荫蔽树的东坡或东南坡，在秋分后开始整地。在翌年春天，将坡地整成宽0.7~1m的梯田，畦面宜外高内低，在内侧开设排水沟；按30cm的株距挖穴，穴内施火烧土和混合肥。

（2）定植。春、秋两季均可定植，宜选在阴天进行。起苗前，应剪去植株上的多余部分，保留3~4个枝条；起苗后，用黄泥浆浆根。定植时一般每穴种2~3株苗；如果是在田中直插种植，则每穴插5~8条插条。覆土后将土稍压实，注意穴面应低于地面，以利蓄水保湿。

221

（3）施肥。待苗长出1～2对新叶时，可施加生物肥或有机肥，每亩1 000～2 000kg；在冬季宜施磷钾肥。

（4）除草。在定植的前2年，在每年5月和10月进行除草，除草时宜用手拔，并结合培土进行，切勿伤到根。

（5）修剪。在冬季，可将老化茎蔓的过长部分剪去，或用作扦插材料，以使营养集中在根部，促进植株生长。

（编撰人：李艳平；审核人：耿世磊）

293. 巴戟天的采收加工技术要点是什么？

（1）采收技术。巴戟天在定植5年后可进行采收，如果过早采收，则根不够老熟、水分多、肉色黄白、产量低。全年均可采收，但以在秋、冬季采收的根质量最佳。挖取时应尽量避免断根和伤到根皮，挖起后需及时洗净泥土。

（2）加工技术。收获后应尽快用水将根表面的泥土洗净，同时去除侧根及芦头。将根晾晒至六七成干；若晒干前用开水泡或蒸约半小时，再将根抽心，会使根色更紫、质更软、品质更好。待根质柔软后，用木槌轻轻将根打扁，注意不要打烂或使根破碎。

按商品要求，将根剪成10～12cm的短节，按粗细进行分级，再分别将其晒至足干；晒干后将根打捆，然后进行包装和贮藏。巴戟天商品以原条有肉、中部围径2.5cm以上为佳品。

（编撰人：李艳平；审核人：耿世磊）

294. 毛冬青有什么药用价值？

（1）药材植物来源。冬青科植物毛冬青（*Ilex pubescens* Hook. et Arn.）。别名：乌尾丁、六月霜、细叶青、山冬青等。

（2）药用部位。植物的干燥根。

（3）药材性味。味苦，性平。

（4）药材归经。归肺、肝、大肠经。

（5）药材功效。清热解毒，活血通络，利水渗湿。

（6）药材临床应用。可治心绞痛、心肌梗死、血栓闭塞性脉管炎、中心性视网膜炎、扁桃体炎、咽喉炎、小儿肺炎、冻疮等症。毛冬青根120g煎服，每日服用一次，或者口服相同剂量的毛冬青片剂、冲剂，这对治疗冠心病有显著的疗效。因毛冬青可扩张血管，改善循环，且对感染的创面有一定消炎的作用。用毛冬青根加猪蹄煎服，或者毛冬青针剂加10%葡萄糖注射液进行静脉注射，都有治疗闭塞性脉管炎的作用。

（7）药材有效成分。含黄酮苷、酚类、甾醇、鞣质、三萜等成分。

枝叶　　　　　　　　　　果枝

毛冬青的植物形态

★PPBC中国植物图像库，网址链接：http://www.plantphoto.cn/tu/

（编撰人：李艳平；审核人：耿世磊）

295. 毛冬青有哪些识别特点和生长规律？

（1）植物识别特征。常绿灌木，高约3m。小枝具棱，被粗毛，干后黑褐色。叶互生，纸质或膜质，两面被疏粗毛，椭圆形或卵形，长2~7cm，先端短渐尖或急尖，基部宽楔形或圆钝，边缘具稀疏的小尖齿或近全缘，中脉在叶面凹陷，叶脉4~5对，被疏毛。花序簇生于叶腋，雌雄异株，花淡紫色或白色；雄花序通常每枝有1花，花瓣4~6片，倒卵状长圆形，花萼被柔毛，裂片倒卵状三角形；雌花序每枝有1~3花，花瓣6~8片，长椭圆形，萼6~7深裂，柱头头状。核果浆果状，球形，熟时红色，有明显的宿存花柱，分核常6颗。

（2）生长规律。毛冬青生长发育受环境各方面因素影响。在4月上旬至6月下旬，毛冬青的小花陆续开放；6—8月为果期。

（编撰人：李艳平；审核人：耿世磊）

296. 毛冬青种植对产地环境和土壤条件有什么要求？

（1）产地环境条件。毛冬青喜温暖，多生长于北回归线以南，适合生长在温暖的南亚热带地区，以山区丘陵的阳坡或下坡为好，种植地宜近水源、常风量小、土壤肥沃、阳光充足，远离居民区和交通要道，无大气、水质、土壤污染及其污染源；野生种常与亚热带雨季常绿阔叶林混杂，生于避风的疏林中。毛冬青喜湿润，水分过少会影响植物生长发育，以年降水量1 200～1 800mm、空气湿度70%的条件为宜；同时，毛冬青忌积水，水分过多会引起根腐、叶烂。

（2）土壤条件。毛冬青在排水和透水性良好、土层疏松、肥沃、湿润、pH值为4.5～5.5的沙质壤土或富含腐殖质的沙质黑壤土生长，根粗大质优；贫瘠、干旱、排水性差的碱性土壤不利于毛冬青的生长。

（编撰人：李艳平；审核人：耿世磊）

297. 毛冬青如何育苗？如何进行苗期管理？

（1）育苗。育苗地：选择土层深厚、湿润肥沃、近水源的土地，经翻耕、消毒后，做宽80cm、高20cm的畦，按20cm的行距开沟。选种：选择生长10年以上的母树，采其新鲜、饱满、淡褐色、有光泽的种子。育苗：在每年3—4月气温稳定在25℃左右的时候进行，将种子在开好的沟内按10cm的株距进行点播；点播完成后，应覆盖1cm厚的细土，再盖一薄层稻草保湿。

（2）苗期管理。保湿：注意经常喷水，保持土壤湿润。遮阴：在苗期，应避免阳光直射幼苗，可搭设遮阴率50%的遮阴网遮阳；待幼苗出土后可移除盖草，随着幼苗长大可逐渐减少遮阳网的荫蔽度。施肥：在育苗20d后，可施腐熟人粪尿或尿素，以后每半月或每月施用一次。除草修剪：注意及时除草松土，适当修剪下部的侧枝和叶片。移栽：一年后可出圃定苗。

（编撰人：李艳平；审核人：耿世磊）

298. 毛冬青的栽培技术要点是什么？

（1）整地。选择向阳、日照时间长的缓坡作为种植地，每亩施优质腐熟厩肥3 000kg，施肥后应注意浅耕耙匀，使表土与肥料拌匀。

（2）定植。定植可在春季或秋季进行。定植时，按行株距各40～50cm的距离开穴，每穴移栽大苗1株或小苗2株，注意要使根系伸展；覆土压实后，应及时浇灌定根水。

（3）浇水。在定植后的初期，要早晚浇水，保持土壤湿润，但同时要严防积水；在定植3个月后，可根据天气情况适量浇水。

（4）补苗。在定植的第二年，应全面检查苗木生长情况，及时补苗。

（5）中耕除草。在幼苗期，要特别注意及时中耕除草，每年应进行3~4次除草；成林后，每年除草一次。

（6）施肥。每年应施肥2~3次。第一次施肥应在2—3月的抽芽时期进行，以施氮肥为主，促进花芽生长；第二次在7—8月的果期进行，以施氮、磷肥为主；第三次在11—12月进行，以施有机肥和磷肥、钾肥为主，作为养果肥和过冬肥。

（编撰人：李艳平；审核人：耿世磊）

299. 毛冬青的采收加工技术要点是什么？

（1）采收技术。毛冬青全年均可采收，以夏、秋季为佳。挖取时避免断根和伤到根皮，挖后尽快除去杂质，洗净泥土。

（2）加工技术。毛冬青采收后应尽快进行加工，不宜堆放过久，避免虫蛀霉烂。将去除杂质并洗净的原药材用水浸泡，一般夏、秋季浸泡6~8h，冬、春季浸泡12~24h。浸泡完后将原药捞起，放置在蒲包里，每天淋水1~2次保持湿润，直到待根软化，然后将其切成0.3~0.4cm的厚片，晒干。将加工过的药品用麻布装好，放置于阴凉通风处存放。

药材成品通常呈圆柱形，直径1~4cm，稍弯曲，质地坚硬难断，皮部味道微苦而后甘，木部味淡；表面灰褐色，略粗糙，有纵向皱纹和横向皮孔；断面木部呈黄白色，有致密的放射状纹理或环纹。

（编撰人：李艳平；审核人：耿世磊）

300. 两面针有什么药用价值？

（1）药材植物来源。芸香科植物两面针［*Zanthoxylum nitidum*（Roxb.）DC.］。别名：入地金牛、红心刺刁根、双面刺、山椒等。

（2）药用部位。植物的干燥根。

（3）药材性味。味苦、辛，性平；有小毒。

（4）药材归经。归肝、胃经。

（5）药材功效。行气止痛，活血化瘀，祛风通络。

（6）药材临床应用。可治跌打损伤、风湿痹痛、胃痛、牙痛、毒蛇咬伤等症；外可治汤火烫伤。常用处方：将5～10g两面针研成末进行调敷或煎水洗患处，对气滞血瘀引起的跌打损伤、汤火烫伤等有治疗作用，但外用需要适量，不能过量服用，切不能与酸味食物同时服用；取两面针根茎的第二层皮1两，研磨成粉，每次食用1g，每日约5次，对治疗急性扁桃体炎有较好的效果。

（7）药材有效成分。含生物碱、黄酮类化合物、香豆素等成分。

植株形态　　　　　　　　　　　　　　叶

两面针的植物形态（实地拍摄）

（编撰人：李艳平；审核人：耿世磊）

301. 两面针有哪些识别特点与生长规律?

（1）植物识别特征。幼龄的两面针植株为直立灌木，成龄植株为木质藤本；在茎、枝、叶轴、叶柄及叶主脉两边均有弯钩锐刺。茎褐色，老茎被片状凸起。奇数羽状复叶，互生；小叶5～6片，对生，革质，长3～12cm，卵形或狭椭圆形，叶面亮绿色，有光泽，顶部有凹口，全缘或有疏浅裂齿，齿缝处和顶端凹口处有油点，叶柄短。伞房状圆锥花序，腋生；花4基数；萼片上部紫绿色；花瓣淡黄绿色，卵状椭圆形或长圆形，雌花的花瓣较宽。蓇葖果成熟时紫红色，有粗大腺点。

（2）生长规律。两面针种子在10月前播下可正常萌发，萌发时先生根再长芽，出芽10d后左右长出第一对真叶，叶子刚展开时淡黄色，后逐渐转为绿色。一般栽后5～6年可采收。

（编撰人：李艳平；审核人：耿世磊）

302. 两面针种植对产地环境和土壤条件有什么要求?

（1）产地环境条件。两面针一般生长在海拔800m以下的温热地区，分布于我国广东、广西、浙江、云南、四川、贵州等地，在山地、丘陵、平地的疏林、灌丛中较为常见。两面针喜温暖湿润的环境，适宜种植于气候温暖、日照充足、雨量充沛、夏长冬短的中亚热带气候区。温度：适宜的生长温度约为30℃，要求种植地年平均气温高于18℃，最低温度不超过0℃，最高温度不超过40℃。水分：年平均降水量为1 700mm左右，相对湿度为60%～90%。光照：种植地的年平均日照需达到1 800h。此外，种植环境的水质、大气和土壤皆达到二级以上的标准。

（2）土壤条件。两面针对土壤的要求不严，除盐碱地外，在一般土壤均能种植，以腐殖质丰富、湿润疏松、肥沃向阳的壤土为佳，忌积水。

（编撰人：李艳平；审核人：耿世磊）

303. 两面针如何育苗？

（1）育苗。

①扦插育苗。苗床：选择保水、透气性好的沙质壤土或花泥作育苗地。插条：选择长势良好、茎粗约为0.4cm的枝条，将其截成13cm长的插条作为插穗，每个插穗需保留3～4个节；扦插前先用生长素或生根粉处理插穗，以提高苗木成活率；在春、夏季扦插的插穗通常保留4片小叶，在冬季的则不留叶。

②种子育苗。苗床：选择向阳、排水性良好、土层深厚、疏松肥沃的壤土，全垦，深耕30cm，耙平后做畦，并开排水沟。播种：若秋播在种子成熟时随采随播，春播在3月下旬进行，每亩撒种1 250～1 500g。管理：播种后，覆盖2cm细土，然后盖草、浇水；播种后约20d后出苗，出苗后应揭去盖草。移栽：当苗高20cm时可进行移栽定植。

（2）苗期管理。苗期注意苗床保湿，做好杂草清除工作，做好病虫害预防工作。

（编撰人：李艳平；审核人：耿世磊）

304. 两面针的栽培技术要点是什么？

（1）整地。选择土层深厚、疏松肥沃、向阳、排水性良好的壤土，全垦，深耕30cm，耙平后做畦，并开排水沟。按行距90cm、株距70cm挖穴，穴的大小为60cm×60cm×50cm。

（2）定植。先将表土与基肥混匀，然后将混好的土垫于穴底；每穴放置一株苗木，然后填土，分层压实。

（3）施肥。在幼苗期，每月追施1次人粪尿或尿素；定植后，每年夏、冬季各追施1次草皮泥、堆肥或厩肥。

（4）中耕除草。定植后的1～2年内，每年中耕除草4～5次，期间可与花生、黄豆等作物间作；两年后，每年中耕除草3～4次。

（5）修剪。对于二年生以上的植株，在主干基本形成后，应修剪过密的弱枝、病虫枝、枯枝和从根茎发出的萌芽枝。

（编撰人：李艳平；审核人：耿世磊）

305. 两面针的采收加工技术要点是什么？

（1）采收技术。两面针一般在栽培5～6年后进行采收，当主干直径达到3cm时即可进行采收，一般全年均可进行挖采，但在冬季采收最佳。两面针以根入药，采收时，将根部挖出，注意不要伤到皮部或使根断裂，挖出后，将地上部分除去。

（2）加工技术。将收获的两面针除去地上部分后，再除去根部泥土等其他杂质，然后洗净。将洗净的根切成2～10cm长的厚片或小段，接着晒干，然后放置在干燥、通风、阴凉处贮藏，并注意做好防潮、防虫及防霉的工作。经过加工的两面针成品表面一般呈淡棕黄色，有黄色的皮孔样斑痕；切面光滑，皮部淡棕色，木部黄白色，且有同心圆环纹和密集的小孔。此外，药材成品质地坚硬，有淡淡的香味，味苦而辛辣。

（编撰人：李艳平；审核人：耿世磊）

306. 何首乌有什么药用价值？

（1）药材植物来源。蓼科植物何首乌（*Polygonum multiflorum* Thunb.）。别名：多花蓼，夜交藤。

（2）药用部位。植物的干燥块根、藤茎、叶。

（3）药材性味。味苦、甘、涩，性温。

（4）药材归经。归肝、心、肾经。

（5）药材功效。补肝益肾，养血祛风，乌发强筋。

（6）药材临床应用。可治眩晕耳鸣、须发早白、腰膝酸软、肢体麻木、神经衰弱、高血脂等症；鲜叶捣碎外敷，有拔毒生肌的作用。何首乌可与山楂、丹参、泽泻、黄精等药物配合使用，在临床药用中证明具有治疗高脂血症的作用。用何首乌为主要材料制得的首乌生发丸、首乌生发颗粒、养血生发胶囊等药物具有治疗脱发、发白的作用。将何首乌研成末开水吞服、开水泡服或者煎服，有治疗急性腹泻的作用。

（7）药材有效成分。主要含蒽醌类化合物。

植株形态   叶

何首乌的植物形态（实地拍摄）

（编撰人：李艳平；审核人：耿世磊）

307.何首乌有哪些识别特点和生长规律？

（1）植物识别特征。多年生缠绕藤本。根细长，末端膨大成肥大的块根，质地坚硬，外表红褐色至暗褐色。茎有节，光滑无毛，基部略呈木质，中空，上部草质，多分歧。叶互生，卵状心形，长4~8cm，先端渐尖，基部心形或箭形，边缘微波状或全缘，具长柄；托叶鞘膜质，褐色，抱茎。圆锥花序顶生或腋生；花小，花被绿白色，5裂，裂片大小不等，阔倒卵形，外面3片的背部有翅。瘦果椭圆形，有3棱，黑色，光亮，外包宿存花被。

（2）生长规律。春季播种或扦插的何首乌，在当年均能开花结果。3月中旬播种的何首乌，在4—6月地上茎迅速生长，地下根逐渐膨大形成块根；3月中旬扦插的何首乌要到翌年3—6月才逐渐膨大形成块根。在生长过程中，地上部分长势情况与块根的数量及大小呈正相关关系。

（编撰人：李艳平；审核人：耿世磊）

308.何首乌种植对产地环境和土壤条件有什么要求？

（1）产地环境条件。何首乌通常在海拔1 000m以下的环境生长，广泛分布于全国各地，在黄河流域及黄河流域以南地区种植较为适宜。何首乌的适应性较强，属半阴生植物，喜温暖潮湿的气候，忌干旱和积水，有较强的耐寒性。野生何首乌多生长在荒地、石缝、路边、向阳的草丛，何首乌规范化种植基地应选在远离居民区和交通要道，且周围无大气、水质和土壤污染，不能有污染源。有"何首乌之乡"称号的广东德庆县，年平均气温为21℃，最冷月平均气温为12℃，年降水量为1 500mm，年日照时数为1 800h，昼夜温差大，极有利于营养物质的合成和积累。

（2）土壤条件。以土层深厚、疏松肥沃、地下水位高、排水良好、腐殖质丰富的沙壤土为宜，黏土地、低洼地、贫瘠易干的土壤不宜种植何首乌。

（编撰人：李艳平；审核人：耿世磊）

309. 何首乌如何育苗？如何进行苗期管理？

（1）育苗。

①扦插育苗。苗床：选择富含腐殖质的沙壤土作苗床，施一定量的有机肥作基肥。插条：选择生长旺盛、健壮的茎藤，将其剪成长25cm左右的插条，每个插条应具2～3个节；插条要随剪随插。扦插：一般在3月上旬至4月上旬的阴天或傍晚进行扦插；按行距30～35cm、株距30cm左右、穴深20cm左右挖穴；在每穴中放2～3条插条，切忌倒插和插伤皮层；覆土压紧，施人、畜粪肥；及时浇透定根水，保持畦面湿润，并注意排水、防止涝浸。

②种子繁殖。以直播为主。在3月上旬至4月上旬播种；按行距30～35cm开沟，施人、畜粪水；将种子均匀播入沟中，然后覆土，土厚3cm。

（2）苗期管理。保湿：前期应每日浇水2～3次，保证土壤湿润；幼苗成活后可减少浇水次数；雨季应注意及时排水。施肥：苗木生根后薄施人粪尿水，或用2%尿素淋施。间苗：苗高5cm时趁阴雨天气进行间苗，株距30cm左右。移栽：苗高15cm左右可进行移栽。

（编撰人：李艳平；审核人：耿世磊）

310. 何首乌的栽培技术要点是什么？

（1）整地。选择排水性良好、疏松肥沃的土壤，施入基肥，深翻30～35cm；耙细整平后，做成宽约130cm的高畦。

（2）定植。在春、夏季皆可种植，以5—7月最佳；起苗后，留基部20cm左右的茎段，并去掉根部的小薯块；按20cm×20cm的行株距挖穴，每穴放入2棵苗，压实土壤；每天淋1次定根水，至植株生根、抽芽、成活。

（3）浇水。在苗生长期应及时浇水、保持田间湿润，在雨季应注意排水，并及时锄草、松土。当苗高1m以上后，除了干旱天气外，一般不再浇水，以避免因水分过多而导致须根过度萌发、影响块根膨大。

（4）施肥。在生长前期可施有机肥，中期施钾肥，后期则不施肥。在12月倒苗时，可结合清除枯藤施腐熟堆肥或土杂肥1次，并在根际培土。

（5）整形。当苗高30cm左右时，应搭架，供藤茎缠绕生长；并及时修剪打顶，以促进植株分枝、旺盛生长。

（编撰人：李艳平；审核人：耿世磊）

311. 何首乌的采收加工技术要点是什么?

（1）采收技术。何首乌在种植3～4年后，可采收，一般在秋季落叶后采收的药材质量最佳；通常种植4年的何首乌产量比种植3年的何首乌产量明显提高。采收时，先割去地上部的藤叶，然后破土开挖；发现何首乌块根后，顺着畦的方向逐蔸、逐行地挖取块根，注意不要折断根。

（2）加工技术。将挖采的根部洗净，削去两端，除去须根；按大小分档。用来加工成生首乌的根，需将大个的根部切成块，然后干燥；成品表面灰白色，有胶质样光泽，断面灰白色且呈粉性。用来加工成制首乌的根，还需将根部切片，蒸前在水中放黑豆，然后上锅蒸，经历九蒸九晒，或直接蒸熟、晒干；成品为不规则皱缩状块片，质地坚硬，表面棕褐色，断面角质样。

（编撰人：李艳平；审核人：耿世磊）

312. 岗梅有什么药用价值?

（1）药材植物来源。冬青科植物梅叶冬青 [*Ilex asprella* （Hook. et Arn.）Champ.ex Benth.]，别名岗梅。

（2）药用部位。植物的干燥根、茎。

（3）药材性味。味苦、甘，性凉。

（4）药材归经。归肺、肝、大肠经。

（5）药材功效。清热解毒，生津止渴，散瘀止痛。

（6）药材临床应用。可治感冒发热、头痛眩晕、热病燥渴、咽喉肿痛、痧气、肺痈、痔血、淋病等症；外治跌打损伤。常用处方：将适量岗梅鲜叶捣烂，敷患处，具有治疗疖疮的作用；用岗梅根30g、卤地菊30g，生姜3g，水煎服，具有治感冒的作用；用鲜岗梅根和蜂蜜适量，一起捣，并用纱布包好，口内含咽，具有治扁桃体炎、咽喉炎的作用；用岗梅60g，三丫苦48g，板蓝根33g，鬼针草33g，野菊花25g，甘草30g制成的岗梅感冒灵颗粒，具有治疗上呼吸道感染的作用。

（7）药材有效成分。主要含三萜皂苷、内酯及少量生物碱。

花枝　　　　　　　　　　　　　叶

梅叶冬青的植物形态（实地拍摄）

（编撰人：李艳平；审核人：耿世磊）

313. 岗梅有哪些识别特点和生长规律？

（1）植物识别特征。落叶灌木，高1~4m。小枝秃净，干后褐色；长枝纤细，散生多数明显的白色皮孔。叶膜质，在长枝上互生，在缩短枝上1~4枚簇生于枝顶；倒卵形或椭圆形，长3~7cm，先端渐尖成尾状，基部宽楔形，边缘具钝锯齿，叶面秃净或略被短毛，背面无毛，主脉在叶面下凹，侧脉5~6对，在叶缘处连接；托叶小，三角形，宿存。花白色，雌雄异株；雄花2~3朵簇生或单生于叶腋或鳞片腋内，萼卵形，边缘具睫毛，花冠辐状，花瓣4~5片，近圆形；雌花单生于叶腋，有长达2.5cm的纤细花梗，花冠辐状，花瓣基部结合。果球形，熟时黑紫色。

（2）生长规律。岗梅生长周期较长，需5年以上才可入药。

（编撰人：李艳平；审核人：耿世磊）

314. 岗梅种植对产地环境和土壤条件有什么要求?

（1）产地环境条件。岗梅野生于山坡疏林下和灌丛中，喜温暖潮湿的气候，适宜在气候温暖、日照充足、雨量充沛、热量丰富的亚热带地区生长。种植地区要求远离居民区和交通要道，无大气、水质、土壤污染及其污染源。温度：气候要求年平均气温20℃以上，最冷月平均气温为10℃以上，最热月平均气温在30℃左右。光照：需生长在年平均日照1 800h以上的地方。水分：种植地年降水量需达1 600mm以上。

（2）土壤条件。岗梅生长对土壤的要求不严，除盐碱地和渍水地外，在肥沃或贫瘠的土壤上均可生长，但同时需要适当的荫蔽条件。适宜在土层深厚、疏松肥沃、富含腐殖质且排水性良好的土壤上栽培，尤以疏松、排水良好的矿质壤土为佳。

（编撰人：李艳平；审核人：耿世磊）

315. 岗梅如何育苗? 如何进行苗期管理?

（1）育苗。

①扦插育苗。苗床：选择透气、透水性良好的疏松沙质壤土或纯净黄心土，并与净沙土等量混匀，暴晒消毒，做成宽100cm、高25cm的苗床。插条：选取当年生的健壮枝条，在清水中将其剪成长8~10cm、具3~4个节的茎段，只留上端第一节的叶片；剪后，将插条浸泡于清水中，以保持切面湿润。扦插：在苗床上开沟，将插条的2/3放置于沟中，覆土、轻压，切勿将其直接插入土壤而伤到切面；扦插密度以3cm×5cm为宜，扦插后覆盖白色塑料薄膜用以保湿。

②种子育苗。苗床：选择富含腐殖质、疏松肥沃的地块作育苗地。播种：种子随采随播，用量为60~80g/m²，播种后盖1cm厚的细土。

（2）苗期管理。遮阳：搭设遮阴率70%的遮阳网，保持棚内温度为25℃左右，并经常淋水、保持土壤湿润。施肥：当扦插苗的根长到3cm以上时，追施腐熟的人、畜粪水2~3次；每月追施1次，直至出苗。移栽：当种苗长至15~20cm时，即可进行移栽。

（编撰人：李艳平；审核人：耿世磊）

316. 岗梅的栽培技术要点是什么?

（1）整地。选择荫蔽性和排水性良好、疏松肥沃的地块；按1.5m×2m的株行距，挖长、宽各60cm、深50cm的穴；每穴施入腐熟有机肥5～10kg，并与穴土混匀。

（2）定植。春、秋两季皆可进行种植。在起苗的前一天傍晚，应浇水，淋透苗床；起苗时应尽量保持根系完好；在每穴中栽种1～2株种苗；栽后把土压实，同时浇透定根水。

（3）施肥。在定植的第二年，在每株植株外，沿滴水线施入5～10kg经腐熟和无害化处理的有机肥；以后每隔2年，追施一次。

（4）病虫害防治。应及时检查并清除杂草落叶、感染病虫害的植株，并作集中处理，以减少病虫源；采取农业防治、生物防治和化学防治相结合的方法防治病虫害，应尽量少施或不施化学农药。

（编撰人：李艳平；审核人：耿世磊）

317. 岗梅的采收加工技术要点是什么?

（1）采收技术。全年均可对岗梅进行采收。在挖取根时，应避免将根折断，并且不伤到根皮。挖取后，除去嫩枝及叶，并尽快除去泥土等杂质，将根部清洗干净。

（2）加工技术。将挖取的根部洗净后，趁新鲜将其切成小片或小块，然后晒干，要求药材水分不超过10%。药材应置于阴凉干燥处贮藏，并注意防潮、防虫、防霉变。药材未经切片的成品为圆柱形，稍弯曲，表面灰黄色至淡褐色，有纵皱纹和支根痕，不易折断。商品一般近圆形片或段状，皮部较薄，木部宽阔，白色至淡黄色，有清晰可见的致密放射性纹理，质地坚硬，有淡香味，味苦而后甘。饮片一般为类圆形厚片，表面灰白至灰黄色，放射状纹理不是很清晰，周边较粗糙，浅棕褐色，质地坚硬，气味淡，味苦而后甘。

（编撰人：李艳平；审核人：耿世磊）

318. 南板蓝根有什么药用价值?

（1）药材植物来源。爵床科植物马蓝〔*Baphi cacanthus cusia*（Nees）

Bremek.〕。别名：南板蓝根、大叶冬蓝、板蓝等。

（2）药用部位。植物的干燥根茎及根。

（3）药材性味。味苦，性寒。

（4）药材归经。归心、肝、胃经。

（5）药材功效。清热解毒，凉血消肿。

（6）药材临床应用。可治温毒发斑、丹毒、痄腮、病毒性肝炎、流行性感冒、肺炎、疮肿、疱疹、流脑等症。南板蓝根的地上茎、叶可作为南大青叶入药，可用于预防或治疗流行性感冒、流行性脑膜炎、急性支气管炎等症，也可制成中药青黛。南板蓝根不仅可以作为清热解毒中药，也可以用于多种抗病毒中成药的制备，例如复方南板蓝根片、复方感冒灵片、感冒清胶囊、复方板蓝根冲剂等。

（7）药材有效成分。含生物碱、黄酮、苷类、甾醇类、蒽醌类、单萜类化合物等成分。

植株形态　　　　　　　　　　　花序

马蓝的植物形态（实地拍摄）

（编撰人：李艳平；审核人：耿世磊）

319. 南板蓝根有哪些识别特点和生长规律？

（1）植物识别特征。多年生草本植物，干时茎叶呈蓝色或黑绿色。地上茎的基部稍木质化，节膨大，常倒伏，倒伏的茎生根入土形成根茎；根茎粗壮，断面呈蓝色。叶对生，纸质，椭圆形，长5～20cm，边缘有浅锯齿，叶面有稠密狭细的钟乳线条，叶背幼时脉上生褐色微软毛。穗状花序顶生或腋生；苞片叶状，早落；花萼条形，裂片5，通常一片较大，呈匙形；花冠漏斗状，淡紫色，5裂近相等，先端微凹。蒴果为稍狭的匙形。

（2）生长规律。马蓝宜在3—4月播种，因其种子需在温暖、湿润的条件下才能萌发。在种植的第一年，马蓝的生长速度缓慢，未见开花结果；在翌年的3—6月，则植株生长旺盛，株高不断增长、分枝增多；在7—8月进入三伏季节后，若受强光照射会导致植株生长缓慢；在9月气温下降后，植株开始进入生殖生长阶段，花枝增多；在11月底，则陆续开花，至翌年2月底进入盛花期；2月上旬至3月底为果期。

（编撰人：李艳平；审核人：耿世磊）

320. 南板蓝根种植对环境和土壤条件有什么要求?

（1）产地环境条件。马蓝是半阴生植物，喜阳光，也能耐阴。野生的马蓝生于山谷、山坡、溪边、林下等阴湿的地方，忌强光直射；但在科学的肥水供给条件下，人工栽培的马蓝可承受强光、高温。温度：马蓝的适宜生长温度为15～30℃，温度过高或过低都会使植株生长缓慢，极端的低温会使马蓝受到冻害导致地上部冻结死亡。水分：马蓝喜潮湿环境，但又忌涝，在苗期需要勤浇水保证植株的生长发育，在雨季要及时排水；空气湿度70%以上、土壤含水量22%～33%是最适宜马蓝生长的条件。

（2）土壤条件。马蓝生长对土壤的要求不高。栽培马蓝以土壤疏松、肥沃、排水良好的沙质土和壤土为宜；酸碱度以弱酸性及中性为好，在pH值为8的土壤中也能正常生长。

（编撰人：李艳平；审核人：耿世磊）

321. 南板蓝根如何育苗? 如何进行苗期管理?

（1）育苗。

①种子育苗。苗床：选择有遮阴处的地段，以河沙或疏松肥沃的土作基质，做成高25cm、宽100cm的畦，按行距40～50cm、深度1.5cm开浅沟。育苗：每年在3—4月种子成熟后可进行播种；播种前，先用沙混合种子（比例5：1），然后均匀地撒播于沟上，每亩地需播种1.5～2kg；15～20d后可齐苗。

②扦插育苗。苗床：在早春，苗床上需盖农用薄膜防霜冻；夏、秋季应注意遮光，防止阳光直晒。插条：剪取未成熟嫩茎的顶枝作为插条，插条以长8～10cm、具两对叶片为宜，插条上的每片叶可剪去半片；用将强力生根剂混

入稀释的泥浆来蘸切口。扦插：每年3～11月均可进行扦插育苗；扦插的行距为3～4cm、株距为2～3cm，扦插深度为枝条长度的一半以上；一般在20℃地温条件下，经15～20d，插条可长出新根。

（2）苗期管理。保湿：在育苗前期，应保持苗床湿润；出芽后可灌1次水。施肥：根据苗木生长情况，少量追施氮肥。除草：及时除草，并结合培土。移栽：待苗高8～10cm时可进行移栽定植。

（编撰人：李艳平；审核人：耿世磊）

322. 南板蓝根的栽培技术要点是什么？

（1）整地。选择荫蔽性和排水性良好、无空气和水污染、土壤疏松肥沃的地块，将耕地深翻整平，每亩施1 000kg的腐熟有机肥和250～500kg的碎草渣作为基肥。

（2）定植。一般选择在2月或9月进行栽植，可采用"窄株宽行"（25cm×50cm）或平面种植（株距30cm×行距40cm）的方法；移栽后淋透定根水。

（3）保湿。定植后保持土壤湿润，在雨季注意及时排水。

（4）中耕除草。前期杂草生长得比较快，要勤除草并结合培土；中耕深度不宜过深，以免伤根。

（5）施肥。大约在定植后15d进行第一次追施，施肥后灌水1次；定植后130～150d再施肥一次，以促进植株顺利从营养生长转到生殖生长。

（编撰人：李艳平；审核人：耿世磊）

323. 南板蓝根的采收加工技术要点是什么？

（1）采收技术。春季种植的马蓝可于当年11月至翌年1月的无雨季节采收，有霜冻发展的地区则要争取在11月初霜前收获。马蓝除了叶和幼嫩茎枝可作大青叶入药外，根及根茎、老茎均可作为南板蓝根入药。

（2）加工技术。采收时，挖取植株全株，抖去泥沙，平铺于地面晒1～2d，用刀或剪将根茎部分和茎叶分开；然后分别将根茎和枝叶扎成小捆，风干至植物含水量低于14.2%；在通风、干燥、无污染处储存。切片时，先去除泥土等杂质，将根、根茎及老茎洗净、润透后切成厚片，然后晒干、打包，在通风、干燥、洁净的环境下储存，防止虫蛀和霉变。药材成品表皮棕色，切面灰蓝色至灰褐色，中央可见白色的海绵状的髓，略有香味，味道较淡。

（编撰人：李艳平；审核人：耿世磊）

324. 高良姜有什么药用价值？

（1）药材植物来源。姜科植物高良姜（*Alpinia officinarum* Hance）。别名：膏凉姜、小良姜、佛手姜、蛮姜、海良姜等。

（2）药用部位。植物的干燥根茎。

（3）药材性味。味辛，性热。

（4）药材归经。归脾、胃经。

（5）药材功效。祛风散寒，理气止痛，温胃止呕。

（6）药材临床应用。可治脾胃中寒、脘腹冷痛、呕吐泄泻、噎膈反胃、食滞、冷癖等症。常用处方：将3～6g高良姜煎汤服用，或入丸、散，具有散寒、理气、止痛的作用，但体虚者不适合单独服用高良姜。高良姜与厚朴、当归、桂心等中药材同用，具有治疗心腹绞痛、两胁支满，烦闷的作用。高良姜、炮制好的干姜等分，制成二姜丸，具有养脾、温胃的作用。高良姜、槟榔等量，成品具有治疗心脾痛的作用。

（7）药材有效成分：主要含黄酮类、二苯基庚酮类化合物及挥发性物质。

植株形态　　　　　　　　叶

高良姜的植物形态（实地拍摄）

（编撰人：李艳平；审核人：耿世磊）

325. 高良姜有哪些识别特点和生长规律？

（1）植物识别特征。多年生草本，高30～110cm。地上茎丛生，直立；根茎圆柱状，横走，暗红色，节处有环形的膜质鳞片，节上生根。叶互生，2列，狭线状披针形，长15～30cm，先端尖，基部渐狭，全缘或具不明显的疏钝齿，两面无毛；叶鞘开放，抱茎，边缘膜质；叶舌长可达3cm，挺直，膜质。圆锥形总状花序顶生，花稠密；萼筒状，不规则3浅裂，棕黄色，外面被短柔毛；花冠管漏斗状；花冠裂片3，唇瓣矩状卵形，浅红色，中部有紫红色条纹。蒴果球形，不开裂，肉质，熟时橘红色。种子具假种皮，有钝棱角，棕色。

（2）生长规律。高良姜植株丛生，根茎的分蘖能力强。花期在4—10月，果期多在7—10月，边开花边结果。

（编撰人：李艳平；审核人：耿世磊）

326. 高良姜种植对产地环境条件和土壤条件有什么要求？

（1）产地环境条件。高良姜生于热带、亚热带地区，主要分布于我国广东、广西，喜温暖湿润的气候环境，不耐霜寒。温度：高良姜种植在年平均气温为23.3℃的地方较好，种植地的极端低温要在0℃以上。水分：由于高良姜极耐干旱，怕涝浸，生长期间需及时排水，忌积水，种植地年降水量最好在1 000mm以上。光照：高良姜不适应强光照，要求种植地有一定的荫蔽物，为高良姜的生长提供遮阴条件。此外，高良姜的种植基地应远离居民点和交通要道，周围无大气、水质、土壤污染及污染源。

（2）土壤条件。高良姜生长对土壤要求不严格，但以土层深厚、土壤疏松肥沃、富含腐殖质的酸性或微酸性红壤土、沙质壤土或黏壤土为好。

（编撰人：李艳平；审核人：耿世磊）

327. 高良姜如何育苗？如何进行苗期管理？

（1）育苗。
①种子育苗。苗床：选择排灌方便、向阳背风、土壤肥沃、具有一定荫蔽的缓坡地段作育苗地，可就地烧毁杂草杂木作基肥，深翻40～45cm，把土耙细后，每亩地施2 500～3 000kg的腐熟农家肥，并与表土混匀整平，做成高15cm、宽120～150cm的畦。育苗：在7月至10月下旬皆可播种，以行距10cm、深2cm、宽6cm的规格开沟，将种子均匀撒于沟内，覆土应略高于畦面；种子一般在20d后发芽，幼苗在长出半年后才可进行移植。
②根茎繁殖。选种：通常在春、秋两季结合采收进行选种；选择生长状况良

好的根茎，将其修剪成长15cm、具2～3个节的小段。育苗：按30cm×25cm的株行距挖穴，每穴内种1～2段根茎，覆土压实，浇透定根水。

（2）苗期管理。遮阴：育苗初期可盖草遮阴，待种苗发芽后需揭去盖草、搭设荫棚。保湿：应及时浇水、保持土壤湿润。间苗：在苗高3～6cm时可进行间苗，按株距4cm留苗。施肥：幼苗出土约1个月后施入浓度为5g/L的尿素，此后追施草木灰，入冬前可施腐熟的畜粪以提高幼苗的耐寒能力。

（编撰人：李艳平；审核人：耿世磊）

328. 高良姜的栽培技术要点是什么？

（1）整地。选排灌方便、土层深厚、疏松肥沃的缓坡，翻耕耙土，每亩地施2 500～3 000kg的腐熟农家肥作基肥，按行株距75cm×45cm开穴，穴的规格为40cm×40cm×30cm。

（2）定植。在3—4月选择晴天的早晨或在阴雨天进行移栽种植；每穴内移栽2株幼苗或1个根茎，覆土压实后再覆上5～6cm厚的细土。

（3）保湿。定植后应及时浇水，保持土壤湿润，以促进植株分蘖和根茎的生长。

（4）施肥。定植约30d后，淋施1次2%尿素；在植株封行后，追施1次复合肥，用量为每亩20～25kg；秋末，结合除草，每亩施3 000kg腐熟农家肥或土杂肥。翌年，在清明前后，施1次尿素，用量为每亩10kg；6—7月，结合中耕，混合施用过磷酸钙和腐熟农家肥，或施用复合肥50kg，以促进根茎生长膨大。进入第3年，可少量追肥。

（5）松土。种植第二年后，在植株周围开沟松土，同时进行培土。

（编撰人：李艳平；审核人：耿世磊）

329. 高良姜的采收加工技术要点是什么？

（1）采收技术。野生高良姜在全年均可采收；栽培高良姜一般在种植5～6年后才可采收，此时采收的药材产量高、质量好。通常在4—6月或10—12月，选择晴天进行采收。采收时，在挖取根茎前可先将地上部的茎叶除去，然后深翻土层，将根茎逐一挖出，最后统一收集。

（2）加工技术。除去块茎上的泥土、须根和鳞片等杂质，将老根茎截成5～6cm长的小段，将其洗净后晾晒，待晒到六七成干时，将根茎堆放在一起闷

2~3d，然后再取出晒至全干。

切片时，选取晒干的高良姜原药，洗净后按大小分等级；将药材润透后，切成薄片，此时应注意要多润、少泡，以免走色走味；将薄片晒干后，用袋包装好进行贮藏。

加工后的商品以干净、无虫蛀、粗壮结实、气味香辣、中部围径大于3cm为一等品。

（编撰人：李艳平；审核人：耿世磊）

330. 肉桂有什么药用价值？

（1）药材植物来源。樟科植物肉桂（*Cinnamomum cassia* Presl.）。别名：牡桂、玉桂、桂皮、桂楠、官桂等。

（2）药用部位。植物的干燥树皮或枝皮。

（3）药材性味。味辛、甘，性大热。

（4）药材归经。归肾、脾，膀胱经。

（5）药材功效。补火助阳，引火归源，散寒止痛，活血通经。

（6）药材临床应用。可治阳痿宫冷、腰膝冷痛、肾虚作喘、阳虚眩晕、目赤咽痛、心腹冷痛、虚寒吐泻、寒疝奔豚、经闭痛经等症。在治疗阴疽的著名方剂阳和汤，以及治疗小便涩痛的滋肾通关丸中的重要药物之一就是肉桂。黄连与肉桂两种药可制成交泰丸，具有治疗心肾不交，怔忡无寐的作用。此外，还有很多传统的复方中也都含有肉桂，例如，八味丸、桂连丸、桂肝丸、右归丸等。

（7）药材有效成分。含挥发油、桂皮醛和少量乙酸桂皮酯、乙酸苯丙酯等成分。

植株形态　　　　　　　　　花枝

肉桂的植物形态（实地拍摄）

（编撰人：李艳平；审核人：耿世磊）

331. 肉桂有哪些识别特点和生长规律?

（1）植物识别特征。常绿乔木，高12～17m，幼枝略呈四棱形。树皮粗糙，具芳香，外皮灰褐色，内皮红棕色。叶互生或近对生，革质，长椭圆形至披针形，长8～20cm，全缘，叶面亮绿色且有光泽，叶背灰绿色并被细柔毛；离基3出脉，在叶背明显隆起，细脉横向平行。圆锥花序腋生或近顶生，花小；花被裂片6，黄绿色，内外密生短柔毛。浆果卵圆形，先端稍平截，熟时紫黑色。种子长卵形，紫色。

（2）生长规律。肉桂在苗期和幼树时生长缓慢，种植5年后生长速度加快，至成熟阶段生长又减缓，直到100～120年后衰老。一般在种植10～11年后开始开花结果，常在5月中旬抽出花芽，6月为盛花期，由昆虫授粉；翌年2—3月为果熟期，秋季种子成熟。

（编撰人：李艳平；审核人：耿世磊）

332. 肉桂种植对产地环境和土壤条件有什么要求?

（1）产地环境条件。野生肉桂极少见，多生长在疏林中。人工栽培的肉桂，种植在山区的药材比种植在平原的质量要好；肉桂种植地要注意避风，宜选择东西向或东南向的山坡或山谷。温度：肉桂喜温暖，宜生长在南亚热带气候区，在21～30℃的温度下最适宜生长。水分：肉桂既不耐旱也不耐涝，适宜在年降水量1 200～1 800mm、空气相对湿度70%左右的地区生长。光照：肉桂为半阴性树种，幼苗需要在荫蔽率为70%～80%的环境下才能成活，而成龄树需要较多的阳光才能正常生长。肉桂喜肥，在不同生长时期需要施不同的肥料。

（2）土壤条件。种植肉桂以湿润肥沃、排水性良好、土层深厚、富含腐殖质、pH值为4.5～5.5的沙质壤土为好，种植环境还需要有适当的荫蔽条件。

（编撰人：李艳平；审核人：耿世磊）

333. 肉桂如何育苗? 如何进行苗期管理?

（1）育苗。肉桂的繁殖方法有种子繁殖、萌蘖繁殖、压条繁殖、扦插繁殖、嫁接法等。其中，种子繁殖是肉桂的主要育苗方法，适合进行大面积种植的育苗。

苗床：选择疏松肥沃的沙质壤土作为育苗地，起畦并充分翻晒，每亩施有机肥2 500kg、磷肥50kg作为基肥，开好排水沟。选种：选择成熟、饱满的种子，种子随采随种，或用湿沙混藏。消毒浸种：将种子用福尔马林溶液浸泡0.5min，放入密闭缸内处理2h，用清水洗净并浸泡24h后晾干。播种：选择在早春2—3月播种，在苗床按25～30cm的行距开深度为5cm的沟，按株距10cm点播，覆土1.5～2cm，其上覆盖薄层稻草来保湿。

（2）苗期管理。遮阴：架搭荫棚，随着种苗生长，每隔2个月逐渐减少荫蔽率；12月以后，当苗高16～20cm时，可拆除荫棚。保湿：注意浇水，保持土壤湿润。除草松土：每年除草松土6～7次，主要用手拔以免伤根，注意避免土壤板结。施肥：当小苗有3～5片真叶时要施肥，每年施7～8次；苗生长初期可适当施稀释腐熟的人粪尿肥；后期可施化肥，应开沟施于行间；最后一次以施钾肥为主。

（编撰人：李艳平；审核人：耿世磊）

334.肉桂的栽培技术要点是什么？

（1）整地。选择阳光充足、肥沃湿润、透水性好的微酸性壤土，将耕地深翻整平，按行距1～2m、株距1.5～2m挖穴。经1～2个月风化后，每穴加腐熟厩肥5～10kg，与表土混匀，放回穴内。

（2）定植。在每年雨水至清明时节的阴雨天或晴天傍晚进行定植。起苗后，应修去过长的主根和侧根，保留顶芽及其下1～2片叶；用黄泥浆浆根；每穴施土杂肥10～15kg与土拌匀，再放入苗木，压实土壤，淋足定根水。

（3）保湿。在定植初期，需早晚浇水，保持土壤湿润，严防积水。

（4）中耕除草。每年5—11月需除草2～3次，并中耕表土使土壤透气；11月进行最后一次中耕，铲除地内杂草。

（5）施肥。在2—3月抽芽现蕾时，施芽肥、花肥，以氮肥为主；在7—8月青果期，以施氮、磷肥为主；在11—12月，施养果肥和过冬肥，以有机肥和磷肥、钾肥为主。

（编撰人：李艳平；审核人：耿世磊）

335.肉桂的采收加工技术要点是什么？

（1）采收技术。用以蒸油和加工成桂通药材的肉桂枝叶，在种植后4～6年可进行采叶或砍伐；用以加工成板桂、企边桂和油桂的肉桂树皮，需在树龄达到10年以上时才能采剥。肉桂采收每年分2期进行：第一期在4—5月，此时树皮容易剥离，且植株发根、萌芽快，所剥下的桂皮称为春桂；第二期在9—10月，所剥下的桂皮称为秋桂，其品质佳、产量高。采割时，用特质刀具插入树皮裂缝中，小心地将树皮和树干分离；可先将主干下部的树皮剥下，再伐倒树干，剥取上部的干皮和枝皮。

（2）加工技术。加工方法分为环剥法和条剥法。环剥法是按比商品规格稍长的长度，约41cm，将桂皮环剥下来，再按比商品规格略宽的宽度，即截成8～12cm长的条片。条剥法是在树上按比商品规格的长宽稍大的尺寸画好线，逐条地从树上剥下来，将其晒至变软，使其自然卷成筒状，然后在通风处晾干。

（编撰人：李艳平；审核人：耿世磊）

336. 沉香有什么药用价值?

（1）药材植物来源。瑞香科植物白木香［*Aquilaria sinensis*（Lour.）Gilg］。别名：沉香、土沉香、女儿香等。

（2）药用部位。植物含有树脂的木材。

（3）药材性味。味辛、苦，性温。

（4）药材归经。归脾、胃、肾经。

（5）药材功效。行气止痛，温中止呕，纳气平喘。

（6）药材临床应用。可治胸腹胀闷疼痛、胃寒呕吐呃逆、肾虚气逆喘急等症。沉香磨汁，接着将麦门冬、怀熟地、山茱萸肉、山药、茯苓、牡丹皮、泽泻、广陈皮水煎，然后和沉香汁一起服用，具有治阴虚肾气不归原的作用。沉香、乌药、茯苓、陈皮、泽泻、香附子、麝香，研成末，炼蜜做成丸，具有治脾肾虚，咳嗽短气，腹胀等的作用。沉香作为一味沿用已久的中药，是沉香化滞丸、沉香曲、沉香养胃丸等上百种中成药的主要原料。

植株形态　　　　　　　　　　叶与花

白木香的植物形态（实地拍摄）

（7）药材有效成分。主要含挥发油。

（编撰人：李艳平；审核人：耿世磊）

337.沉香有哪些识别特点和生长规律?

（1）植物识别特征。多年生常绿乔木，树皮暗褐色，小枝和花序被柔毛。叶互生，革质、卵形、倒卵形或椭圆形，长6～12cm，先端渐尖而钝，基部楔形，全缘，后期叶两面柔毛逐渐脱落。伞形花序顶生或腋生，花黄绿色，具芳香；花被钟形，5裂，矩圆形，先端钝圆；花被管喉部有鳞片10枚，密被白色茸毛。蒴果木质，扁压状倒卵形，密被灰白色毛，基部宿存稍带木质的花被。种子黑褐色，卵形，基部有一尾状附属物。

（2）生长规律。白木香种植3年后开始开花结果，花期春季，果期夏季。在定植后的5～10年树高生长较慢，在15～30年平均每年增高90cm。苗木在5龄之前胸径增长较慢，后来每年增长0.6cm以上。树皮容易整段剥落，但再生能力强。树木在断枝、断杆后，基部易生长出新枝。

（编撰人：李艳平；审核人：耿世磊）

338.沉香种植对产地环境和土壤条件有什么要求?

（1）产地环境条件。温度：白木香喜高温，适宜生长在年平均气温在20℃以上、最热月平均气温为37℃、最冷月平均气温为3℃的地区，冬季遇短暂的霜冻期也能存活。水分：白木香喜湿润、耐干旱，适宜在年平均降雨量为1 500～2 000mm的地区生长。光照：幼株喜阴，适宜在荫蔽率为40%～60%的条件下生长；成年植株喜阳，需要充足的阳光才能由营养生长阶段顺利转换到生殖生长阶段。

（2）土壤条件。白木香野生种多生长于瘠薄黏土，在这种土壤生长的植株通常生长缓慢、长势不佳，但其木材密致结实、容易结香且香味浓厚。白木香具一定的抗贫瘠性，种植时对土壤要求不严，土层深厚、肥沃的土壤有利于白木香的生长发育，但不利于结香。

（编撰人：李艳平；审核人：耿世磊）

339. 沉香如何育苗？如何进行苗期管理？

（1）育苗。苗床：宜选择地势平坦、土质肥沃、排水性良好、靠近水源的地段；将土翻耕耙细，施用人、畜粪尿水作基肥，做成宽1m、高20cm的畦，上搭设高2m的荫棚。选种：选10年生树龄以上的健壮树种，剪下果枝，置于通风处阴干；待果子裂开后取出种子，随采随种。播种：每亩地均匀撒播约8kg种子，盖上细土，土厚以不见种子为度，压实后盖上薄草；约10d后开始出苗。

（2）苗期管理。遮阴：出苗后揭去盖草，将荫蔽率控制为50%～60%；随着苗木生长再逐步拆除荫棚，以增大透光率。保湿：幼苗不耐旱，在干燥天气早晚需浇水；当土壤含水量过高时要及时排水。间苗补苗：当苗高6～10cm时进行间苗，缺苗时应及时补上同龄幼苗。除草：每月除草1次。施肥：当幼苗高10cm以上时，可施用稀薄的人粪尿水以促进幼苗生长。移栽：苗高70～100cm时可出圃定植，或间苗后将过密苗木移到营养袋中培育，当苗高30cm时即可出圃定植。

（编撰人：李艳平；审核人：耿世磊）

340. 沉香的栽培技术要点是什么？

（1）整地。选择避风、向阳的缓坡、丘陵、平原或山地，耕翻整地，按行距2m、株距3m挖穴，穴规格为50cm×50cm×40cm。

（2）定植。在早春的阴雨天进行定植，每亩地栽植80～100株。选择1年生的苗木，将下部侧枝和叶子剪去，留顶端数片叶并将每片叶剪去一半；移栽时，苗要放正，根要舒展，分层填土压实，淋透定根水。

（3）中耕除草。幼苗期每年在2—3月、6—8月和10—11月进行松土除草。

（4）施肥。每年在2—3月施用鸡粪或人粪尿水，9—10月施用火烧土或腐熟有机肥。

（5）修剪。及时剪除下部侧枝、病枝、弱枝和过密枝，以促进主干生长。

（6）结香。沉香需要通过外界刺激感染一种真菌才能结成香脂。刺激结香的方法有砍伤法、半断杆法、凿洞法、人工接菌法、化学法和枯树取香法。

（编撰人：李艳平；审核人：耿世磊）

341. 沉香的采收加工技术要点是什么？

（1）采收技术。白木香经过刺激结香，需少则3～5年、多则10～20年的时间才能得到沉香。一般来说，时间越长沉香的质量和产量越好。在正常年份，当白木香开始出现枝叶不茂盛、外形凋黄、局部枯死等现象，可初步判断已结香。采香在一年四季皆可进行，采香时选取凝块褐色、带有芳香树脂的树干，将其砍倒锯断；若结香从树干一直延伸到根部，应一并挖取。

（2）加工技术。将采收的树干和树根剔除白色部分和腐朽部分；阴干后，用小凿和刻刀雕挖，除去烂枯的白木，留下黑色坚实沉重的木材，再将其劈成小块或片状，阴干即成沉香。沉香成品表面凹凸不平，有黑色的树脂和黄白色的木部相间，断面刺状。使用时将沉香捣碎或研成细粉。

（编撰人：李艳平；审核人：耿世磊）

342. 鸡血藤有什么药用价值？

（1）药材植物来源。豆科植物密花豆（*Spatholobus suberectus* Dunn）。

（2）药用部位。植物的干燥藤茎。

（3）药材性味。味苦、甘，性温。

（4）药材归经。归肝、肾经。

（5）药材功效。活血补血，舒筋通络，调经止痛。

（6）药材临床应用。可治月经不调、血虚萎黄、麻木瘫痪、风湿痹痛等症。常用处方：鸡血藤60~120g，鸡蛋2~4个，8碗水煎，浓缩成大半碗，每日饮1次，对再生障碍性贫血有治疗作用。鸡血藤与香附、川芎等共同使用，对治疗血瘀性月经不调、经闭、痛经有作用；鸡血藤与当归、熟地、白芍等药同用，可治疗血虚性月经不调、痛经、闭经。鸡血藤同红花桃仁、赤芍、地龙、黄芪、当归、丹参等搭配使用，对治疗风湿所致的膝关节疼痛、肢体麻木起作用。

植株形态　　　　　　　叶

密花豆的植物形态

★PPBC中国植物图像库，网址链接http://www.plantphoto.cn/sp/735985

（7）药材有效成分。主要含有黄酮类、蒽醌类、三萜及甾醇等类化合物。

（编撰人：李艳平；审核人：耿世磊）

343. 鸡血藤有哪些识别特点和生长规律？

（1）植物识别特征。木质大藤本，长达数十米。老茎扁圆柱形，稍扭转，砍断时横断面呈数圈偏心环，有红色汁液从环处渗出。三出复叶互生，顶生小叶宽卵形，长10～20cm，基部圆形或近心形，叶两面沿叶脉处被短硬毛；侧生小叶基部偏斜。大型圆锥花序腋生，花多而密，单生或2～3朵簇生；花萼肉质筒状，被白毛，5齿，上面2齿合生；花冠白色，肉质，旗瓣近圆形，具爪，翼瓣与龙骨瓣均具爪及耳。荚果扁平，刀形，有黄色柔毛，先端有1颗种子。

（2）生长规律。鸡血藤扦插后1个月左右开始萌发苗梢。2个月后5%的插条开始发根，3个月后95%的插条开始发根。定植后，根部生出共生固氮菌形成的根瘤，期间侧根不断生长，主茎直立生长。随着茎不断增粗，植株开始攀援生长，老茎逐渐呈扁圆柱形。春季长出新嫩梢，夏季为生长旺盛时期，秋季为花期，冬季若遇0℃以下低温则会停止生长。

（编撰人：李艳平；审核人：耿世磊）

344. 鸡血藤种植对产地环境和土壤条件有什么要求？

（1）产地环境条件。鸡血藤是亚热带大型藤本，喜光照、稍耐阴、不耐寒；主要分布在广东、广西、云南、四川等地；野生鸡血藤常生于山谷林间、溪边、山坡杂木林及山地灌木中，攀附于大树上。温度：鸡血藤适宜种植在年平均温度20℃以上的地方，鸡血藤适宜在最高气温37℃、最低气温3℃的气候条件下生长，若冬季短暂的低温霜冻，会使鸡血藤出现落叶的现象。水分：鸡血藤喜湿润，耐干旱。光照：幼苗喜阴，以40%～60%荫蔽度为宜，成年植株则比较喜阳。

（2）土壤条件。鸡血藤适应性比较强，由于鸡血藤根部有共生的固氮根瘤菌，具有抗贫瘠的特性，种植时对土壤要求不严，但在湿润、深厚、疏松、肥沃、富含腐殖质的土壤中生长较好。

（编撰人：李艳平；审核人：耿世磊）

345. 鸡血藤如何育苗？如何进行苗期管理？

（1）育苗。

①扦插育苗。苗床：选择排灌方便、土壤肥沃、具有一定荫蔽的地段，将黄泥土整成宽1m、高25m的畦。插条：选择生长健壮、木质化的枝条，将其剪成长15～20cm的插条，每段插条保留2～3个节，将插条浸在生根粉溶液中0.5～1h。扦插：在3—4月进行扦插；扦插前先把育苗地淋透水，然后按行距10cm、株距5cm的距离进行扦插，扦插深度为插条长的2/3。

②种子育苗。选种：在果实成熟期挑选健康、饱满的种子。浸种：将种子用温水浸泡8h左右，捞起种子，然后用布袋装好保湿，以后每日用稍温的清水冲洗2～3次，大约7d后开始发芽，发芽率有10%时便可播种。播种：一般在2—4月播种；把种子均匀撒于苗床，覆盖2cm厚的细土；或在大田中直接播种，每穴放2～3个种子。

（2）苗期管理。保湿：保证空气和土壤湿润，一般土壤湿度在6%左右，空气湿度在70%～80%；每隔15d用800倍甲基托布津喷雾1次。保温：温度控制在20～30℃。

（编撰人：李艳平；审核人：耿世磊）

346. 鸡血藤的栽培技术要点是什么？

（1）整地。在种植前一年的冬天进行翻耕整地，以行距为6m、株距为5m开沟，挖长、宽均为80cm，深60cm的穴，每穴分2层填埋20kg充分腐熟的鸡粪。

（2）定植。种植时间以每年3—4月的阴雨天气为宜；起苗时注意不要伤到苗木的根部，可剪去苗上2/3的叶子，以减少水分蒸发，提高成活率。

（3）施肥。定植后每年的3月、5月及7月各施复合肥1次，8月后停止施肥，以避免后期枝条老熟慢。定植的第一年每株施用50g复合肥，第二、第三年用量为150g，第四年开始用量改为250g。

（4）病虫害防治。常见虫害有蜘蛛和棕麦蛾，常发生在4—5月，可喷施5%吡虫啉3 000倍液或1.8%齐螨素的5 000倍液进行防除。

（编撰人：李艳平；审核人：耿世磊）

347. 鸡血藤的采收加工技术要点是什么?

（1）采收技术。密花豆的藤茎中离根部1m以上的部分可全部采收入药。采收时，应选取生长7年以上的植株，割取藤茎。野生鸡血藤药材一般以藤茎断面具有5个以上含红棕色树脂的偏心性环纹数为佳。

（2）加工技术。采收后，放置3~5d，除去表面的泥沙和杂质，洗净后趁鲜切片，或者将其修成长50cm的长条，然后晒干，最后按市场需要的规格进行包装销售。有资料显示，鸡血藤的质地较坚韧，不易润透，鸡血藤最好趁新鲜时切成2~3mm的薄片，制作成饮片。鸡血藤的切片质坚硬、气微、味涩。鸡血藤的干燥品要求水分低于13%，并且要将成品放置在通风、干燥、无污染的专用仓库中，要防止霉变、防虫害。运输过程中应防止日晒、雨淋、潮湿、损坏。

（编撰人：李艳平；审核人：耿世磊）

348. 枇杷叶有什么药用价值?

（1）药材植物来源。蔷薇科植物枇杷［*Eriobotrya japonica*（Thunb.）Lindl.］。枇杷叶又称为巴叶、芦橘叶。

（2）药用部位。植物的干燥叶。

（3）药材性味。味苦，性微寒。

（4）药材归经。归肺、胃经。

（5）药材功效。清肺止咳，和胃降逆。

（6）药材临床应用。可治肺热咳嗽、气逆喘急、胃热呕逆、烦热口渴等症。枇杷叶具有抗炎、止咳的作用，临床上常用于治疗急、慢性呼吸道等疾病；枇杷叶是国内用于生产化痰止咳类中成药的主要原材料，比如治咳川贝枇杷露、蛇胆川贝枇杷膏、蜜炼川贝枇杷膏等药物的主要原材料就是枇杷叶。常用处方：将枇杷叶五钱，川贝母一钱五分，叭旦杏仁二钱，广陈皮二钱，一起研成末，每次服用一到两钱，具有治咳嗽，喉中有痰的作用。

植株形态　　　　　　　　　花序

枇杷的植物形态（实地拍摄）

（7）药材有效成分。主要含挥发油及三萜酸类、倍半萜类、黄酮多酚类化合物等成分。

（编撰人：李艳平；审核人：耿世磊）

349. 枇杷有哪些识别特点和生长规律？

（1）植物识别特征。常绿小乔木，高约10m。小枝粗壮，密生黄褐色或灰棕色茸毛。叶互生，革质，披针形、倒卵形或长椭圆形，长12～30cm，先端尖，基部楔形，上部边缘有疏锯齿；叶面光亮、多皱，灰绿色或浅棕色，叶背及叶脉密生灰棕色茸毛；主脉在叶背明显凸起，侧脉羽状；托叶大而硬，三角形。圆锥花序顶生，密生锈色茸毛，花密集，具芳香；萼筒浅杯状，5浅裂，黄绿色；花瓣5片，白色，长圆形或卵形。梨果浆果状，熟时橘黄色。

（2）生长规律。枇杷幼树抽梢无明显季节性，在春季抽出的梢较多且整齐，在其他季节也可抽梢。枇杷叶片的寿命一般为13个月，在生长过程中新叶、老叶交替出现。花序上的花按从上往下、从中间向两侧的顺序依次开放。果熟期约10d，期间果实糖分增加、酸含量减少，直至果皮着色后才稳定。

（编撰人：李艳平；审核人：耿世磊）

350. 枇杷种植对产地环境和土壤条件有什么要求？

（1）产地环境条件。枇杷的适应能力较强，喜温暖、湿润，不耐渍、不耐旱，较耐寒。温度：枇杷原产于亚热带地区，其生长对温度要求较高，在年平均温度12℃以上的地区能生长，若年平均温度15℃以上则更适宜其生长，但一般不能低于-3℃；冬春低温对开花结果有影响，10℃以上花粉开始萌发，20℃以上最适宜，若气温高于30℃则对枝叶和根的生长有不良的影响。水分：年降水量为1 000～2 000mm的地区比较适宜枇杷的生长发育。此外，枇杷应选择避风、冷空气不易积聚的地方种植。

（2）土壤条件。枇杷对土壤的适应性广，以土层深厚、疏松肥沃、不易积水的沙质或砾质壤土为好；土壤过于黏重、浅薄的贫瘠山地会使植株长势弱，抗性差，寿命短。

（编撰人：李艳平；审核人：耿世磊）

351. 枇杷如何育苗？如何进行苗期管理？

（1）育苗。枇杷育苗以嫁接为主。

苗床：播种前半个月在苗床施适量底肥，翻耕做畦。砧木苗：选择粒大饱满的种子，随采随播；点播后覆土，盖草，浇水，保持湿润；种子1个月后发芽；第二年春季，苗直径达到0.6cm以上时可作为砧木苗。接穗：选择生长健壮、粗细适宜的一年生春梢或夏梢的营养枝作为接穗，尽量随采随用；剪除接穗的枝叶，留1~2个芽，在芽上方0.5cm处横切；选接穗较平直的一面作长削面，在背面用刀呈45°斜削一刀，然后把长削面削去2cm左右，以削去韧皮部、稍带木质部为度。嫁接：2月上旬为嫁接最佳时期，将培育的砧木在离地8~10cm处剪断，选树皮光滑一侧用刀斜削去一小块，再在韧皮部和木质部之间向下切成长2cm的切口，以略削掉一部分木质部为度；再将接穗长削面靠砧木内侧插入砧木切口，并使接穗和砧木形成层对准。

（2）苗期管理。嫁接成活后应及时除去砧木上抽生的萌芽。每月施薄肥1次，及时进行中耕除草。

（编撰人：李艳平；审核人：耿世磊）

352. 枇杷的栽培技术要点是什么？

（1）整地。按株、行距3m×4m或4m×5m，将种植地开沟；每株施腐熟厩肥25~50kg、过磷酸钙2~3kg、钙镁磷肥2~3kg、尿素0.5kg，与坑土拌匀，作为基肥。

（2）定植。在9月至翌年3月均可进行定植。选择嫁接口愈合良好、生长健壮的嫁接苗；起苗前，将苗床灌透水，剪去苗木叶片的1/2~2/3，嫩梢叶片全剪去，根部用多菌灵浸泡一下并保持湿润。栽植时，需扶正植株、分层覆土、压实，然后浇透定根水、覆膜。

（3）管理。定植后一个月内不施肥只浇水，一个月后则每隔15~20d施用1次稀释过的清淡粪尿水，到翌年春季再开始增加肥料用量。没结果的幼树不修剪，结果树在采果后进行修剪，以促发夏梢增加结果枝，修剪时，需剪去并生枝、交叉枝、枯枝、病虫枝等。

（编撰人：李艳平；审核人：耿世磊）

353. 枇杷叶的采收加工技术要点是什么?

（1）采收技术。枇杷叶全年均可采收，以4月最佳。枝上的青叶与地上的落叶均可收获，有研究认为成年的枇杷叶中的熊果酸等成分的含量要高于青叶，宜采收成年的枇杷叶，也有研究认为一年中各种质量指标没有明显波动，可进行全年采收。枇杷叶微有清香，味微苦。采收应以完整、色灰绿者为佳。

（2）加工技术。采摘后，将枇杷叶除去杂质、枝梗，刷净茸毛，喷淋清水，将其润软。将清理好的枇杷叶进行晾晒，晒至七八成干时，将叶扎成小把，再进行晾晒，直至全干，一般要求药材的水分含量在8.4%~10.5%。药材应用应存放在通风、干燥、避光、整洁干净的仓库中，并注意做好防鼠、防虫工作；运输过程要防止日晒、雨淋、潮湿、损坏、污染等。

（编撰人：李艳平；审核人：耿世磊）

354. 山银花有什么药用价值?

（1）药材植物来源。忍冬科植物华南忍冬〔*Lonicera confusa*（Sweet）DC.〕。别名：山银花。

（2）药用部位。植物的干燥花蕾。

（3）药材性味。味甘，性寒。

（4）药材归经。归肺、心、胃经。

（5）药材功效。清热解毒，凉散风热。

（6）药材临床应用：可治温病发热、风热感冒、咽喉肿痛、肺炎、丹毒、蜂窝组织炎、痢疾等症。山银花除了清热解毒的功效，还具有通络的功能，因此常与祛风湿类药物搭配使用，可用于治疗风湿痛。山银花在医疗上具有广泛的应用，其不仅大量用于中医处方煎服，也被制成了多种中成药，如银翘解毒丸、金翘解毒片、银翘解毒水、银黄注射液等。此外，因山银花具有抗菌消炎的有效成分，已经开发出了以山银花药材为主的保健产品，如银花茶、银花露、银黄口服液等。

（7）药材有效成分。含挥发油、绿原酸、黄酮类化合物等成分。

植株形态   花序

山银花的植物形态（实地拍摄）

（编撰人：李艳平；审核人：耿世磊）

355. 山银花有哪些识别特点和生长规律?

（1）植物识别特征。半常绿藤本，幼枝、叶柄、总花梗、苞片、小苞片均被灰黄色卷曲短柔毛，并疏被腺毛；小枝淡红褐色或近褐色。叶纸质，卵形至卵状矩圆形，长3~7cm，顶端尖，基部圆形、截形或带心形，幼叶两面皆被短糙毛，老叶表面无毛。双花腋生或在小枝集合成短总状花序顶生，有明显的总苞片；萼筒被短糙毛，萼齿披针形或卵状三角形；花冠白色，后变黄色，唇形，冠筒内外皆被毛。果实黑色，椭圆形或近圆形。

（2）生长规律。山银花一般在春分时叶芽开始萌动，在清明时开始发芽长叶；在3—4月开始孕蕾，1~2周后则开花；头茬花在4—5月开放，二茬花在8—9月开放。二茬花在开花后开始结果，果熟期在10月。在11月，叶开始枯落，植物进入越冬期。

（编撰人：李艳平；审核人：耿世磊）

356. 山银花种植对产地环境和土壤条件有什么要求?

（1）产地环境条件。山银花生命力顽强，适应范围广，能耐热，但不耐寒，适宜在温暖的地区生长，常生长在溪边、疏林下或灌木丛中，其主要生长于我国南方各地。山银花为藤本植物，需攀附于其他植物生长。山银花喜阳，切忌荫蔽，以保证得到充足的光照，花通常着生在植株丛外围阳光充足的枝条上，且在植株和枝条间要保持适当的空隙，这样花产量才高。山银花一般耐旱、抗涝，在较潮湿的地方植物长势较好，花的产量会高且花大。山银花作为药用植物，其生长的环境需保证无污染。

（2）土壤条件。山银花耐涝、耐旱，对土壤、水、肥的要求不严，但在肥沃疏松、土层深厚的土壤中生长最佳且产量高，在贫瘠的土壤中生长较慢且产量低。

（编撰人：李艳平；审核人：耿世磊）

357. 山银花如何育苗？如何进行苗期管理？

（1）育苗。

①种子育苗。选种：秋季采集黑色的成熟果实，置于清水中搓烂，捞出沉入水底的饱满种子，晾干后马上播种或用沙藏法越冬。苗床：选择排灌方便、土壤肥沃的地段，将土整成高15cm、宽1.3m的畦，按行距30cm、宽10～15cm、深8cm左右开沟。播种：将种子均匀撒入沟内，盖上拌有腐熟堆肥的细土，压实，用塑料膜或草覆盖保湿；播种后10d左右种子出苗。

②扦插育苗。插条：选择1～2年生健壮无病虫害的枝条，将其截成长30cm左右的插条，每个插条留3个以上的节，只留上部2～4片叶，将下端斜切；每20条或50条扎成小把，用生根粉浸泡插口5～10s，趁鲜进行扦插。扦插：将苗床按行距20cm、深20cm开沟，按株距3～5cm斜放插条，保证至少有一个芽露出土面，覆土压实，浇透水，搭设荫棚遮阴。

（2）苗期管理。保湿：勤浇水保持土壤湿润。除草：成苗期每年除草2～3次。施肥：在大部分幼苗长出3～5对真叶时，对水后淋施尿素，每亩3kg；5月下旬和7月上旬进行第二、第三次追肥，每亩用尿素4～5kg对猪粪水、淋施。移栽：种苗高40cm以上可定植；扦插苗通常翌年春季可移栽。

（编撰人：李艳平；审核人：耿世磊）

358. 山银花的栽培技术要点是什么？

（1）定植。根据不同的地势进行整地，起苗后进行合理密植，以缩短苗木幼龄期。

（2）修剪。后期对苗木进行修整，使山银花群体枝条分明、分布均匀、通风透光、主干粗壮直立，促进树冠的生长和开花。栽后1～2年内主要促进主干直立粗壮；当主干长到30～40cm高时，剪去顶梢，促进侧芽萌发；第二年春季，在主干上部选留4~5个粗壮枝条作主枝，保留从主枝上长出的一级分枝中的5~6对芽，剪去上部顶芽；以后再从二级分枝中保留6~7对芽，从二级分枝上长出的花枝中摘去嫩梢，以此类推。

（3）中耕除草。移栽成活后，每年要中耕除草3~4次，3年以后可视杂草情况而定。

（4）施肥。每年春季、秋季要结合除草追肥，农家肥、化肥均可，每亩追施尿素30~40kg，施后要培土保根。

（5）病害防治。白粉病对金银花叶片的为害较大，可通过修枝整型改善通风条件，也可用粉锈宁1 500倍液进行叶片喷雾。

（编撰人：李艳平；审核人：耿世磊）

359. 山银花的采收加工技术要点是什么？

（1）采收技术。山银花在移栽后第三年开花。采收期必须在花蕾尚未开放之前，研究表明在二白、大白及三青采收可兼顾山银花的质量和产量。三青是指花蕾呈绿色、长2.2~3.4cm的时期；二白是指花蕾由绿变白，上部膨大，下部为青色的时期；大白是指花蕾完全变白色的时期。绿原酸是山银花的主要有效成分，研究表明上午11点时山银花中绿原酸的含量达到一天中的最高值，因此应当在11点左右采摘。

（2）加工技术。采摘的花蕾要及时干燥，以当天或2d内干燥为宜，不要堆放发霉。干燥方法有烘烤法、日晒法、蒸汽烘干法、硫熏法等。将干燥的山银花除去叶、梗、尘土等杂质后，可用炒黄、炒炭、煅等方法进行炮制。

（编撰人：李艳平；审核人：耿世磊）

360. 化橘红有什么药用价值？

（1）药材植物来源。芸香科植物化州柚（*Citrus grandis* 'Tomentosa'）或柚［*Citrus grandis*（L.）Osbeck］。又名：化州橘红、化橘红。

（2）药用部位。植物未成熟或近成熟的外层果皮。

（3）药材性味。味苦、辛，性温。

（4）药材归经。归脾、肺经。

（5）药材功效。燥湿化痰，理气，宽中；健脾消食。

（6）药材临床应用。可治风寒咳喘、喉痒痰多、食积不化、脘腹胀痛、胃气不和等症。化橘红可与黄芪、茯苓、黄精、青黛等药材搭配使用，具有治疗小儿反复性呼吸道感染的作用。化橘红常作为一些中成药的原料，用于开发治疗化痰止咳方面的药物，如止咳定喘丸、苏桑止咳颗粒剂、咽炎康、橘红化痰胶囊、橘红痰咳药膏等中成药，这些中成药的形式有胶囊、冲剂、糖浆等。

（7）药材有效成分。主要含挥发油、黄酮类及多糖等成分。

植株形态　　　　　　　　　　叶

化州柚的植物形态

★中国植物图像库，网址链接：http://www.plantphoto.cn/sp/4141078

（编撰人：李倩；审核人：耿世磊）

361. 化橘红有哪些识别特点？

化州柚为常绿乔木，嫩枝稍扁，被茸毛。单身复叶互生，叶片椭圆形，长10～18cm，宽6～7cm，叶翅呈倒心形，全缘，有透明腺点。花序单生或腋生；萼4浅裂；花白色，具香气，花瓣矩圆形。果实圆形或略扁，果茎一般10～25cm；皮厚，柠檬黄色，油室大而明显，幼果密被白色茸毛；瓤汁酸苦，不适合食用；果实干燥后，香气浓郁。种子80粒以上，扁圆形，合点浅紫色。花期3月。

化橘红一般存在两个品系，一个是正毛化橘红，另一个是副毛化橘红。正毛化橘红主干高0.5～1m，粗短，树冠高4m，其幼果密被茸毛，果实干燥后香气浓郁。副毛化橘红主干高3～5m，树冠高5～10m，分枝较多，其幼果茸毛相对较少，果实干燥后的香气稍淡。

（编撰人：李倩；审核人：耿世磊）

362. 化橘红种植对产地环境和土壤条件有什么要求?

（1）产地环境条件。温度：化橘红对气温的适应性较强，既能忍受烈日也能经受严寒霜冻，其生长发育的最适气温是22～26℃。光照：化橘红属于全光照树种，整个生育期都不需要荫蔽，每天需要7～8h的光照，全年总光照需要在1 900h以上；在开花期间光量尤为重要，若光照不足，会影响开花授粉，结实率会降低，因此种植时应选择向阳、开阔的地方。水分：化橘红对水分要求比较严格，既不耐干旱，也不耐积水；在整个生长发育过程，尤其是在果实膨大阶段，都需要充分的水分，要求年降水量能达到1 600～1 800mm。

（2）土壤条件。化橘红对土壤的要求较高，需要土壤含有一定的微量元素，瘠薄、透水性差、黏性板结、石砾多的土地均不适宜。因此，化橘红种植应选择肥沃、湿润、土层深厚、富含腐殖质的酸性土壤，若有礓石底的土层更佳。

（编撰人：李倩；审核人：耿世磊）

363. 化橘红如何育苗? 如何进行苗期管理?

（1）育苗。

①种子育苗。选种：选择枳、红橘、酸橘等优良品种，采集其成熟果实的种子，并选取饱满、均匀的种子。浸种：播前用0.1%高锰酸钾浸10min，洗净，再拌以草木灰。播种：在春季2—3月进行条播，播后覆土盖草保湿，约半个月出苗。

②嫁接育苗。砧木：用种子培育的实生苗作砧木。接穗：从优良的化橘红母株上选取接穗。嫁接：可选用枝接和芽接；枝接成活后，翌年春或当年秋即可移植至大田。

③压条育苗。常采用高空压条法。在春季2—4月或秋季7—8月，在化橘红母树上选取生长粗壮的枝条，环剥一圈，宽约1.5cm；一周后，环剥处呈瘤状凸起时，用湿润稻草蘸泥浆包裹，外包塑料膜，一直保持湿润；待生根后，在秋季剪下移植。

（2）苗期管理。遮阴：种子繁殖要盖草遮阴，保持苗圃湿润；在出苗后，要揭去盖草。施肥：施稀人粪尿，每隔20～30d施1次，并结合松土除草。间苗：幼苗长出3片叶时，及时间苗。

（编撰人：李倩；审核人：耿世磊）

364. 化橘红的栽培技术要点是什么?

（1）整地。在种植前的秋冬季，将种植地深挖、开垦、暴晒；种植前碎土，除杂，按5m×6m株行距挖穴，穴的规格为60cm×50cm×40cm，每穴放置25kg沤制的土杂肥作基肥，覆土盖平。

（2）定植。一般在春、秋两季种植；每穴中栽1株苗木，填土压实，浇水；注意栽种时要使根部舒展，与土壤密接，覆土要与地面平。

（3）补苗。大田定植后10~15d，及时补苗，确保全苗。

（4）中耕除草。幼树要勤松土除草，结果前每年中耕除草3次；成年树每年要将果园耕翻1次，松土除草2~3次。

（5）保湿。化橘红怕旱、怕涝，要注意排灌；高温季节可在幼苗附近盖草防止水分蒸发；尤其注意在挂果期间要保持土壤湿润，确保植株生长良好。

（6）修剪。移栽后的前1~2年要疏去全部花蕾以促树梢生长，可修整形成自然圆头形的树冠；幼树整形时，疏剪交叉重叠枝、病虫枝、短截徒长枝；成年树冠修剪时要轻剪内部两年生的无叶较弱枝条、下垂枝，疏剪叉枝、重叠枝，绿叶层要剪去枯枝、病虫枝、衰老枝、徒长枝、细弱枝、密集枝，短截生长旺盛的夏、秋梢，使树冠部通风透光，减少病虫害。

（编撰人：李倩；审核人：耿世磊）

365. 化橘红的采收加工技术要点是什么?

（1）采收技术。根据不同的药用部分进行采收。在4月左右，采收新鲜橘红花，其实主要是疏花时获得的花朵或风吹落的花朵，将其加工成橘红花；在每年5—6月，收集疏果或脱落的幼果，可加工成橘红胎；7—9月，采收果实，加工成橘红片。

（2）加工技术。在4月左右，将收获的花朵除去杂质并洗净，晒干或40~60℃烘干即可。5—6月，将收获的幼果经沸水汤漂后，烘干或直接80~90℃的高温烘干；要加工成化橘红片（皮）的，需要在夏季果实未成熟时采收，将果实置于沸水中略烫后，将果皮割成5瓣或7瓣，除去果瓤及部分中果皮，压制成形，干燥。

化橘红的贮藏一般采用特殊构造的竹篓筐，既能防潮又能防止压碎。本品易虫蛀，应放在通风、阴凉、干燥处，需经常检查。

（编撰人：李倩；审核人：耿世磊）

366. 广佛手有什么药用价值？

（1）药材植物来源。芸香科植物佛手［*Citrus medica* L. var. *sarcodactylis*（Noot.）Swingle］。

（2）药用部位。植物的果实、花。

（3）药材性味。味辛、苦，性温。

（4）药材归经。归肝、胃、脾、肺经。

（5）药材功效。舒肝理气，和胃化痰，止呕消胀。

（6）药材临床应用。可治肝气郁结、胸闷、肝胃不和、脘腹胀痛、恶心、久咳痰多、消化不良等症，并能解酒，对老年人的气管炎、哮喘病有明显缓解作用。临床应用上，佛手的使用也较多，单味和复方均有，单味佛手可用于治疗消化不良、慢性支气管炎、白带过多等症。复方佛手口服液可用于治疗咳嗽痰多，气喘。将广佛手、败酱草，煎服，具有治疗传染性肝炎的作用。佛手加味散重用川芎治疗顽固性头痛等。

（7）药材有效成分。主要含香豆精类化合物、黄酮类化合物、挥发油等。

果枝　　　　　　　　　　　花枝

广佛手的植物形态

★中国植物图像库，网址链接：http://www.plantphoto.cn/sp/4161298

（编撰人：李倩；审核人：耿世磊）

367. 广佛手有哪些识别特点和生长规律？

（1）植物识别特征。常绿小乔木或灌木。株高2～3m，枝具刺，老枝灰绿色，幼枝略带紫红色。单叶互生，柄短，革质，长椭圆形或倒卵状长圆形，长5～16cm，宽2.5～7cm，先端钝，有时微凹，基部近圆形或楔形，边缘有浅波状钝锯齿。花单生，簇生或组成总状花序；花萼杯状，5浅裂，裂片三角形；花瓣5，内面白色，外面紫色。柑果卵形或长圆形，先端分裂如拳状或张开似手指状，故名"佛手";表面橙黄色,粗糙,果肉淡黄色。花期4—5月,果熟期10—12月。

（2）生长规律。在春分至清明期间,佛手第1次抽梢,春梢是夏果的结果枝;立夏后,第2次抽梢,夏梢是秋果的结果母枝;立秋后,第3次抽梢,秋梢是冬果的结果母枝;冬初,第4次抽梢,冬梢是翌春果的结果母枝。佛手一般在栽后两三年可结果,每年开花2次:在立春到清明间,第1次开花,但其花结果小,习称果仔;芒种到夏至,第2次开花,此为盛花期,其结果多。

（编撰人:李倩;审核人:耿世磊）

368. 广佛手种植对产地环境和土壤条件有什么要求?

（1）产地环境条件。佛手为热带、亚热带植物,喜温暖湿润、阳光充足的环境,怕严霜、干旱,耐阴、耐瘠、耐涝。温度:最适生长温度为22~24℃,越冬温度要在5℃以上,能忍受极端最低温度-8~-7℃,-6℃时会引起冻害,-8℃的低温会使植物死亡。水分:广佛手适宜生长在年降水量1 000~1 200mm的地方。光照:种植地年日照时数需达到1 200~1 800h。广佛手的主产区主要是广东的高要、德庆、云浮、四会、郁南等地。

（2）土壤条件。广佛手需在土壤无重金属、农药及其他化学产品残留的环境中种植。广佛手适合在土层深厚、疏松、肥沃、富含腐殖质、排水良好的微酸性沙质壤土或黏土中生长,在广东地区多选择在排水良好、肥沃的稻田中种植。

（编撰人:李倩;审核人:耿世磊）

369. 广佛手如何育苗? 如何进行苗期管理?

（1）育苗。佛手可采用扦插、嫁接、高压或种子育苗进行繁殖,但生产上常用扦插和嫁接繁殖进行育苗。

①扦插育苗。苗床:选择排灌方便、土质肥沃、结构疏松的旱土或稻田,提早深翻细耙、施足基肥,将其整成宽1.5m、高25cm的畦。插条:以生长了7~8年以上、健壮、产量高且稳定的植株作母树,选去年没有挂果的春梢和秋梢作插穗,将叶片及嫩梢剪除,截成长18~20cm,具3~5个芽的插条。扦插:在2—3月或8—9月温暖多雨季节进行扦插。在畦上按行距20cm开沟,将插条插入沟内,株距6cm,注意不能倒插;覆土压紧,留1个苞芽露出土面。

②嫁接育苗。采用靠接法或切腹接法进行嫁接,嫁接一般在夏至前后的高温

多雨季节进行，多采用红橘、香橼等作砧木，砧木以实生苗为好。

（2）苗期管理。遮阴：扦插后要搭荫棚，待生根发芽后，除去荫棚。移栽：扦插一年后可移栽。修剪：靠接苗大约1周后能愈合，愈合后剪取接口以上的砧木部分，以及接口以下的接穗，成为新的植株；切腹接法在接株抽梢后，除去包扎物，否则新株易弯曲。

（编撰人：李倩；审核人：耿世磊）

370. 广佛手的栽培技术要点是什么？

（1）整地。选好种植地后，深翻，开好排水沟，做畦。

（2）定植。春、秋均可进行定植，但以2—3月新芽即将萌发时移植较好；扦插苗和嫁接苗在培育1年后可定植；选50cm以上高度的健康苗木，将分枝剪去，将根剪成20cm长；按行株距2.5m×3m种植；栽种后，用细土培根，踩实，浇水并经常保持湿润。

（3）施肥。结合中耕除草进行追肥。结果前要勤耕薄施，以氮肥为主；大寒前后，施壮株肥；在2月，追施花肥；小暑后，每月施1次壮果肥。

（4）修剪。在种植后1~2年当植株高约80cm时，可摘掉顶芽，以促进植株生长健壮；在夏、秋之间，需打桩、搭架，防止落果、倒伏；在霜降至立冬期间，除留种枝外，均需进行弯枝。此后，每年在收果后进行一次弯枝和枝条修剪，把老、弱、病、徒长、已结果的枝条剪掉并烧毁、清园。在每年立春至立夏的开花结果阶段需要控梢，摘除所有的新蕊；当果实向下弯时，则停止摘侧芽而任其生长，其为翌年的结果枝。惊蛰前后，开始开花，一个花序选留2~3朵健壮的雌花；一个枝条留1~2个果为佳。

（编撰人：李倩；审核人：耿世磊）

371. 广佛手的采收加工技术要点是什么？

（1）采收技术。佛手只有适时采收，才能得到产量高且质量好的商品。采收时，可先熟先采，分期分批采收，宜选在大晴天进行。果实成熟期在9—10月，当果实表皮由青绿逐渐变成黄白色，有的颜色变为金黄时，皮色嫩薄呈现亮光，显示果实近成熟，可进行采收。采收时，用枝剪从果实基部将其剪下，不要折断果枝、碰掉或碰伤花芽。

（2）加工技术。佛手果采回后，需摊晒3~4d，待水分略微蒸发便可进行加工。将佛手果切成薄片并及时摊晒至干，当天气不佳时可用低温烘干；切片时不能与酒接触，否则易腐烂。将佛手充分晾干后，装入缸中或罐中，并用麻袋盖严，以防止香味散失；贮藏期间，要将其放置在阴凉干燥处，防止潮湿、发霉、虫蛀。

炮制时，取原药材隔水蒸2~3h，停火后闷2~3h，取出晒干。这样可减缓辛燥性，使气味香醇。采收的佛手花应及时晾干，且放于通风干燥处。

（编撰人：李倩；审核人：耿世磊）

372. 广陈皮有什么药用价值？

（1）药材植物来源。芸香科植物茶枝柑（*Citrus reticulata* cv. *Chachiensis*）。

（2）药用部位。植物的干燥成熟果皮。

（3）药材性味。味苦、辛，性温。

（4）药材归经。归脾、胃经。

（5）药材功效。理气健脾，燥湿化痰。

（6）药材临床应用。可治胸脘胀满、嗳气呕吐、食欲不振、咳嗽痰多等症。去白的广陈皮、半夏、白茯苓、甘草，做成二陈汤，具有治疗咳嗽痰多，呕吐，生冷脾胃不和的作用；配伍蛇胆陈皮散，有顺气化痰的作用。此外，以广陈皮中的橙皮苷可制作成橙皮苷片、复方陈皮苷胶囊、橙维C等药物，具有治疗和预防高血压、脑溢血等的作用；广陈皮中的挥发油制成的复方橘油乳剂、橘皮油环己二胺四乙酸乳剂等，对胆石症、残留胆石、胆石素类结石等有较好的治疗效果。

（7）药材有效成分。主要含橙皮苷、川陈皮素和挥发油等。

枝叶　　　　　　　　　　花枝

广陈皮的植物形态

★中国植物图像库，网址链接：http://www.plantphoto.cn/sp/1968781

（编撰人：李倩；审核人：耿世磊）

373. 广陈皮有哪些识别特点和生长规律?

（1）识别特征。小乔木，高2～3m，树冠直立，呈不规则圆形，枝多叶密，针刺极少。叶互生，常椭圆形，长3～4cm，宽1.2～2cm，先端渐尖，基部楔形，叶缘波状。花小，白色，花瓣5；萼片黄绿色。果实扁圆形或馒头形，纵径4.5～6cm，横径6.5～7cm；果皮橙黄色，易剥离，质松脆，白内层棉絮状，有香气；瓤囊11～12瓣，味酸甜；种子20余粒，卵圆形，淡黄褐色。果熟期12月中旬。

（2）生长规律。在大量春梢转绿后，根部生长开始活跃，至夏梢抽出前，其达到生长高峰。在水肥充足的情况下，广陈皮1年可萌发3～5次新梢：一般在2—4月萌发的新梢为春梢，其多而整齐、节间较密；在5—7月萌发的为夏梢，其生长状况与温度、树龄、树势、挂果量关系密切；在8—10月抽发的为秋梢，是青壮年树的优良结果母枝；在11—12月抽发的为冬梢，一般难以形成理想的结果枝，需及时除掉。植株在栽后两三年开始结果，每年3月初至4月中下旬开花。

（编撰人：李倩；审核人：耿世磊）

374. 广陈皮种植对产地环境和土壤条件有什么要求?

（1）产地环境条件。温度：该植物喜亚热带的高温气候，不耐寒；其芽萌发的有效温度为12.5℃，生长的适宜温度为23～27℃，高于37℃则停止生长，低于-5℃则出现冻害；产区的年平均气温需在15℃以上，年有效积温在3 000℃以上，年最低温度需大于0℃。光照：植株喜阳、喜湿，种植地要求年均日照时数达1 500～2 080h。水分：种植地年均降水量需达1 000～2 000mm，年均相对湿度达80%，地下水位深度0.7m以上。

广东省新市区为北半球热带海洋性季风气候，热量充分、光照时数足、雨量充沛、无霜期长，其地理条件独特，依山面海、两江汇聚、咸淡交界，形成了肥沃的冲积平原带土地，是茶枝柑的最适宜栽培区。

（2）土壤条件。茶枝柑在水稻土、赤红壤中都可以种植，适宜种植在活土层厚度大于60cm、有机质含量大于0.2g/kg、pH值在5.0～7.0的微酸性土壤或中性土壤中。

（编撰人：李倩；审核人：耿世磊）

375. 广陈皮如何育苗？如何进行苗期管理？

（1）育苗。

①嫁接育苗。苗床：选择开阔向阳、土层深厚、肥沃疏松、排水良好的沙质壤土，深耕耙细，施足底肥，整地做畦。选种：选择纯正的酸橙、红柠檬等品种，收集其品质好的种子，按1∶2将种子与湿沙混合贮藏。播种：在2—3月播种；将种子均匀播在畦上，覆细土，盖草保湿；10d后种子可发芽，1年后可分栽1次，苗生长2—3年后可进行移栽。砧木：采用以上所培育的优良实生苗作砧木。接穗：选择无病虫害、健壮的新会柑嫩枝，将其剪成长10~15cm、具2~3个节的接穗，然后进行枝接；也可从新会柑树的叶腋处切取1.5cm²的方块芽作为接穗，然后进行芽接。

②压条育苗。可选择3~4年生、直径1.5cm左右的优良母树的上中部健壮枝条作压条，在早春进行压条繁殖，待生根即可进行繁殖。

（2）苗期管理。保湿：播种后要注意浇水，保持土壤湿润；幼苗出土后，在阴天或傍晚揭去盖草。间苗：当苗高7~8cm时，间去病苗和弱苗，使苗木分布均匀。除草：出苗后，及时除草。施肥：苗齐后，开始施肥，使植株生长健壮。检查：在嫁接15~25d后，应检查成活情况，解除捆扎物，并进行补接。避风：枝接苗要注意防风，可立支柱绑缚；芽接苗应在冬季土壤冻结前进行培土保护。

（编撰人：李倩；审核人：耿世磊）

376. 广陈皮的栽培技术要点是什么？

（1）整地。选择前茬作物不是柑橘的种植地。在水田种植，要求深沟高畦；在坡地种植，要求起低畦，二者都要具有排水沟。

（2）定植。可进行春植或秋植，以行株距3m×3.5m的栽植密度种植。种植时，将苗木的根系和枝叶适当修剪，然后将其放入穴中，移栽深度为露出嫁接口5~10cm为宜；覆土压实，做直径1m的树盘，浇足定根水。

（3）施肥。在生长过程中要注意在不同时期追施不同的肥，适时进行叶面追肥、幼树和结果树施肥；新会柑每年都要施基肥、花前肥、花后肥、保果肥、壮果肥、秋梢肥、采补肥。

（4）修剪。将植株修剪成自然开心树型，以保持果园通风透光，做到叶果比不少于60∶1。在幼树期，每年允许植株抽梢4次，修剪时以短截、整形为主；生长4年以上的结果树，每年允许其抽梢2~3次；3~5年生树其处于产量递增期，需限制其夏季新枝的生长，用以保果；生长6年以上的树，每年允许其抽梢1~2次。做好及时控花、保果、疏果，保持合理的叶果比则果树产量高。

（5）套袋。在生理落果后对树上的果实进行套袋，在采收前15d摘袋。

（编撰人：李倩；审核人：耿世磊）

377. 广陈皮的采收加工技术要点是什么？

（1）采收技术。选择晴天进行采摘，先熟先采。采收时，可采取"一果两剪"的方法，首剪剪在果蒂部位，第2剪将靠近果柄的两片叶剪掉。在新会产区，一般于8月收"简红"（较大的落果剥皮所制成）；在9—11月收获一、二等陈皮；在翌年1月前完成全部采摘工作。

（2）加工技术。果实开皮可使用"正三刀法"或"对称二刀法"。选择晴朗、干燥的天气，将已开好的鲜果皮置于迎风、当阳处，使其自然失水萎蔫，待其质地变软后进行翻皮，使橘白向外；将已翻好的果皮置于专用容器内或晒场上，进行自然晾晒，直至晒干；也可将外翻的果皮置于干皮专用容器中，在烘房内进行低温烘干。用透气性好、无异味、无污染的材料对果皮进行包装，然后将其置于自然通风、干燥的地方进行存放，做到离地、离墙、离顶。在自然条件下，果皮需陈放3年以上，待其陈化方能成为陈皮药材。

（编撰人：李倩；审核人：耿世磊）

378. 栀子有什么药用价值？

（1）药材植物来源。茜草科植物栀子（*Gardenia jasminoides* Ellis）。

（2）药用部位。植物的果实。

（3）药材性味。味苦，性寒。

（4）药材归经。归心、肺、胃、三焦经。

（5）药材功效。清热泻火，凉血解毒，利湿，除烦。

（6）药材临床应用。可治热病心烦、躁扰不宁、黄疸赤尿、血热吐衄、目赤肿痛、火毒疮疡、血淋涩痛等症；外可治扭挫伤痛。栀子能与许多药材搭配，有许多实用的复方被记载下来，例如，栀子、香豉制作成的栀子豉汤具有治疗伤寒发汗后，虚烦不得眠的作用。因栀子入气分而除烦，入血分能凉血解毒，入三焦能利湿退黄，是生产清开灵、安宫牛黄丸、牛黄上清丸、清热解毒颗粒、龙胆泻肝丸、安宫牛黄散等中成药的重要原料。

（7）药材有效成分。主要含环烯醚萜、栀子黄色素、有机酸等。

花枝　　　　　　　　　　　　　果枝

栀子的植物形态（实地拍摄）

（编撰人：李倩；审核人：耿世磊）

379. 栀子有哪些识别特点和生长规律？

（1）植物识别特征。常绿灌木，高0.3～3m；嫩枝常被短毛，枝圆柱形，灰色。叶对生或3枚轮生，革质，长椭圆形或倒卵状披针形，长3～15cm，宽1.5～8cm，全缘。花单生于枝顶或叶腋，白色，两性，具芳香；花萼绿色，圆筒状，宿存；花冠白色或乳黄色，高脚碟状，喉部有疏柔毛，冠管狭圆筒形，长3～5cm，顶部5～8裂，通常6裂，裂片广展。果长卵形或椭圆形，黄色或橙红色，有光泽。种子多数，扁，近圆形稍有棱角，深红色或红黄色。

（2）生长规律。扦插繁殖的栀子在生长2～3年后可开花结实；种子繁殖的在生长3～4年后开花结实，在6～7年开始进入结实盛期。栀子一般在3—4月发新叶、抽枝，在5月开始陆续开花，在8月果实已经完全膨大，在10—11月果实成熟。根据生长季节的不同，栀子在生长过程中有明显的春枝、夏枝、秋枝。

（编撰人：李倩；审核人：耿世磊）

380. 栀子种植对产地环境和土壤条件有什么要求？

（1）产地环境条件。温度：栀子喜温暖的气候，其最佳生长温度为16～18℃；当日均气温在10℃以上时，地上部分开始发芽；14℃时，开始展叶；18℃

以上，则花蕾开放。光照：栀子喜阳，但又不能经受强烈的阳光照射；幼苗在30%的荫蔽条件下生长良好；在进入生殖阶段后则喜光，若过阴则生长纤弱、花芽减少、产量降低；适宜栀子生长的日照时数为1 600 ~ 1 900h，日照百分率为30% ~ 40%。水分：栀子喜湿润气候，适宜在年降水量1 100 ~ 1 300mm、降水分布均匀的地方生长。栀子耐肥，在结实期需肥量大。

（2）土壤条件。栀子生长对土壤要求不严，在平原、丘陵山地均可种植，但在低洼地、盐碱地则不宜种植。栀子适宜生长在疏松、肥沃、排水良好、轻黏性酸性至中性的红黄土壤中。

（编撰人：李倩；审核人：耿世磊）

381.栀子如何育苗？如何进行苗期管理？

（1）育苗。

①种子育苗。选种：在立春至雨水期间，选取饱满、色深红的果实；挖出种子，于水中搓散；捞取下沉的种子，晾去水分。播种：播种可在春或秋进行，以春播为好，随采随播种子；播种时，将晾干的种子与细土或草木灰拌匀，条播于畦沟内，盖以细土，再覆盖稻草。

②扦插育苗。插条：剪取生长2 ~ 3年的枝条，剪成长17 ~ 20cm、具2 ~ 3个节的插穗，使用生根粉溶液浸泡。扦插：可在秋季的9月下旬至10月下旬或春季2月中下旬进行；扦插时，按10cm×15cm的株行距将插条插于苗床中；插时插条可稍微倾斜，上端留一个节露出地面。

（2）苗期管理。除草：种子发芽后除去稻草，经常除草。保湿：经常保持苗床湿润。间苗：若幼苗过密，可陆续进行间苗，使幼苗保持10 ~ 13cm的株距。施肥：栀子喜肥，在苗期除了注意浇水和除草外，一般要追3 ~ 4次肥，以施淡薄的人、畜粪尿为佳。移栽：种子苗在培育1 ~ 2年后，当苗高30多cm时，即可定植；扦插苗在生长大约半年后，即可移植。

（编撰人：李倩；审核人：耿世磊）

382.栀子的栽培技术要点是什么？

（1）整地。选择背风向阳、地势较高、排灌方便的地段；整地后，按株距约1.5m、行距约2m开穴，穴的直径大小为30cm×30cm；每穴施5kg农家肥，并与土拌匀。

（2）定植。一般在每年的2月至3月上旬进行移栽；移栽前，可用钙镁磷肥与黄泥浆拌在一起，用来蘸根，有利于植株成活；移栽时，每穴中栽1株苗，在填土至一半时可往上轻提幼苗使根系展开，然后再填土、踏实。

（3）中耕除草。定植后，每年在春、夏、秋季各进行1次中耕除草，防止杂草过多而抑制栀子的生长；冬季进行1次全垦，并培土。

（4）补苗。种植当年要全面检查药园，若有缺株应及时补上同龄苗木。

（5）施肥。栀子需肥量大，一般在3月底4月初春梢萌动时，施发枝肥，以促进发枝和孕蕾；在5月，喷施叶面肥，以促进开花和结果；在6月花谢后，施壮果肥；立秋前后，施花芽分化肥；结果后，由于养料消耗多，要在冬天施基肥。

（6）修剪。定植1年后，在冬季要进行修剪株型；此后，每年冬季都要剪去病枝、徒长枝、过密枝和交叉枝，使枝条分布均匀，以利于通风透光、减少病虫害发生。一般在定植2年内，需摘除花芽；从第3年开始，留花留果。

（编撰人：李倩；审核人：耿世磊）

383. 栀子的采收加工技术要点是什么？

（1）采收技术。一般在每年10月中旬至11月，当果皮呈红黄色时，选择晴天，在果上的露水干后或在午后进行采收。采摘时，分3个批次将大小果一律采尽，不要摘大留小，否则会影响第2年发芽抽枝。将摘下的成熟果实放置于筐中，带回加工。

（2）加工技术。将采回的鲜果清除杂质、分级处理后，堆放于室内，但不宜过厚，需保持通风，在5d内进行蒸果、晾晒和烘干。在使用蒸法处理栀子时，将鲜果蒸3~5min即可，不可破坏果皮；蒸后应立即将其摊开、置于太阳下暴晒，约5d，至果实七成干后，将果堆放在室内"发汗"1~2d，接着再晒4~5d，再收回"发汗"1d，最后晒2d至果肉变得坚硬干燥；干燥过程要轻翻，不要破坏果皮。若天气不好，也可选择烘干处理；蒸后用60℃以下的热风循环进行烘干，期间也需要堆放"发汗"。加工后的果实在整体上应达到色红、皮薄、饱满、无杂质的要求。

（编撰人：李倩；审核人：耿世磊）

384. 砂仁有什么药用价值?

（1）药材植物来源。姜科植物砂仁（*Amomum villosum* Lour.）。别名：阳春砂仁，又名小豆蔻。

（2）药用部位。植物的果实。

（3）药材性味。味辛，性温。

（4）药材归经。归脾、胃、肾经。

（5）药材功效。化湿开胃，温脾止泻，理气安胎。

（6）药材临床应用。砂仁可治湿浊中阻、脘痞不饥、脾胃虚寒、呕吐泄泻、妊娠恶阻、胎动不安等症。砂仁是许多中成药的原料，多种胃肠、气滞类成药中就使用了砂仁，例如开胃健脾丸、香砂埋中丸等；此外，香砂六君丸、香砂枳术丸、香砂养胃丸、木香分气丸、舒肝丸等中药成方中也都含有砂仁。砂仁可单用，3～6g煎服，可治疗水肿胀满、二便不通、蛔虫等症；口嚼砂仁也可治疗牙疼痛；用食盐加工砂仁，舂碎使用，可养胃温肾。

（7）药材有效成分。主要含挥发油。

植株形态　　　　　花序　　　　　果实

砂仁的植物形态

★中国植物图像库，网址链接：http://www.plantphoto.cn/sp/684843

（编撰人：李倩；　审核人：耿世磊）

385. 砂仁有哪些识别特点和生长规律?

（1）植物识别特征。砂仁又叫阳春砂仁，为多年生草本植物，株高1.5～3m。根茎匍匐地面，节上被褐色膜质鳞片。叶互生于茎两侧，狭长呈带状披针形，先端尖，基部渐狭，长25～30cm，宽4～7cm，叶面光滑，叶背披毛，边缘呈波浪状；叶鞘抱茎长达30～45cm。穗状或总状花序有花7～13朵，花白色兼有红黄色条纹。蒴果幼时鲜红色，成熟后深紫色，近球形，有不明显三棱形，具刺，不开裂，种子多数。

（2）生长规律。砂仁生长发育要经过3个阶段。

①幼年阶段：从种子萌发出土到开花结实的阶段，是砂仁生长发育、繁殖、逐渐形成群体的阶段。

②成年阶段：从生长的第3～4年开始到衰老前的旺盛时期，该阶段营养生长与生殖生长同步进行。

③第三阶段：衰老阶段，此时植株的生长发育和开花结实能力衰退。总的来说，砂仁生长需要经过匍匐茎伸长期、出笋期、生长期、衰老期、花芽分化期、孕蕾期、结果形成期和果实成熟期。

（编撰人：李倩；审核人：耿世磊）

386. 砂仁种植对产地环境和土壤条件有什么要求？

（1）产地环境条件。温度：砂仁喜温暖湿润的气候，不耐寒，能耐暂短低温，在-3℃下会受冻死亡；种植区的年平均气温需要19～22℃。水分：砂仁生长对水分的要求较高，要求产区的年降水量在1 000mm以上，空气相对湿度在75%以上，花期则要求相对湿度在90%以上。光照：砂仁是半阴生植物，喜漫射光，因而在整个生长发育过程中需要适当荫蔽，其最适宜的荫蔽度为50%～60%，幼苗期的荫蔽度则需达到70%～80%。

（2）土壤条件。砂仁生长对土壤的要求不严格，可适应多种类型的土壤；砂仁怕干旱，忌水涝，可选择底土为黄泥、表层土疏松、富含腐殖质、保水保肥力强的壤土和沙壤土栽培，不宜在黏土、沙土中栽种。砂仁适宜在森林保持完整的山区沟谷林、有长流水的溪沟两旁、传粉昆虫资源丰富的环境中生长。

（编撰人：李倩；审核人：耿世磊）

387. 砂仁如何育苗？如何进行苗期管理？

（1）育苗。

①种子育苗。苗床：选择通风透光、肥沃湿润、荫蔽条件良好的地方作育苗地；播种前，应深翻除草、施基肥，将地整平耙细，并整成宽1m、高15～20cm的畦。沤果：选择饱满健壮的果实，在播前晒果两次，然后进行沤果，需保持沤果温度在30～35℃和一定湿度，3～4d即可洗擦果皮、晾干待播。播种：在8月底

至9月初进行秋播，边播边覆土，然后加盖薄草；播后20d左右可出苗。

②分株育苗。种苗：选生长健壮的植株，截取具有1~2个以上芽的壮苗为种苗。移栽：在3月底至4月初进行春栽，在9月秋栽，以春栽为好；移栽宜选在阴雨天进行，按65cm×62cm或1.3m×1.5m株行距栽植，种后盖土、淋水、覆盖薄草。

（2）苗期管理。遮阴：播种前先搭好棚架，开始出苗时的荫蔽度达80%~90%为宜；当苗有7~8片叶时，可适当减少荫蔽，但荫蔽度不能低于70%。保湿：砂仁幼苗怕干旱，要注意淋水、灌水；若雨水多，要注意排水。保温：砂仁幼苗怕低温霜冻，应注意覆膜防寒。间苗：当苗长达3~5cm时，开始间苗，以株距约3cm为宜。施肥：在幼苗具2片、5片和8~10片叶时，分别施稀薄水肥；此后，每半个月或1个月追肥1次。松土：在除草施肥的同时要进行松土、培土。

（编撰人：李倩；审核人：耿世磊）

388. 砂仁的栽培技术要点是什么？

（1）整地。选好栽培地后，整地做畦、开排水沟，以待移栽。

（2）定植。以春季3—5月移栽为好。移栽时，将苗剪去1/3~1/2的叶片，按70cm×60cm的株行距种植；移栽后应及时浇定根水。

（3）除草。在定植后1~2年内，由于植株间空隙大，易生杂草，需要及时除草。每年可除草3~4次，开花结果后则每年除草2次。

（4）施肥。开花结果后，每年施肥培土2~3次，以施有机肥为主，化肥为辅。

（5）遮阴。为保持各生长期的荫蔽度，应修剪枝叶以调整荫蔽度，这样可抑制营养生长，促进生殖生长。

（6）保湿。在旱季应浇水，保持土壤湿润，在雨季则需排除积水。

（7）授粉。砂仁的花是典型的虫媒花，在自然条件下必须依赖昆虫传粉才能结果。在花期缺少传粉昆虫的栽培地，应进行人工授粉。通常用抹粉法授粉，可大幅度提高砂仁的结果率和产量。

（8）培土。砂仁的匍匐茎在地表蔓延，其根分布浅，不宜松土；可于每年摘果后，将含有有机质的土壤均匀撒在砂仁地上，覆盖其裸露的根状茎，以促进植株分枝。

（9）清园。冬天要清园，防止病虫害滋生。

（编撰人：李倩；审核人：耿世磊）

389. 砂仁的采收加工技术要点是什么?

（1）采收技术。砂仁种后2～3年即可进行收获。当果实由鲜红色变为紫红色，果肉呈荔枝肉状，种子由白色变为褐色或黑色且坚硬并有浓烈辛辣味时，即为成熟果实。采收时，用小刀或剪刀将果序剪下，收果后再剪去过长的果序柄。注意收果时不能用手摘，以防伤害匍匐茎的表皮而影响翌年的开花结果，同时应尽量避免践踏根茎。

（2）加工技术。初加工可采用焙干法和晒干法。焙干法是将分级后的砂仁装于焙筛上，置于烘炉内，将初始温度控制在90℃；经一昼夜，在果将近干燥时，将温度调至80℃；一次焙干后，将果晾凉，将其装入塑料薄膜袋中，外加麻袋，即可入仓。晒干法需经过"杀青"和"晒干"两步，将砂仁装于木桶中，用湿麻袋封口，再置于烟焙上，用烟熏，待其发汗后，取出晒干。

砂仁的炮制主要有盐炙、姜汁炒等方法。盐砂仁是将砂仁用盐水拌匀，闷透，置锅内，用文火加热，炒干，取出放凉；姜制砂仁是将砂仁与姜汁拌匀，闷透至姜汁尽，置锅内文火微炒，取出后放凉。

（编撰人：李倩；审核人：耿世磊）

390. 芦荟有什么药用价值?

（1）药材植物来源。百合科植物芦荟［*Aloe vera* var. *chinensis*（Haw.）Berg.］。

（2）药用部位。植物叶的汁液。

（3）药材性味。味苦，性寒。

（4）药材归经。归肝、胃、大肠经。

（5）药材功效。清肝热，泻火解毒，通便化瘀。

（6）药材临床应用。可治目赤、便秘、白浊、尿血、闭经、疳积、烧烫伤、小儿惊痫、痔疮疔疮、痈疖肿毒、跌打损伤等症；具有杀菌、抗炎、湿润美容、健胃下泄、强心活血、解毒、抗衰老、镇痛、防晒、免疫和再生作用。芦荟可搭配其他药材制成丸、散剂，如当归芦荟丸、当归丸等。芦荟既可煎服内用，也可外敷。

（7）药材有效成分。主要含蒽醌类物质。

（8）药材性状。不规则块状，常破裂为多角形。表面呈暗红褐色或深褐色，无光泽。质硬，体轻，不同意破碎，断面粗糙或出现麻纹。有特殊气味，味极苦。

植株形态　　　　　　　　　花序

芦荟的植物形态

★中国植物图像库，网址链接：http://www.plantphoto.cn/sp/45015

（编撰人：李倩；审核人：耿世磊）

391. 芦荟有哪些识别特点和生长规律？

（1）植物识别特征。芦荟为多年生常绿肉质草本。茎极短。叶簇生于茎顶，直立或近于直立，肥厚多汁，狭披针形或短宽，长15～36cm，宽2～6cm，先端长渐尖，基部宽阔，粉绿色，边缘有刺状小齿，表皮厚角质。花茎单生或稍分枝，高60～90cm；总状花序疏散；花序下部的花下垂，长约2.5cm，黄色或带赤色斑点；花被管状，6裂，裂片稍外弯；子房上位，花柱细长。蒴果，三角形，室背开裂。花期2—3月。

（2）生长规律。芦荟为多年生植物，2年以上的成株每年有营养期和生殖期，无休眠期。芦荟生长到2年以上，一般可以开花，花期为冬季和早春；芦荟自然情况下开花后不能结实，若要用种子繁殖，需进行人工处理。种子繁殖在春季播种，30d左右出苗；从幼苗到成株需3年时间。

（编撰人：李倩；审核人：耿世磊）

392. 芦荟种植对产地环境和土壤条件有什么要求?

（1）产地环境条件。芦荟原产于热带，喜欢高温干燥的环境，即喜温暖、耐高温、不耐寒。温度：芦荟适宜其生长的环境温度为20~30℃，夜间最佳生长温度为7~14℃；低于10℃则植株基本停止生长，低于0℃则芦荟叶肉会受冻而全部萎蔫死亡。光照：芦荟喜光、耐半阴，忌阳光直射和过度荫蔽。水分：芦荟有较强的抗旱能力，离土的芦荟在阴凉地方能干放数月而不死；芦荟在生长期需要充足的水分，但不耐涝。

（2）土壤条件。芦荟生长对土壤的要求不严格，耐贫瘠的土壤和干燥的环境，在沙漠地、滨海地或岩石缝中都能生长，但以疏松肥沃、排水良好、富含有机质、pH值为6.5~7.2的沙土为好。芦荟的需肥量不大，施肥以有机肥为主，辅以微量元素肥料。

（编撰人：李倩；审核人：耿世磊）

393. 芦荟如何育苗? 如何进行苗期管理?

（1）育苗。苗床：选择透气性好土壤，可采用沙土、泥炭土和疏松菜园作为扦插基质。插条：从母株的叶腋处，切取长5~10cm的新芽，放在阴凉的地方。扦插：待插条切口稍干，在空气温度为25~28℃时，将插条扦插在搭有荫棚的苗床上；插后20d，插条可生根，在苗床培育2~3个月即可将其出圃定植。

（2）苗期管理。保温：幼苗的适宜生长温度为25℃左右，温度过高时可揭开塑料薄膜通风降温，冬季温度低时可盖膜保温。遮阴：苗床上应盖上遮阳网以防止阳光直射，荫蔽度以50%~60%为好。保湿：田间最大持水量应保持在50%~60%，空气相对湿度以80%~90%为宜。除草：要勤除草，减少杂草与芦荟争夺养分和水分的机会。追肥：待幼苗长出新叶和新根后，可适当追肥。病虫害防治：苗期注意观察，及时清理病株，防止病虫害的传播。

（编撰人：李倩；审核人：耿世磊）

394. 芦荟的栽培技术要点是什么?

（1）整地。选择上茬作物不是芦荟的田块，以肥沃疏松、排水良好的沙质壤土为佳；施以厩肥或堆肥，耕细耙平，做畦。

（2）定植。在每年春季，或秋、冬季进行定植。按50cm×50cm株行距在种植地上挖穴，穴呈"品"字形错开。将10～20cm高的分株苗或扦插苗栽下，将根舒展，覆土压紧。土壤干燥时，需浇灌定根水，并用小树枝做临时遮阴。

（3）保湿。夏季天热时必须淋水，保持土壤湿润，但不宜过于潮湿；注意排除积水，以免烂根。

（4）松土除草。生长期间要勤除草、松土，雨季除草时要将除下的杂草清除出园外，堆沤作肥。旱季除草时，要将除出的杂草覆盖根际；在除草的同时应结合松土或培土。

（5）施肥。及时施肥，每年施化肥3～4次，以腐熟有机肥为主结合化肥。

（编撰人：李倩；审核人：耿世磊）

395. 芦荟的采收加工技术要点是什么？

（1）采收技术。当芦荟下层叶片小于上层叶片时，可进行第1次采收。一般在栽培一年半时即可少量采收；待植株长到2～3年后，可进行大量采收。在芦荟生长旺盛的春、夏、秋三季分批采割，一般每2个月采收1次；宜在早晨、上午进行采收。采收时，选择底部发育良好的叶片，在叶片与茎相连处用刀从一边割一开口，然后用手将叶片掰下，这样不会造成较大的伤口和黏液流出；每株每次可采割2～3片叶，需留足8～9片上部的嫩叶。搬运过程中注意不要损伤叶片，否则会增加提取汁液的难度。

（2）加工技术。一般会将芦荟加工干制，做成干叶或干粉，或者制成汁液。将采回的新鲜芦荟用流水反复漂洗，必要时用刷子除去叶片上的泥沙；修去叶刺和叶尖以及可见的病斑；然后将修整后的叶片进行分级处理，把零碎叶片分开存放；用切片机将叶片切成薄片，将薄片置于铁筛上，放在烘房中烘干，直到切片松脆、呈绿褐色、有特殊香味时停止。当需要加工时，将烘干的半成品用粉碎机粉碎到所需要的细度。也可将整叶或分级后的碎叶做成汁液，将干净的叶片经粉碎、离心、过滤、装桶得到新鲜的汁液。

（编撰人：李倩；审核人：耿世磊）

参考文献

白宝璋. 1995. 缺铁大豆幼苗干物质积累与光合色素含量的变化[J]. 大豆科学（1）：88-92.

白晓琦，单会霖，苏庆，等. 2015. 红掌主要病虫害及防治技术[J]. 现代农业科技（9）：139-140.

毕晓颖，雷家军. 花卉栽培技术[M]. 沈阳：东北大学出版社.

蔡仁莲，郭建军，金道超. 2014. 蔬菜叶螨发生特点及其生物防治的研究进展[J]. 贵州农业科学，41（1）：81-86.

蔡祖国，徐小彪，周会萍. 2005. 植物组织培养中的玻璃化现象及其预防[J]. 生物技术通讯，16（3）：353-355.

曹征宇，殷丽青，沈伟良. 2012. 组织培养技术在兰花繁育中的应用[J]. 上海农业科技（5）：95-96.

岑彩娴. 2016. 白掌品种的观赏特性评价和杂交技术研究[D]. 广州：华南农业大学.

曾日秋，洪建基，姚运法，等. 2013. 红麻杆配制的基质对白掌生长的影响[J]. 热带农业科学（33）：1.

常月梅. 2010. 北方盆栽栀子花的栽培技术[J]. 河北旅游职业学院学报，15（1）：78-79.

陈兵先，黄宝灵，吕成群，等. 2011. 植物组织培养试管苗玻璃化现象研究进展[J]. 林业工程学报，25（1）：1-5.

陈发棣. 2003. 新优盆花栽培图说[M]. 北京：中国农业出版社.

陈洁敏. 2005. 兰花炭疽病综合防治技术[J]. 北方园艺（6）：94.

陈康，邓兰生，涂攀峰，等. 2011. 甜玉米生产中的水肥管理研究进展[J]. 安徽农业科学，39（31）：19 117-19 118.

陈丽. 2016. 兰花白绢病的综合防治研究[J]. 工程技术（7）：287.

陈茂春. 2016. 大豆缺素症的识别与补救方法[J]. 科学种养（7）：16-17.

陈少萍. 2013. 栀子花病虫害防治技术[J]. 农家参谋（8）：19.

陈修斌. 2009. 西北蔬菜无土栽培理论与实践[M]. 兰州：甘肃科学技术出版社.

陈银龙. 2006. 国兰无菌播种技术研究[J]. 安徽农业科学，34（17）：4 291.

陈宇勒. 2005. 新编兰花病虫害防治图谱[M]. 沈阳：辽宁科学技术出版社.

陈忠群. 2011. 钼肥对净套作大豆固氮特性、光合生理及产量品质的影响[D]. 雅安：四川农业大学.

程云波. 2003. 作物种子发芽率与发芽势[J]. 中国农村科技（3）：15.

程智慧，孟焕文，陈书霞，等. 2009. 茄子生产关键技术百问百答[M]. 北京：中国农业出版社.

崔艳玲，刘明池，陈海丽，等. 2006. 无公害茄子标准化生产[M]. 北京：中国农业出版社.

崔志军. 2017. 无公害甜玉米高产栽培技术要点[J]. 农业与技术，37（4）：81.

单志慧，周新安. 2007. 大豆锈病研究进展[J]. 中国油料作物学报（1）：96-100.

丁淑华. 2009. 玉米拔节孕穗期与花粒期的田间管理措施[J]. 农村实用科技信息，3（3）：9.

丁永康. 2008. 中国兰花小百科 [M]. 成都：四川科学技术出版社.

董晓华，吴国兴. 2010. 花卉生产实用技术大全[M]. 北京：中国农业出版社.

杜素. 2006. 兰花大敌——拜拉斯[J]. 农村实用技术（9）：45.

高坤金，温吉华. 2010. 茄子栽培入门到精通[M]. 北京：中国农业出版社.

高玉英. 茄子生产150问[M]. 1995. 北京：中国农业出版社.

桂敏，熊丽，李金泽，等. 2003. 非洲菊切花品种引种试种研究[J]. 云南农业科技（增刊）：144-151.

桂武勇，高年春，魏启舜. 2006. 非洲菊常见病虫害综合防治技术[J]. 果蔬园艺（10）：52-53.

郭英武. 2013. 生产中常见的大豆缺素症状与防治方法[J]. 农民致富之友（8）：134.

含芳兰苑. 2012. 如何防治兰花茎腐病[J]. 花卉园艺（8）：34-35.

韩世栋，韩泰利. 2002. 茄子种好不难[M]. 北京：中国农业出版社.

何静丹，文仁来，田树云，等. 2017. 抽雄期干旱胁迫与复水对不同玉米品种生长及产量的影响[J]. 南方农业学报，48（3）：408-415.

洪晓月. 2017. 农业昆虫学[M]. 北京：中国农业出版社.

胡迈初，蒋乃芬. 2000. 茄子高效栽培技术[M]. 南宁：广西科学技术出版社.

胡晓敏. 2011. 新型诱性粘虫板和粘虫胶的研究及其对番茄保护地蚜虫及蚜传病毒病防治效果[D]. 杨凌：西北农林科技大学.

黄芬. 2008. 茉莉花白绢病的防治技术[J]. 农村实用技术（9）：44-45.

黄泽华. 2005. 兰花彩谱[M]. 汕头：汕头大学出版社.

姜佰文. 2006. 不同水分条件下硼、钼对大豆作用机制的研究[D]. 哈尔滨：东北农业大学.

金翁. 2004. 防栀子黄叶的几个措施[J]. 中国花卉盆景（9）：33.

巨英庆. 2008. 盆栽红掌种植技术[J]. 中国花卉园艺（12）：20-21.

孔凡杰. 2011. 大豆缺素症症状分析与识别[J]. 现代农业科技（12）：102.

蓝炎阳，钟淮钦，陈南川，等. 2017. 大花蕙兰与墨兰种间杂交种子无菌播种繁殖技术研究[J]. 中国农学通报，33（2）：61-66.

雷洽祥. 2003. 兰花炭疽病的发生与防治[J]. 中国花卉报，（9）.

李春华，李天纯，李柯澄. 2016. 白鹤芋温室规模化生产[J]. 中国花卉园艺（18）：28-31.

李凡，陈海如. 2009. 鲜切花主要病害及防治[M]. 昆明：云南科学技术出版社.

李菲菲，易春，李青峰，等. 2014. 兰花组织培养的褐化现象及控制研究进展[J]. 南方园艺，25（4）：50-53.

李慧敏，Li Huimin. 2014. 兰花组培快繁研究进展[J]. 农业研究与应用（1）：53-56.

李景蕻，张丽华. 2013. 兰花炭疽病的发生特点及综合防治[J]. 北方园艺（18）：108-110.

李凯，智海剑. 2016. 大豆对大豆花叶病毒病抗性的研究进展[J]. 大豆科学，35（4）：525-530.

李丽，刘会香，郭先锋，等. 2014. 切花红掌炭疽病和叶霉病的病原鉴定[J]. 山东农业科学（6）：111-115.

李莉. 2005. 家庭养花[M]. 呼和浩特：内蒙古人民出版社.

李穆，刘念析，岳岩磊，等. 2016. 抗大豆白粉病南方栽培大豆种质资源的初步筛选[J]. 大豆科学，35（2）：209-212.

李天瑶，刘艺峰，郭铁城，等. 2010. 白掌生产技术规程[J]. 广东农业科学，37（12）：62-63.

李志，刘万代，景延秋. 2008. 农作物病害及其防治[M]. 北京：中国农业科学技术出版社.

梁书英，韦杏茹. 2013. 水果玉米农甜88不同密度下产量效应研究[J]. 农业科技通讯（5）：57-58.

辽宁省科学技术厅. 2010. 大豆栽培技术[M]. 沈阳：东北大学出版社.

林超，莫锡君，宋安润，等. 2011. 花卉2n配子的形成及细胞学机制研究进展[J]. 江苏农业科学，39（5）：242-246.

林德钦，张文珠，李梅. 2001. 不同栽培基质对红掌组培苗生长的影响[J]. 福建农业科技（4）：16.

凌云昕，赵秀玲. 1999. 茄子生产技术指南[M]. 北京：中国农业出版社.

刘翠兰，孙蕾，李双云，等. 2004. 花烛属观赏植物的繁殖与栽培技术[J]. 山东林业科技（5）：34-34.

刘海龙. 2017. 北方地区甜玉米优质高产栽培技术要点[J]. 种子科技，35（6）：54-54.

刘萍. 2007. 中国鲜食甜、糯玉米品种试验产量与品质评价体系的建设[D]. 扬州：扬州大学.

刘琼英，杨子威，杨志刚，等. 2016. 茉莉花白绢病发生特点与防治措施[J]. 植物医生，29（5）：42-44.

刘燕. 2009. 园林花卉学[M]. 第2版. 北京：中国林业出版社.

刘仲健. 1998. 中国兰花观赏与培育及病虫害防治[M]. 北京：中国林业出版社.

刘仲林. 2009. 玉米需肥规律与施肥技术[J]. 现代农村科技（4）：41.

卢思聪. 2014. 世界栽培兰花百科图鉴[M]. 北京：中国农业大学出版社.

陆明祥. 2013. 养兰金典，家养兰花实用技艺[M]. 福州：福建科学技术出版社.

路鹏. 2015. 兰花大观[M]. 北京：中国林业出版社.

毛伟海，包崇来，胡齐赞，等. 2003. 茄子的栽培生理与高效丰产技术[M]. 北京：中国农业出版社.

孟鹤，金茂勇，肖橘清，等. 2011. 安祖花细菌性疫病的Nested-PCR检测[J]. 园艺学报，38（10）：2 017-2 022.

木公. 2014. 杂交兰介绍[J]. 花卉（12）：24-25.

倪静波，曾宋君. 2006. 白掌的繁殖方法[J]. 花卉（7）：25.

农业部农民科技教育培训中心. 2007. 中国兰与洋兰生产技术问答[M]. 北京：中国农业科学技术出版社.

欧文军，李洪立. 2001. 红掌的常用栽培基质[J]. 植物杂志（4）：18-19.

邱江朋. 2011. 姜花（Hedychium coccineum）多倍体的离体诱导及鉴定[D]. 广州：华南农业大学.

任华中，黄伟. 2001. 大棚茄子栽培技术问答[M]. 北京：科学技术文献出版社.

任林荣. 2016. 黄淮地区大豆品种对大豆疫霉根腐病的抗性研究[D]. 南京：南京农业大学.

山东省农业科学院. 1986. 中国玉米栽培学[M]. 上海：上海科学技术出版社.

尚宏芹. 2010. 植物组织培养中的三大难题概述[J]. 生物学教学，35（6）：64-66.

申小杰. 2016. 大豆缺素症的防治方法[J]. 中国农业信息（3）：45-46.

史宗义. 2013. 如何防治兰花茎腐病[J]. 中国花卉报（4）：1.

史宗义. 2015. 国兰瓣形鉴赏标准[J]. 花卉（7）：32-34.

松华. 2006. 流行白掌品种知多少[J]. 花卉（7）：26.

孙玉琴. 2008. 三七缺素症状初步研究[J]. 中药材（1）：4-6.

覃丽萍. 2005. 广西茉莉花病害调查及主要病害的病原生物学特性和防治技术研究[D]. 南宁：广西大学.

谭志琼，张荣意.2009.热带植物细菌病害[M].海口：海南出版社.

唐德山.2011.家庭养花与赏析[M].长沙：湖南科学技术出版社.

童正仙.2014.南方现代设施园艺栽培技术[M].北京：中国水利水电出版社.

王炳天.1992.茄子高产栽培[M].北京：金盾出版社.

王大刚，智海剑，张磊.2013.大豆抗大豆花叶病毒研究进展[J].中国油料作物学报，35（3）：341-348.

王洪玉.2004.作物缺锰症状与锰肥的施用[J].农民致富之友（7）：9.

王有功.2003.栀子花黄化病的发生与防治[J].安徽农业（7）：28.

王长林，蒋健箴，眭晓蕾.1999.茄子温室大棚栽培及病虫害防治100问[M].北京：中国农业出版社.

邬秉左.2004.国兰和洋兰[J].花卉（1）：14.

吴建民，田俊华.2007.红掌的家庭莳养[J].花木盆景（花卉园艺）（12）：20.

吴健华.2010."农甜88"甜玉米新品种在梧州市的试种表现[J].广西热带农业（2）：43-44.

吴平浪.2003.环境条件对国兰栽培的影响[J].花木盆景（花卉园艺）（11）：14-15.

吴雪芬，陈立人，韩鹰.2004.栀子花黄化病的发生和防治[J].上海农业科技（4）：109.

武晓玲，赵晋铭，孙石，等.2011.大豆疫霉根腐病部分抗性的遗传分析[J].中国油料作物学报，33（2）：175-179.

肖红强，段东泰.2009.怎样区分牡丹与芍药[J].中国花卉盆景（5）：2.

肖启明，欧阳河.2002.植物保护技术[M].北京：高等教育出版社.

辛培尧，孙正海，何承忠，等.2010.我国非洲菊遗传改良现状研究进展[J].贵州农业科学，38（7）：22-27.

徐鸿华.2011.30种岭南中药材规范化种植（养殖）技术（上）[M].广州：广东科学技术出版社.

许松叶.2010.栀子花主要病虫害防治简介[J].安徽林业（3）：73.

许艳丽，李春杰，赵丹，等.2006.大豆锈病研究现状与进展[J].植物保护（4）：9-13.

许震寰.2007.春石斛扦插繁殖技术[J].四川农业科技（3）：33.

薛秋华.2015.园林花卉学[M].武汉：华中科技大学出版社.

杨光鹏.2017.钼、硼微量元素在大豆生产上应用效果[J].现代化农业（10）：25-26.

杨宏峰.2011.浅谈玉米的一生及生育特点[J].民营科技（11）：137.

乙引，陈玲，张习敏.2009.金钗石斛研究[M].北京：电子工业出版社.

殷华林.2014.兰花栽培小百科[M].合肥：安徽科学技术出版社.

俞谷松.2014.绍兴艺兰集[M].北京：中国林业出版社.

袁准.2015.棉田节肢动物群落及棉红蜘蛛生防研究[D].长沙：湖南农业大学.

张爱媛.2015.根瘤菌与钼肥对大豆养分吸收和产量影响的研究[D].哈尔滨：东北农业大学.

张安盛，于毅，庄乾营，等.2014.棕榈蓟马成虫在日光温室菜椒上的种群动态和空间分布[J].植物保护学报，41（2）：210-215.

张海艳.2013.低温对鲜食玉米种子萌发及幼苗生长的影响[J].植物生理学报，49（4）：347-350.

张海云，马龙涛，李凤英.2008.牡丹与芍药的区分[J].中国花卉盆景（12）：11.

张绍升，罗佳.2013.兰花病虫害防治[M].福州：福建科学技术出版社.

张伟.2011.石灰性土壤大豆缺铁矫正[J].大豆科学，30（3）：463-467.

张艳芳.2009.梅花与樱花的品种辨析[J].中国花卉园艺（6）：36-37.

张艳红.2004.基于CERES玉米模型的黄淮海夏玉米水肥管理技术研究[D].北京：中国农业大学.

张忠武.2001.茉莉花扦插[J].云南农业（3）：11.

赵楠，周仙红，庄乾营，等.2014.韭蛆无公害防治技术研究进展[J].山东农业科学，46（12）：124-128.

赵秀萍.2014.玉米的生育期划分及生长发育特性[J].现代畜牧科技（4）：85.

郑世伟，劳冲.2004.慈溪栀子花病虫发生情况及其防治措施[J].浙江林业科技（2）：54-55.

周宝丽，李宁义.2002.茄子优质丰产栽培原理与技术[M].北京：中国农业出版社.

周辉明，罗庆国，叶炜，等.2009.中国兰花的特性及分布[J].三明农业科技（2）：21-22.

周磊.2014.豆科植物缺素症及其防治措施[J].安徽农业科学，42（14）：4 242-4 247.

周文华.2010.甜、糯玉米各生育时期主要病虫害及防治分析[J].科学技术创新（14）：115.

周银，徐嘉敏，肖政，等.2013.兰花繁殖和育种研究进展[J].北方园艺（13）：204-207.

周玉卿，赵九洲，陈洁敏，等.2007.兰花疫病综合防治技术[J].北方园艺（2）：160-161.

朱根发.2005.国际兰属植物杂交育种进展[J].广东农业科学（4）：25-27.

朱根发.2012.花卉苗木栽培实用技能[M].中山：中山大学出版社.

朱月波.2016.兰花茎腐病原菌的分离与鉴定[J].浙江农业科学（6）：860-861.